湛庐 CHEERS

与最聪明的人共同进化

HERE COMES EVERYBODY

斯科特 · 考夫曼

SCOTT BARRY KAUFMAN

一个“笨”孩子的逆袭

斯科特 · 考夫曼 (Scott Barry Kaufman) 从小被诊断患有学习障碍，小学三年级时的一次智商测验几乎否定了他的一生——专家们认为，他最多只能念到高中毕业。此后，他不但被留级，更是被安置在特殊教育班级里接受“特殊”教育。但在内心深处，考夫曼一直对此判定“耿耿于怀”，他坚信自己的能力不仅于此，并立志要探索人类智力的真相。

大提琴为他带来转机

所幸的是，考夫曼有位了不起的外公，他是费城交响乐团鼎鼎大名的大提琴手。考夫曼不仅从他身上遗传了音乐细胞，而且从小浸润在音乐环境中，让他对大提琴有着特殊的向往之情。中学时，经由一次特殊的机会，考夫曼自荐进入学校管弦乐团，在外公的悉心指导下，他全身心沉浸在音乐的世界中飞速成长，从跟不上节奏到最终被卡内基梅隆大学音乐学院录取，可以说，大提琴为他的人生开启了崭新的大门。

撕掉 IQ 的标签勇往直前

借助音乐特长进入大学的考夫曼时刻没有忘记自己心中对探索人类智力的执着信念，他在卡内基梅隆大学如饥似渴地钻研心理学书籍，旁听心理系课程，不仅得以转系主修心理学，而且还得到心理学大师赫伯特 · 西蒙的青睐和赞赏。可考夫曼并未就此止步，他主动与剑桥大学著名心理学家尼古拉斯 · 麦金托什取得联系，并得以进入剑桥大学，在其麾下继续深造，还申请到了盖茨剑桥奖学金。最后，他更是得到心理学大师罗伯特 · 斯滕伯格的举荐，被耶鲁大学破格录取，并取得博士学位。

SCOTT BARRY
KAUFMAN

挑战传统，重新定义智力

考夫曼先后供职于纽约大学和宾夕法尼亚大学积极心理学中心想象力研究所科学主任，孜孜以求地探究智力、想象力和创造力的测量与开发。他不仅是《创造力邮报》联合创始人，“心理学播客”（The Psychology Podcast）主持人，还在《科学美国人》开设“美丽心灵”(Beautiful Minds) 博客。

2011 年，他因对美学、创造力和艺术的杰出研究获得美国心理学会颁发的丹尼尔 · 伯莱因奖；2011—2012 年获得门萨国际卓越研究奖，并被商业内幕网站评为“改变我们看待世界方式的50位突破性科学家”之一。

考夫曼用自己真切的人生经历诠释了“智商”并不能决定一个人的一生，通往成功的路有许许多多条。

绝非天赋

[美] 斯科特·考夫曼（Scott Barry Kaufman）著
林文韵　杨田田 译

智商、刻意练习与创造力的真相

Ungifted

Intelligence Redefined

浙江人民出版社

Ungifted

献给所有身陷“标签”图圄的人
愿这本书能激励你相信自己、释放心灵

为那些不一样的孩子干杯！
那些功课不能总得到“优秀”的孩子，
那些耳朵比小伙伴大一倍的孩子，
那些鼻涕永远也擦不干净的孩子……
为那些不一样的孩子干杯！
那些别人眼里的疯子和笨蛋，
那些有勇气有毅力却格格不入的孩子，
那些伴着不同鼓点起舞的孩子……
为那些不一样的孩子干杯！
那些生性顽劣、喜欢捣蛋的孩子，
因为有一天他们长大时，就像历史所证明的那样，
是他们的不一样让他们取得了独一无二的成就。

——迪格比·沃尔夫（Digby Wolfe）
《不一样的孩子》（*Kids Who Are Different*）

Intelligence Redefined

中文版序

孩提时代的我一直生活在双重身份之下。一方面，我的老师不断提醒我，说我患有学习障碍；而另一方面，在内心深处，我知道自己的能力绝不止于此。我渴望了解一切，更渴望了解自己。我想知道：我到底能够取得什么样的成就？我的极限在哪里？我知道只有靠自己才能找到这些问题的答案，于是我没有理会老师对我的过低期望，通过自己的努力挣脱了特殊教育的束缚。之后我报名参加了几乎所有我能修的课程。虽然没有能够掌握这些课程的全部知识，但在此过程中我对自己有了很多新的认识，了解了自己的好恶，也知道了自己真正想要发展的智力类型是哪些。最终，我收获了蜕变。

非常开心这本书能够来到中国读者手中。这本书最初于 2013 年在美国出版，自此以后，我越发清晰地意识到，教育领域亟需拓展对智力的认知。智力的定义不应仅局限于学生的能力方面，而应更多地关注学生的个性化特点，譬如个人目标、梦想、动机水平、投入程度和毅力大小等。这些素质与学生的技能发展密切相关，是一个随时间推移而逐渐展开的过程。如果我们只聚焦于整个系统中的某一个部分（如智商）而没有同时去关注学生个性化方面的素质，那么我们势必会极大地低估他们的潜力。我认为全世界的教育工作者都在做一件事情，那就是过早地对儿童的潜能盖棺定论，而在这一过程中，我们错失了无数能够促成儿童积极发展的良机。无数的可能性就在我们身边，但是要抓住它们，需要扩大关注的范围，将目光从标签和考试成绩等狭隘的指标上移开，代之以“全人教育”的眼光去关注每一个儿童本身。

在这本书里，我逐步推进、层层递进，最后引出了我的个人智力理论。我按照时间顺序回顾了我的整个孩童时代，将我的每一段个人经历与智力某一层面的最新科学研究结合了起来。我首先探讨了我们对人的才能发展的理解，然后回顾了智商测验的前世今生。接下来，我们来到标签的世界，探讨一个人一旦被贴上“学习障碍”或“天赋优异”的标签将意味着什么，讨论这些标签背后存在的争议问题。随后的两个部分涵盖了关于动机和自我调节的最新科学研究，并以此为基础讨论高水平的一般智力、特殊才能和高创造力的本质。

我希望读者们读到最后一章的个人智力理论时不会感到诧异。对书中所论及智力的各个视角进行了多年的不懈探索之后，这一理论逐渐浮现在了我的眼前。我希望读者们也能十分清楚地认识到为什么我们需要转移到个人层面去重新认识智力。我坚信，是时候让教育工作者们抛弃标准化和充满竞争性的智力概念，去拥抱一种新的理论——相信每一个孩子都拥有巨大的潜能，而我们需要付出耐心并掌握相应工具，去透过标签真切地看到我们眼前的孩子。我认为中国的教育工作者处于十分有利的地位，能够将这些理念运用到教育教学实践中去。

真诚的，

斯科特·考夫曼

通往“伟大”的道路不止一条

我独自一人坐在灯光昏暗的教室里，眯着眼睛透过门缝向外张望。走廊对面是另一间教室，里面坐满了我的同学，他们仿佛来自另一个星球。门缝的宽度刚好能让我看到教室的一小部分。现在上的应该是生物课，因为同学们正在解剖青蛙。我听到老师的声音越来越响，越来越近。我使劲儿去听他讲的话，但就是搞不懂是什么意思。他讲的听起来很专业，也许与青蛙的器官有关。突然，老师出现在了门口。

他看着我，我看着他。他一脸谨慎，我觉得情有可原，毕竟他手里还拿着一只活青蛙。他把青蛙慢慢地举到与我视线平行的位置，青蛙“呱——”地叫了一声。我凝视着它光滑、闪亮的眼睛，感觉它似乎要对我说话。我伸出手从老师手里接过青蛙，紧紧地抓着它向教室的门口走去。教室里的“外星人”用疑惑的目光打量着我。为了向他们证明我和他们一样有资格学习如何解剖青蛙，我大声喊出了刚听老师讲过的一个专业术语——鼓室！青蛙微微一笑。我想它肯定觉得我很厉害。然而，老师并没有微笑，似乎不以为然。突然，老师“砰”的一声关上了门，我惊醒了。

背着“学习障碍”的标签艰难前行

很小的时候，我被诊断患有学习障碍。到3岁时，我已患过21次耳部感染。虽然通过手术，耳道内的液体被清除了，但是我又患上了中枢听觉处理障碍症，这使得我很难即时处理话语。

手术成功的失明患者无法立即看到事物，他们需要时间去适应新的世界。同样的道理，术后的我也必须重新学习如何处理听觉输入。语音进入耳朵后，我需要比别人多花一个步骤才能明白它们的意思。毋庸置疑，听觉处理上的不幸使我落后于学校的同龄人。在一次智商测验中，我得分很低，于是我不得不重读三年级。当时，我对自己说：“天哪，我一定是落后了十万八千里，否则他们怎么会认为我还没有做好读四年级的准备呢！”

早期的生活经历激发了我对“人们为什么会有所不同”这一问题的兴趣。小时候，与小伙伴们在公园玩耍时我便注意到，有些小伙伴比其他人更擅长运动，他们的动作似乎有着与生俱来的精确和优雅。我曾经观察过我的小伙伴李，他可以毫不费力地越过攀爬架，而我却老是摔跟头。我当时总是纳闷：“这是为什么呢？他到底喝了什么神奇汽水？最关键的是，哪里可以买到？”

在学校里，我同样注意到，同学们不费吹灰之力就能理解的学习内容，我却需要花更长的时间去消化和吸收。即便如此，我还是怀疑这是否足以判定我患有学习障碍。不管走到哪里，不论做什么，我似乎都无法挣脱“学习障碍”这个标签。我被安排接受特殊教育，在那个环境里，老师对我未来能够取得成功所抱的期望值极低。然而，在内心深处我知道，我的能力绝不止于此。我渴望挑战和展示自己，我唯一需要的就是一次机会。

随着年龄的增长，我内心想要了解“智力”的渴望变得愈加强烈。在高中阶段，我如饥似渴地阅读相关书籍，做了所有我能找到的智商测验，并认真分析为什么有些题目比其他题目更难。上大学后，我便踏上了更加正式、科学的人类智力探索之旅。我尽自己所能了解了所有心理学家对人类智力的测量方式，我所从事的研究也意外获奖。然而一直以来，我对自己的过去闭口不提，生怕同事们会因此质疑我做研究的客观性，担心自己通过努力拼搏所获得的一切会因此而遭到否定。

踏上这趟征途之初，我深信一个人的智力是无法精确测量的。然而之后的发现却让我吃惊不已。我一门心思沉浸在智力探索的复杂辩论和方法论探讨中，居然会时不时地忘记自己的过去。当我遇到与自身经历明显矛盾甚至完全相左的研究结果时，我必须在研究和自我意识之间做出调和。

我经常问自己：“真相到底是什么？是否存在多元、矛盾的真相？我到底应当相信哪种真相——是针对大量人群所做的冷冰冰且无个人色彩的归纳，还是极其个人化的主观经验？主观还是客观？”我脑海里的两派观点皆让我高度怀疑。

为了让读者朋友能了解一下我内心的纠结，这里先给出我同事们所持的典型观点。

> **同事：**智商测验只是对一种特质的简单评估，并不能由此判定一个人过去和将来的潜力，其作用只不过是在对个体成长进行外在干预时提供参考。每个人都有无数的机会来展示他们在智力方面的能力，一个单一的测验分数对个体取得人生成功的概率没有任何影响。

作为对上述观点的回应，我的内心开始了以下斗争。

> **主观的我：**我倒希望这是真的，但事实并非如此。首先，我们并不认为学习障碍是可以轻松克服的。我们老早就给他人贴上了“学习障碍”的标签，把这些孩子视为有缺陷。很明显，我们把他们看作是与别的那些在校表现良好且擅长做智商测验的孩子的反面——那些所谓天资聪慧的儿童。说到智商测验并非决定命运的唯一衡量标准，事实上，许多其他的测验表面上看似乎是在评估多元的技能，但究其本质，也不过是换汤不换药的智商测验。这些测验

也许有不同的称呼，譬如学业成绩、美国学术能力评估测验（以下简称 SAT）、美国高等院校入学考试（ACT）、美国研究生入学考试（以下简称 GRE）以及美国法学院入学考试（LSAT）等。我想说的是，不要让它们蒙骗了你——它们测量的其实是同一个东西。可这到底是个什么东西？为什么心理学家要将其称作智力？谁赋予了他们定义这个术语并将其据为己有的权利？的确，他们中的很多人在这些标准化的考试中得分很高，但是仅仅因为分数高，我们就得承认他们所测量的东西，也即他们的强项，就是人类智力的巅峰吗？我们凭什么要听他们的？凭什么把他们的话全都当真？难道他们在做科学研究时不会有主观因素掺入进来吗？一点也没有吗？果真如此吗？倘若这些一丝不苟、不偏不倚的科学家们拥有截然不同的童年经历，结果又会怎样呢？如果他们仅仅因为在自己发明的某项测验中得了低分便被剥夺了成长过程中的各种机会，结果又会如何？他们还会这么轻率地给这些测验贴上智力测验的标签吗？他们会不会在克服自己的主观性后依然贴出同样的标签，因为他们相信自己试图捕捉的正是人类智力的本质？抑或他们会略微改变对这些测验的看法？也许他们会以不同的观点去看待智力的发展和培养，并把研究更多地聚焦于智商是如何与其他众多重要但无法通过某一次简单的横向测验就能巧妙捕捉到的生命特质相互作用的？

客观的我：冷静下来吧，哥们，别让你的主观性掩盖了事实。大段大段的抱怨读来令人烦躁，应当使用更平和的语气、更经济的措辞，应当让你的思路更有条理。

我的论据如下。第一，研究人员深知学习障碍具有发展性特征。教育工作者不了解科学研究的现状，从而无法将最新的研究成果运用于学校教育，其咎不在研究人员。第二，你的说法对那些思维缜密、一丝不苟的智力研究人员是不太公平的，他们殚精竭虑，只是为了发现人类智力的本来面目。他们会毫不犹豫地承认他们所探讨的只是平均值或者可能性，并且他们充分意识到异常值的存在。你的说法对于致力于智力应用研究的学者来说也绝对是不公平的，因为他们完成了一项出色的工作，建构了一套可信、有效的测验系统，这些测验在统计学上与许多现实世界的结果紧密相关。他们开创了一些心理学界有史以来最具预测性的测验，使人们从中受益颇多。诚然，他们中大多数人很可能在自己设计的测验中取得了非常高的分数,因此不知道被贴上“智力低下”标签的人生是何种滋味。此外，还有一个很不幸的事实，即智商测验被随意滥用，因而对很多人造成了巨大的伤害——包括“主观的我”。但是，如果能够恰当使用并对分数进行得当的解读，那么这些测验便能发挥巨大的作用，可以帮助儿童发掘其最大的潜力。但是，我必须很客观地指出，我压根儿搞不懂“潜力”这个词到底指的是什么。

主观的我迫不及待地想反驳，但是我必须继续这本书的写作。

关于人类智力的诸多疑问

从一开始，关于“人类智力”我便有无数的疑问。智商到底有多大的普遍性？生命中还有比智商更重要的东西吗？如果你在智商测验中表现不佳，又该怎么办，是破罐子破摔，入住一家精神病院，从此过着衣食无忧的生活吗？低智商有无弥补措施？能在多大程度上进行弥补？弥补措施是否因环境而异？如果我想成为一名主持人，与瑞安·西克雷斯特一同主持《美国偶像》，那么我的智商分数最低要达到多少？如果我想成为一名物理学家，这一数字又要有何不同？

关于“才能”（talent），我也有着同样多的疑问。究竟何谓才能？人人都把这个词挂在嘴边，似乎他们懂得其含义。我们都知道没有人生来就具有完全成形的特质，也没有人一生下来就能阅读莎士比亚的原著。所以，才能并非与生俱来。但是我们也看到，人们学习知识的速率具有明显的差异。难道这就是所谓才能的体现吗?

接着我想知道，是不是通向成功的道路都需要才能。比如，玛丽花了15 000个小时写了一部畅销小说，而约翰花了5 000个小时，两人完成小说的时间存在明显差异，是不是就可以说其中一人更配得上“天资聪慧”这个标签呢?

此外，才能难道不是高度专业化的吗?在一些领域，比如数学，可能需要更多数字推理方面的才能;而在其他一些领域，比如投掷飞镖，则更依赖于运动技能的机械重复。甚至在同一领域内也会存在多条通往成功的道路，也许弗兰克靠他的低吟唱法在音乐上获得了国际声誉,而莎拉则以其高音唱响全球。虽然才能不同，但是两人均在音乐领域取得了成功。

对于“练习”(practice)，我也持同样的怀疑态度。怎样才能在卡内基音乐厅进行表演?最经典而常见的答案就是“练习、练习、再练习”。但是从来没有人会发问:提出这个问题的是什么人?我们可能会发现他们是一个特殊的人群，他们拥有很高的智商、优秀的音乐才能或者很强的内驱力。若事实果真如此，那么这里就出现了一个问题:那些没有必需技能的人已经被排除在竞争之外了。如果我们仅仅去研究这个特殊人群，并发现能力并不能将伟大和平凡区分开来，那么我们能否真的得出结论:能力对音乐天才的开发没有作用?

也许一切都是由基因决定的，包括练习的决心。但是有很多不同的基因，所有这些基因都在与周遭环境不断地进行交互作用。不会有两个人拥有完全相同的基因或完全一样的经历。那我们如何才能搞清楚基因对于成就的作用呢?

接下来是关于想象力和创造力的大量问题。是不是所有的领域都需要想象力和创造力?是不是要获得成就就一定要有独创性?区分优良和真正伟大的是什么?它们的分界线又在哪里?

还有，独特的生活经历难道不重要吗?你能从独一无二的视角看世界，这一点难道不重要吗？或者说你有独特的才能呢？你就是有一边跳霹雳舞一边用约德尔唱法[①]唱歌的罕见能力。假设你的SAT分数非常低，但是你可以一边做转头动作一边用约德尔唱法哼唱后街男孩的歌，这个算不算数？你是不是必须在标准化考试中取得高分才算有所成就？

障碍的作用是什么？冷峻的生活经历，诸如自幼患有某种缺陷，该如何促进成功？上学期间被贴上“学习障碍”的标签是一段痛苦不堪的经历，但是这样的经历会不会正好成为驱动一个人去改变世界的必要动力呢？

我希望我能解决以上所有的问题。但事实是，我产生了更多的疑问。

这趟探索之旅终究不虚此行

人类智力这个难题有太多的可变性，不存在简单的答案。尽管如此，有些事情我还是能够确信的。人人都有独特的需求，都有资格受到鼓励。在现实世界里，人们的倾向、爱好、梦想和目标千差万别，环境也是不同的，所以从理论上讲（可惜现实不总是如此），人们都有机会找到或者创造属于自己的一片天地。

然而，在学校里却是另外一回事。在这个现实世界的特殊缩影里，你不应当与众不同。我们施行普通教育，根据年龄、能力、年级和学科等一些“武断”的标准将儿童分组。我们将知识以割裂的形式呈献给儿童，却很少涉及知识内部的关联，以及如何将所学运用到更广阔的世界。如果你偏离了常态，那么恭喜你，也许你够资格去接受特殊教育了。

在学校这个人为创造的世界里，标签很重要。个体差异与有限资源之间存在冲突，导致家长们纷纷为其子女争夺特殊服务。有这么多生命的未来岌岌可危，我们必须仔细推敲我们判定一个儿童不合常态时所采用的方法。这一点尤为重要，因为我们所使用的方法会影响我们的干预方式以及我们对他们所抱

① 瑞士传统的真假嗓音交替的歌唱方法。——译者注

有的期望值大小，也就是我们会给他们多大展翅高飞的空间。

我坚信，我们可以认可并珍视每一种心智，而不去贬低他人的价值。我不认为智力是一个零和游戏：仅仅因为这个人按照社会所设定的标准来看是有才能的（不论这个“才能”指的是什么），就意味着那个没有“才能”的人无法发展其智力功能的巨大潜力。通向成功的道路岂止一条。

我们每一个人，不论背负着什么样的标签，都有各自的优势和劣势。在一种文化中被看作巨大优势的东西也许在另一种文化里一文不值。有些人足够幸运，他们出生的环境支持并高度重视他们的优势。然而有些人却不得不去改变周遭环境，以展示他们的优势所拥有的价值。

这是一本个人化的书吗？绝对是。我希望读者通过我的眼睛去看这个世界，包括我早年因为背负“学习障碍”标签而感受到的痛苦和迷惘，也包括我后来超越所有人的期望后所感受到的胜利和成功。人类智力的研究引人入胜，通过对这一主题的研究，我得以跨越自身的障碍并开始质疑这个告诉我不可能成功的体系，我开始质疑我们对人类智力及其可能性的整体理解，我想知道还有哪些人被某个不公平且武断的标签压得喘不过气来。科学家能够展示真实可观察的行为，但是“智力”这个概念却没有固定含义。包括科学家在内，我们所有人都是根据自己的观念和经历来解读行为的，故而我们很有必要近距离审视一下我们为“智力”这个词所下的定义，因为它深刻影响着千百万个生命。

在本书中，我尽力使大家在文字中能清楚地看到我主观面的呈现。同样，我希望在呈现研究结果时也尽力做到客观、清晰。我写这本书的一个主要目的就是将科学家们贴在各种现象上的众多标签揭开，但我想做的不仅仅是停留在“标签”这个表面上，而是要指出其内在的机制。

我把这一对人类智力的探索旅程分成了不同的阶段。第一部分“源头”（original）为全书打下了基础。在我们进入实质性的细节讨论之前，我想让大家掌握特质发展的事实，了解智商的历史及其现行的测量方法。

有了这些知识做基础，我们随后进入“标签”（signal）的世界。根据早期能力的不同，孩子们被打上了各种标记。在这个以“标准”为本位的教育环境下，不管是有学习障碍还是天赋优异，关于谁适合什么标签的争论都在持续发酵。

探讨完标签之后，我会定下关于“投入”（engagement）的规则。近年来，心理学家发现了许多重要的因素，这些因素要么可以提升学生的投入度和毅力，要么导致他们浑浑噩噩、回避挑战。众所周知，动机、心理定向和自我调节紧密相关，它们具有高度可塑性并深受情境的影响。

了解了以上成功的关键驱动因素后，让我们跳出学校的世界，看看“能力”（ability）是如何在人生舞台上一展身手的。大量研究表明，专长（expertise）和刻意练习（deliberate practice）是成功的重要致因。然而，刻意练习能否解释一切问题？在这一部分我们将探讨一下其他能力（刻意练习归根结底也是一种能力），包括“一般智力”“才能”和“创造力”。在每一种情况中，我们都将尝试放开手脚，一窥标签之下的真实情况。

最后，在探索了人类智力各个引人入胜的层面之后，我会在末章为大家呈现我对人类智力的重新界定。我相信这个新的定义更好地描述了人们是如何在现实世界中生活和学习的，同时给予了他们实现梦想所需要的理解和信任。在陈述完概念之后，我会讨论其对教育和社会的更广泛的意义，同时列举一些符合这个新定义的项目计划。

在我们踏上这段旅程时，我鼓励大家像我一样去质疑一切。尽管多有批判之词，但是我仍要承认，多年来我深受许多科学家和教育工作者的启发。没有他们的辛勤劳动和付出，我无法走上这段旅程。我非常感激他们在尝试解决与人类智力相关的众多难题中所付出的艰苦卓绝的努力。

我也非常感激近年来涌现出的一批记者和作家，他们为普通受众写了许多通俗易懂的文章和书籍，探讨了关于才能、练习和高成就的决定因素。[1]①通过大批的记者、作家、科学家和教育工作者，我们得以管窥世界的运作方式，是他们提升了我们对当下一些社会问题的看法，这一点极其重要。因为唯有了解了世界的运作方式，我们才能引发创造一个更美好的世界所需要的变革。

现在，请你跟我一起踏上这段仍在持续的旅程，去了解人类的无穷可能。让我们来一次关于人类心智及其众多表现形式的完整旅行。并不是所有的研究都会让我们感到舒服，有时它们看起来甚至是相互矛盾的。但是请你紧跟我的脚步，我希望能让你信服：与任何一块有失偏颇的碎片相比，人类智力的整体大画卷更加美好、壮丽且充满了希望。

纽约市教育局如何鉴别资优儿童?
扫码下载“湛庐阅读”App,获取本书彩蛋。

① 本书注释内容全部以数字上标方式标注，可通过扫描本页“湛庐教育”二维码，回复“绝非天赋”，下载对应列表获得。——编者注

Ungifted

Intelligence Redefined

目录

第二部分 标签

被智商分数划定的三六九等，是影响孩子一生的重大决定

第三部分 投入

一个人恐怕要花很长时间才能冲破瓶颈，终成大器

Ungifted

Intelligence Redefined

第一部分

源头

“智商测验”能在多大程度上预测孩子的未来，历史会给出答案

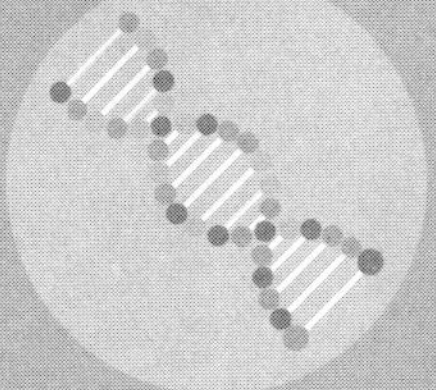

Ungifted

Intelligence
Redefined

01 孩子的天赋从何而来

Ungifted

Intelligence Redefined

“一辈子都念三年级”

我躺在浴室里，脸贴在浴室的地板上，等待着欺凌结束。“喂，矬人，你咋又不及格了！”一头金发的胖小孩说道。他又踢了我一脚，他的手下随即大笑起来，笑声中有一丝忐忑。他抓住我的领子把我揪起来，直视着我的眼睛。我瞪大眼睛盯着他。

他的名字突然跃入我的脑海：罗布！怪不得他看着这么眼熟，他也是在特殊教育教室念书的呀。我微微一笑，他歪了一下脑袋，不解地看着我。“你会一辈子都念三年级！”他虚张声势地恐吓道。我不确定他是想用这些话来吓唬我，还是在掩盖自己心里的恐惧。他一把把我推倒，然后转身走了，他的手下紧紧地跟随在他身后。我猜测他们准是去折磨下一个接受特殊教育的学生了。

我拉平了衬衫，摸了摸受伤的肋骨，脑海里反复回想着他的话。他说得没错，这是我第二次读三年级了。学校的心理专家说我需要补补课，可这是什么意思呢？熟悉的忧虑感漫上我的心头，我真的不想一辈子都读三年级。我是不是注定要永远慢人一步？忽然之间，一种无法遏制的冲动涌上心头，我不禁想跑回家藏起来。

我童年生活的常态就是这样，这只是其中的一个片段，然而内心的痛苦和疑问却一直萦绕在我心头。我与别人不一样，我自己知道，我的老师知道，甚至连欺负我的小孩儿也知道。当别的孩子围坐成一个圆圈安安静静地听老师读故事时，我却披了一件超人红斗篷围着圆圈上蹿下跳；我没有和邻居家的小孩儿玩警察抓小偷，而是独自一人在屋里把刚看的电视剧整个演了一遍；在该做数学作业的时候，我却在写关于时间旅行的小故事……我似乎方方面面、时时处处都与同龄人格格不入。我生活在自己的世界里，结果人们把我当成有缺陷的孩子去对待。没有人懂得我的内心世界。

剧院后台的美好时光

我欣喜若狂。世界上最伟大的交响乐团之一——费城交响乐团（Philadelphia Orchestra）就在我的眼前。费城乐团以其饱满灿烂的“费城之声”享誉世界乐坛。一名首席大提琴手朝我眨了眨眼，他是我外公哈里·戈罗德策尔（Harry Gorodetzer）的朋友，几年前我外公还没退休时就在费城乐团担任大提琴手。外公是我最崇拜的人，他身上有一切我想要拥有的品质：有魅力、迷人、友好而且成功。他和很多人都是朋友，包括许多赫赫有名的指挥家和音乐家，比如西蒙·拉特尔（Simon Rattle）、里卡多·穆蒂（Ricardo Muti）和马友友等人。

我扬扬自得、无比骄傲，朝着大提琴组挥手。他们手持琴弓向我打招呼。这时，乐团首席上台了，整个音乐学院掌声雷动。与他们在一起能让我感到特别，好像被带入了一个伟大的世界。

我巴不得音乐会赶紧结束，这样我就可以去后台了。每次和伟大的音乐家见面都会让我感到无比幸福。跟他们在一起能让我暂时忘记学校里的糟糕状况。他们不知道我身上贴着的任何标签，也不知道我被安置在特殊教育中心。他们只知道我是哈里的外孙。他们会时不时地询问我的梦想和愿望，好像我是一个正常的小孩儿，只要下定决心就没有做不了的事。我告诉他们我想成为大提琴手或者医生。他们给了我很多鼓励，似乎由衷地相信我的抱负是可以实现的。

相反，我在学校里的境遇却每况愈下。我被“赶”出了正常的课堂，安置在测验不计时、课业负担更轻的特殊教育教室。尽管新的环境给了我更多的自由，但是大多数时间我都觉得很无聊。我感觉自己能够应付更多的学习任务，可是因为其他人都不相信我，我也很难对自己有信心。我想老师的做法肯定是有道理的。

每次喇叭里宣布让资优生汇报他们的活动情况时我都纳闷：那些经常在资优班出入的小孩儿都是谁？他们身上有什么东西是我没有的？我认为毫无疑问他们拥有更大的潜力，他们天生就有聪明的头脑，注定会卓尔不群。可是我不知道自己能做什么，最重要的是，我不知道自己还有没有机会找到这个问题的答案。

但是今晚，我无须担心这些。我可以尽情迷失在音乐中，享受在后台激动人心的时光。在这样的时刻里，我可以幻想一个存在其他可能的世界，一个超越学校、测验和老师监视的世界，一个让我不再勉强过活而是可以尽情绽放的世界。

一切从这里开始

伟大的源头是什么？关于这一问题，历史上曾有大量的讨论。[1] 在远古时代，人们认为天才是具有超自然或神圣特质的。古希腊神话中的女神缪斯被认为是文学和艺术灵感的源泉。哲学家康德认为，创造具有独创性和典范性事物的能力是天生的，是无法教授的。[2] 18 世纪颇具影响力的英国画家乔舒亚·雷诺兹（Joshua Reynolds）则走了另外一个极端，他对英国皇家美术学院（The Royal Academy）的学生宣称："凡事皆需目标明确的劳动，否则终将一事无成。"[3]

虽然围绕这个话题有着太多的观点，但是第一次对其进行科学性的探讨是在 1869 年，当时弗朗西斯·高尔顿（Francis Galton）发表了著作《遗传的天才》（*Hereditary Genius*）。[4] 高尔顿是查尔斯·达尔文的表兄，他对达尔文的观点——遗传变异是自然选择的源头非常着迷，并相信类似的观点可以用来解释为什么人们的天赋千差万别。

他的证据不是来自遗传学（那时还没有现代基因分析），而是通过考察家族血统得到的。高尔顿通过伦敦《泰晤士报》中的讣告收集欧洲杰出男性的数据，表明"杰出"似乎是流淌在血液中的（至少对男性来说）。他发现这一点在很多领域都适用，包括政治家、军官、科学家、诗人、画家以及音乐家等。

最终，高尔顿不再满足于轶事证据，他决定着手研究人类智力的测量。在 1883 年伦敦举办的国际健康博览会上，他设立了自己的"人体测量实验室"，人们只需花 3 便士就可以测量很多方面的能力，包括"视觉和听觉敏锐度、色觉、眼的判断力、呼吸力度、反应时、拉力和握力、击打力、臂展长度、坐姿和站姿身高以及体重"。[5]

高尔顿的关注重点在于"杰出的本质是什么"，虽然他也承认激情、热忱和坚持的重要性，不过他认为环境固然有影响，但是最重要的莫过于具有遗世独立的天赐才能。[6] 这个观点也颇受争议。1873 年，法裔瑞士人、植物学家阿方斯·康多尔（Alphonse de Candolle）指出，西方文明社会里的杰出科学家在特定的政治、经济、社会、文化和宗教背景下往往能最出色地完成工作，从而表明了环境在培养基因表达中的重要性。[7]

然而个体差异的问题依然存在。虽然康多尔的成果有助于解释为什么在差异巨大的环境里成长的科学家会彼此不同，但是他的结论不能解释为什么处在同一文化环境中的人们也彼此不同。环境差别是不是这个问题的唯一解释？基因差异到底有没有作用？

一个多世纪以来，人们各自为阵激烈争辩，但没有定论。当时严重缺乏的是系统性的调查研究。

风靡一时的双生子研究

1990 年，行为遗传学家托马斯·布沙尔（Thomas J. Bouchard Jr.）与明尼苏达大学的同事联合发表了惊人的发现：不在一起生活的双胞胎和三胞胎的智商差异约有 70% 与遗传变异相关。[8] 更重要的是，尽管被试的同卵双胞胎（他们的基因被认为 100% 一致①）生命中的大部分时间都不在一起度过，但是与自幼一起成长的同卵双胞胎一样，他们在性格、职业兴趣、业余爱好以及社会态度等各个方面均非常相似。

这项研究以及其后成百上千的双生子和寄养子研究描绘了一致的画面：遗传变异很重要。[9] 关于遗传变异如何重要以及哪些基因重要，这些研究只字未提。但是他们以令人信服的方式表明生物意义上的变异确实很重要。任何群体内，个体的基因均存在差异（甚至西方社会的中产阶级也是如此），这些基因上的差异造成了人们行为上的差异。关于双胞胎的研究成果不应被低估。很多大行其道的观点认为我们降生到这个世界时就如同一张白纸，完全受制于外力，而双生子研究便是对这种观点的一个有力反驳。[10]

研究人员在长达 20 多年的双生子研究中学到的最重要的一课就是，几乎每一个可测量的心理特质，包括智商、人格、艺术能力、数学能力、音乐能力、写作能力、幽默风格、创意舞蹈、体育、幸福度、毅力、婚姻状况、爱看电视、女性性高潮、侵略性、同理心、利他行为、领导力、冒险性、追求新奇、政治

① 然而，人们逐渐认识到这个假设是错误的。参见 E. Charney, “Behavior Genetics and Post Genomics,” *Behavior and Brian Sciences* 35（2012）: 331-358.

倾向甚至澳大利亚青少年打电话的频率等，均具有可遗传基础。[①]由于我们的心理特征反映的是大脑的物理结构，而我们的基因有助于这些物理结构的形成，所以完全不受 DNA 影响的心理特征不太可能存在。[11]

遗憾的是，人们经常对遗传度（heritability）的意义产生混淆。其中最常见的误解在于对双生子研究目的的认识上。遗传度估值（heritability estimates）的意义在于了解处于某一特定群体中的人们在特质上产生异同的根源，结论仅对这一特定人群适用。其目的并非判定某一个体的特质在多大程度上取决于基因抑或环境。我们所有特质的发展都是先天与后天共同作用的结果，对于这一点，行为遗传学家有着充分的认识。遗传度估值的意义在于解释人们之间的差异，而非个体的发展。遗传学家所面对的问题是：在由一群个体组成的特定人群中，哪些因素使得这些个体相同，而哪些因素又使得他们不同？

所以，双生子研究的出发点并非调查人的发展。近年来，包括托德·罗斯（L. Todd Rose）、库尔特·费希尔（Kurt Fischer）、彼得·莫莱纳（Peter Molenaar）和辛西娅·坎贝尔（Cynthia Campbell）在内的发展心理学家提出了振奋人心的新技术来研究个体内变异（intraindividual variation）。[12]个体内变异的聚焦点在于个体，研究由行为、情感、认知及其他心理过程组成的动态综合系统如何随时间和情境的变化而变化。通过采用新的个体内变异研究方法，研究人员可以将注意力集中在一对双生子上，观察先天与后天如何以非线性的方式交互影响，从而解释他们之间的相似点和不同点。[13]两种不同层面的分析方式——双生子研究和发展性分析均获得了大量有益的成果，但是所得出的结论并不能彼此适用。[14]

许多人将遗传度与不变性混为一谈。他们一听到“可遗传”这个词便立刻想到“基因”，脑海里随即浮现出“特质是固定的、无法被外力改变的”这样的想法。相反，许多人一听到“环境”这个词便会长吁一口气，心想人的特质是很容易改变的。这么想的人想必对社会工程学很有信心。

① 有些特质似乎没有可遗传基础，比如恋爱风格、物质主义等。

仅仅因为一项特质是可遗传的（我们的所有心理特质几乎都是可遗传的），并不能说明这种特质是一成不变或无法发展的。几乎所有特质均受到基因的极大影响，但同时也受环境的影响。尽管爱看电视具有可遗传基础，[15]但是大多数人并不会认为这件事超出了我们的个人控制范围，父母的确会经常控制（至少试图控制）孩子看电视的时间长度。

另外一个易混淆点是家庭教育在儿童特质发展过程中的作用。所有的双生子实验得到的一个共同结论是：双生子（或任何两个兄弟姐妹）的成长环境几乎不会影响他们成年后在智力和个性上的差异。换言之，随着个体年龄的增长及逐渐脱离父母的影响，特质的遗传度呈现升高的趋势。[16]

Ungifted

朱迪思·哈里斯（Judith Rich Harris）指出，在造成青少年个性的差异上，同龄人的影响比父母更大。[17]但这是不是就可以说父母无法帮助孩子发展独一无二的特质呢？绝对不是。不能因为所有的鱼儿都在水里生活，就认为水对鱼儿的成长没有任何影响。就像鱼儿离不开水一样，良好的家庭养育环境是儿童茁壮成长的必要条件。

Intelligence Redefined

仅仅因为一个变量没有改变并不能说明该变量对特定结果没有影响。在特定的双生子研究中，基因也许能够百分之百地“解释”产生某种特质差异的原因，但是这并不能说明环境因素（包括父母的育儿水平）对这一特质的发展不重要。父母的重要性并不在于人们起初认为的那样可以影响基因的表达，相反，父母通过培养孩子积极有益的兴趣，以及疏导孩子将破坏性倾向转化为积极的能量，从而对他们的发展产生重要的影响。

如果我们着眼于更广泛的环境，则父母养育的重要性会更加凸显。在布沙尔最初的双生子实验中，只有几对双胞胎来自真正的贫困家庭或父母双双文盲的家庭，并且全部实验对象均无心理障碍。这一点不容忽视。

天赋实验
Ungifted

我们来看一下埃里克·特克海默（Eric Turkheimer）与其同事最近所做的一项研究。他们调查了 750 对美国双胞胎，分别在他们 10 个月和两岁大的时候为他们做了心理能力测验。[18] 对于 10 个月大的幼儿，不论家庭的社会经济地位如何，家庭环境似乎是最关键的变量。而等他们稍稍长大一点，同时教育上的差异也变得更加显著时，情形则发生了巨大变化。对于贫困家庭的两岁儿童来说，家庭环境对他们的影响最重要，其心理能力差异的 80% 与家庭相关，遗传学对解释这些孩子认知能力上的差异几乎没有起到什么作用；另一方面，对于富裕家庭的两岁孩子来说，其测验表现上的差异可以更多地通过遗传学来解释，占了所有心理能力差异的近 50%。

Intelligence Redefined

包括布沙尔在内的著名行为遗传学家最终认识到，我们不能继续满足于仅仅计算遗传度估值，而是时候向前迈进了。

基因对人类行为的影响有多大

双生子研究曾风靡一时，之后，充满希望的现代基因组学诞生了。我们终于可以直接去考察 DNA 的差异，能够精确地看到个体之间或群体之间在基因上的差异了。2000 年，著名的行为遗传学家罗伯特·普洛明（Robert Plomin）和约翰·克拉布（John Crabbe）做出了乐观的预测：“在未来数年内，心理学的许多领域将充斥着遗传学中对行为产生广泛影响的特定基因的研究。”[19]

他们的预测成真了，之后关于 DNA 的研究泛滥成灾。最新的全基因组关联研究（Genome Wide Association Studies，简称 GWAS）技术使我们能够轻而易举且廉价地通过搜索整个人类的基因组来寻找与不同特质相关联的遗传标记（更具学术性的叫法是单核苷酸多态性，或 SNPs）。只需将数百甚至数千人的 DNA 数据植入芯片、读取信息，然后研究其中造成诸如精神分裂症状轻重、人格、智力等方面差异的部分，似乎十分直截了当。

但事实并非如此。比如身高差异，找到造成其差异的相应基因似乎毫无难度。因为身高往往具有很高的遗传度（多个不同人群的平均值为 0.9），[20] 因此人们认为基因必然在造成身高差异中扮演很重要的角色。诚然，人们找到了很多相关基因，但问题是，只有微不足道的一部分基因发生了复制。[21] 要知道，如果要捕捞一百万条鱼，那注定会捕到不少的海草。

天赋实验 Ungifted

我们发现，对于复杂的心理特质，情况也是一样的。最近伊恩·迪尔瑞（Ian Deary）在苏格兰主持了一项研究，[22] 为了找到决定智商的基因，他们对 3 511 名成人做了全基因组分析，收集了被试超过 500 000 个遗传标记的信息。所有这些基因综合起来考虑只能解释智商测验得分差异的 40% ~ 50%。然而，任何一个基因单独所能够解释的智商差异实在是微乎其微。

Intelligence Redefined

这些研究结果证实了行为遗传学研究已经告诉我们的结论：几乎所有的人类特质都具有多基因特点（即涉及许多相互作用的基因）。[23] 正如发展心理学家埃里克·特克海默所说：“全基因组关联研究势必会取得一些‘成果’，因为一切都是可遗传的，而遗传度体现在基因组里，这跟说认知体现在人的大脑里一样，没有多大价值。”[24]

人类行为背后的原因是错综复杂的。我们每一个行为的背后都有众多原因，每一个原因的单独作用是微小的，但是放在一起却是巨大的。我们无法看到所有不同的遗传因素和环境因素在人的整个发展过程中是如何交互作用的，这为那些寻找人类发展具体原因的科学家带来了麻烦，因为单一的原因根本不存在。对于不同的个体，他们从基因型（DNA）迈向表现型（外在行为）的漫长而又曲折的道路千差万别。

真正重要的并非基因是否影响行为，而是我们怎样打好手里拥有的人生之牌。为此，我们需要从发展的视角看问题。

环境与基因的关系

迈克尔·乔丹并不是天生就能从罚球线起跳扣篮的，其卓越的才能和特质并非生来具备。基因编码不是为了塑造特质，而是为了合成蛋白质。虽然蛋白质的确是我们所有行为的物质基础，它是构成细胞的重要物质，有助于元素的运输，也是化学反应的基础，但是蛋白质与我们所认可的心理特质依然相去甚远。[25]

环境引发基因表达是近年来最重要的发现之一。[26]遗传学、神经科学、认知心理学和发展心理学的研究结果均表明，先天和后天之争很容易误导我们。我们既不是先天造就，也不是后天养成。环境和我们的基因密不可分，每一种特质都是在基因与环境的交互作用中发展出来的。先天和后天并非此消彼长，而是互相补充的。

但是环境究竟存在于何处？你也许认为环境就在“外面”，与你的内在活动相去甚远。而事实上，环境既可以是外在的，也可以是内在的。外在环境包括光线、噪声、热量、食物等；内在环境包括激素、神经冲动和其他基因。[27]两者均可激活和抑制基因表达。

我们在生活中迈出的每一步都被体内的细胞记录在案，同时改变着我们身体中其他细胞的结构。

Ungifted

正如科普作家马特·里德利（Matt Ridley）指出的："'基因'是从环境中提取信息的设备。每一分每一秒，人脑中的基因表达模式通常以直接或间接的方式响应身体外部发生的事件，从而发生改变。基因是经验的机制。"[28]

Intelligence Redefined

人类基因组具有内在的可塑性，这一点体现在大量存在的基因冗余上。受遗传和环境因素的影响，许多基因具有多重功能，可合成多种蛋白质，甚至许多不同的基因还可指导合成同种蛋白质。用科学的语言来讲，特质的发展呈现"轨迹现象"（canalized）。[29] 发展认知神经学家加里·马库斯（Gary Marcus）指出："'先天'不是一个不顾环境、拼命建造千篇一律楼房的独裁者，而是一名轻巧灵活、未雨绸缪的童子军。"[30]

每一个人的每种特质生来就有一个可能的表达范围，科学家称"反应规范"（ norms of reaction）。[31] 因为你的基因型（基因构成）不断与环境进行交互作用，所以我们无法得知，在任何时刻，如果一个人被置于全然不同的环境中，其基因型会做出何种反应。一些基因的表达在我们所有人的体内都处于休眠状态，等待完美的环境来触发。这种现象被称为"隐秘遗传变异"（cryptic genetic variation），该现象在近几年受到了相当多的研究关注。[32]

基因就像是费城交响乐团中的乐手，有许多不同的部分分别负责不同特质的发展。为了让交响乐听上去更美妙，它需要在同步工作上下很多功夫。所有乐器组的乐手必须做到同步演奏，同时所有不同的乐器组之间也必须做到协调。就像打击乐器组可能在节奏的统一性上出现了困难一样，影响某种特质形成的基因可能会比负责其他特质的基因更晚地被激活。因此，一种特质，比如外倾性，也许会提早发展，而另一种特质，比如言语生成，则可能会滞后。在两者达到协调之前，情况可能会有些尴尬。不仅如此，如果乐队在一个完全没有响应的环境中演奏，比如他们面对的观众是一群电子音乐迷，那么乐手将会有很强的挫败感，无法达到更高的水平。

基因交响乐团中的指挥扮演的是什么角色呢？指挥就好比是所有能为各个乐器组提供指导，并帮助其跟上拍子、奏出美妙乐章的环境影响因素。

特质的发展：基因 VS 环境

我们到底有没有理解特质发展的希望呢？其中一个关键就是要认识到，微小的遗传优势和环境优势会随着时间的推移而成倍增长，即所谓“乘数效应”（multiplier effect）。[33]

Ungifted

“乘数效应”的观点可以追溯到社会学里的“马太效应”准则，其命名源自《圣经》里的警句：“因为凡有的，还要加倍给他，叫他有余；凡没有的，连他所有的也要夺过来。”（《马太福音》25:29）。[34]

Intelligence Redefined

即使再微小的遗传或环境优势，环境都可以使其反复放大，这样的交互作用会反复迭代并伴随一个人一生的发展历程。当然，事情的相反面也可能发生，即某种微小的遗传或环境劣势也可以导致一名儿童错失面对可产生某种困境的情形。然而，正是这些情形的出现，能让这名儿童有机会练习相关技能从而弥补其劣势。结果这个孩子错过了登船时间，而他的同伴却早已扬帆起航。

“蝴蝶效应”很好地概括了这一点，即在非线性系统中，初始条件的微小变化能够导致未来状态的巨大差异。

近年来，人类发展的动态性、非线性和概率性特征得到了广泛的支持。研究表明，在良好的养育环境中，一些与我们最负能量的特性相关的基因，如抑郁、焦虑、无法专注于一项重要任务等，能够导向最正能量的品质，如积极情绪、求知欲和更强的情绪管理能力等。[35]

Ungifted

托马斯·博伊斯（W.Thomas Boyce）和布鲁斯·埃利斯（Bruce Ellis）借用瑞典的一个惯用表达，将部分儿童归为蒲公英儿童。这类儿童可以在任何环境中生存并茁壮成长，就像蒲公英一样，不论土壤、阳光条件如何，不管天气是干旱还是湿润，它都可以生根发芽。36 与此相反的是兰花儿童，这些儿童的生存和发展严重依赖环境。他们用具有诗意的语言写道："在被忽视的情况下，兰花会迅速衰败，而在受到良好的支持和培育时，它便会开出令人叹为观止的精致、美丽的花朵。"

Intelligence Redefined

近几年，有大量研究支持了记者戴维·多布斯（David Dobbs）所谓的"兰花假设"。[37] 可以肯定的是，每个基因突变只能解释一小部分行为，而这些基因中有多少发生了复制，还有待于进一步的研究。同时，简单地将人分成两组——兰花型和蒲公英型的确过于粗略。然而，这些结果强调，我们不但需要考虑基因之间的交互作用，还要考虑基因与环境之间的交互作用，这一点对于理解人类的发展非常重要。我们最新的认识是，很多基因编码并不会直接导向积极或消极的结果。基因可导致个体对环境敏感度的提高，其结果可好可坏。[38]

因此，尽早干预并让儿童的基因朝着好的方向发展是至关重要的。在孩子进入学校的第一年，他们所受到的环境支持以及他人投注在他们身上的时间和金钱，就已经开始存在实质性的差别了。[39] 这一点很重要。心理学家基思·斯坦诺维奇（Keith Stanovich）认为，一个孩子若能从一开始就进行良好的阅读或者所处环境便于他积累大量词汇，那么他便能读得更多，学得更多，同时能够与善于阅读的同伴交朋友，他会要求读更多的书，也能得到更多的书籍，并且最终拥有更高超的阅读能力。相反，词汇量低的孩子阅读速度缓慢，从阅读中获得的乐趣更少，也不会建构一个由阅读所充实起来的丰富的成长环境。其结果是，两个孩子的智力差距会越来越大。[40]

低社会经济地位家庭的环境与高社会经济地位家庭的环境在一系列与智力功能发展相关的因素上存在显著差别。在一项研究中，研究人员估计，由职业父母抚养长大的孩子在 3 岁时可听到或读到约 3 000 万个单词，他们的词汇量也更加丰富。[41] 相比较而言，工薪阶层父母养育的孩子 3 岁时听到的单词为 2 000 万个左右，而无业非洲裔美国母亲的子女在 3 岁的时候仅仅能听到约 1 000 万个单词。父母对待子女的方式也存在显著差别，相对责骂而言，职业父母的子女所受到的鼓励远远超出其他孩子。

高社会经济地位环境和低社会经济地位环境之间还存在其他重要差异。家庭环境观察评定量表（Home Observation for Measurement of the Environment Inventory，简称 HOME Inventory）可以测量家庭提供给儿童的智力刺激以及支持的质量和数量。其中的一些指标包括：第一，父母与孩子交谈的多少；第二，能否接触到书籍、杂志、报纸和计算机；第三，父母为孩子朗读的频率；第四，父母带孩子外出（比如去博物馆）的次数；第五，家庭的温暖和友好程度。采用这份量表的各项研究发现，不同的社会阶层在这些指标上呈现显著差异，而由这些差异所导致的智商分差高达 9 个点。[42]

批评家指出，也许这些孩子从他们父母身上继承的不仅是低智商的基因，还有低社会经济地位的环境。这一评论虽不失公允，然而并非事情的全貌。由基因上毫无关联的高社会经济地位的父母收养的来自低社会经济地位背景的儿童，其平均智商相比其他未被收养的兄弟姐妹而言，提高了 12 ~ 18 分。[43]

这些不同经历的影响会不断累积。本内特·施维茨（Bennett Shaywitz）及其同事发现，“从一年级到五年级期间，平均智商为 80 分的儿童，其智商往往逐年降低约 1.1 分，而智商高达 140 分的孩子，其智商则通常逐年增加约 4.5 分”。[44] 同样，赫伯特·瓦尔贝格（Herbert Walberg）和蔡秀玲（Shiow-Ling

Tsai，音译）研究发现，年轻人的科学成就取决于三个因素：之前教育背景（prior educational background）、当前的教育活动（current educational activity）以及动机（motivation）。重要的是，他们发现这三个因素具有累积性：正是之前的教育经历预示了当前的教育活动和动机。[45]

当然，人也不完全是环境的被动接受者。所有的人每时每刻都在积极地做出影响自身发展的选择，而基因会影响这些选择。1983 年，桑德拉·斯卡尔（Sandra Scarr）和凯瑟琳·麦卡特尼（Kathleen McCartney）提出了基因对经验的可能指导作用。[46] 后来，这一前提被纳入了经验生产驱力理论（Experience Producing Drive Theory，简称 EPD theory）。[47] 根据这一理论，自然选择改造了我们的基因，使得我们成为环境的积极动因（active agent），从而不断寻求能够使我们的生存和繁衍机会最大化的情形。换言之，我们会通过进化找到适合我们基因组的最佳环境。用达尔文的观点来说，这也许就是生命的意义。

根据这一观点，基因通过控制我们的动机和偏好来影响我们特质的发展。最终，人们将自己置身于可加强其基因驱力（genetic drives）的环境中。在温迪·约翰逊（Wendy Johnson）对这一理论的表述中，这种驱力以及对环境特定方面的敏感性在个体差异的各个方面均适用，包括动机、兴趣、注意力焦点、人格、态度、价值观以及个体独有的古怪特质等。[48] 基因通过控制我们参与世界的倾向，间接地影响我们特质的发展。

想想那些一下子被小提琴吸引的孩子，他们会在没有任何人要求的情况下花费数小时练习演奏。或者一个发现数字很美的小女孩，她愿意花上几个小时在脑海中做数字游戏。对他们来说，这些活动本身就是一种奖励。因为他们会不断寻找机会来做这些给他们带来奖励的事情，在这个过程中，他们的技能得到了大量的练习，因而他们的技能会得到提升。

基因间接地把我们导向某个方向，并让我们远离其他方向。我们都有一套独特的能够吸引我们注意力的东西，这一点源于我们的基因。基因激励我们去寻求可促进相关大脑神经结构及生理机能发展的经验，借此来影响我们的特质和能力的发展，而这些大脑结构和生理机能的发展则有助于更高成就的获得。

智商和“伟大”

当我们试图去理解“伟大”（greatness）——兼具独创性和典范性的成就的发展路径时，情况会变得更加复杂。[49] 人类包括智商和人格在内的大部分特质在普通人群中均呈现“正态”或钟形曲线分布。这意味着分布是对称的，即钟形曲线两侧的人数相等。在当代大多数的智商测验结果中，大约有 68% 的普通人群智商分数为 85 ~ 115，而几乎所有人的分数都介于 40 ~ 160（见第 2 章）。

但对于“伟大”来说却并非如此。当你去看“伟大”在普通人群中的分布时，你会看到非常不一样的结果。

天赋实验 Ungifted

“伟大”不符合正态分布，相反，它的分布极其“偏态”，右侧长尾远远地延伸了出去。为了搞清楚它的样子，我们来看看迪恩 - 基斯·塞蒙顿（Dean Keith Simonton）对两种不同分布所做的计算机模拟：智商和伟大。[50] 在模拟中，他假定有一万人参加测验，并且假定两种分布的平均分均为 100 分，标准差为 16。图 1-1 显示了塞蒙顿的发现。不难看出，两种分布存在巨大差异。模拟出的正态分布与智商的分布相当契合，该分布是对称的，智商高于和低于平均分的人数是相当的。智商得分最低为 37 分，最高为 155 分，变化范围是 118 分。现在看看另一个分布，这是“伟大”的典型分布。可以看到，该分布根本是不对称的，虽然平均得分仍为 100 分，但是变化幅度却高达 254 分！其中最低分为 87 分，比最高分 341 分更接近平均分。事实上，在一万人当中，只有一个人的伟大商数（greatness quotient，简称 GQ）为 341 分。

Intelligence Redefined

拿我们同代人中最高的智商测验分数跟这里最高的伟大商数做一比较，智商分数相形见绌。[51] 而这仅仅是针对一万人测验所得出的结果。人群基数越大，伟大商数应该会越高。很明显，很多人的实际成就水平远远超出其仅仅基于智商或其他任何相关的单一特质所做出的预测。这是怎么回事？

这个谜题的答案是：伟大是多种因素综合作用的结果，包括诸多个人特征的发展、人生经验的积累、机遇和偶然性，[52] 而决定智商测验表现的技能只是促成伟大的众多因素中的一部分。理解了这一点便能知道，我们可以通过其他因素来弥补稍显逊色的智商分数。其他因素如机会、毅力、动机等越显著，总体结果越好。这也意味着人们可以通过大相径庭的因素组合而获得相同的伟大商数。

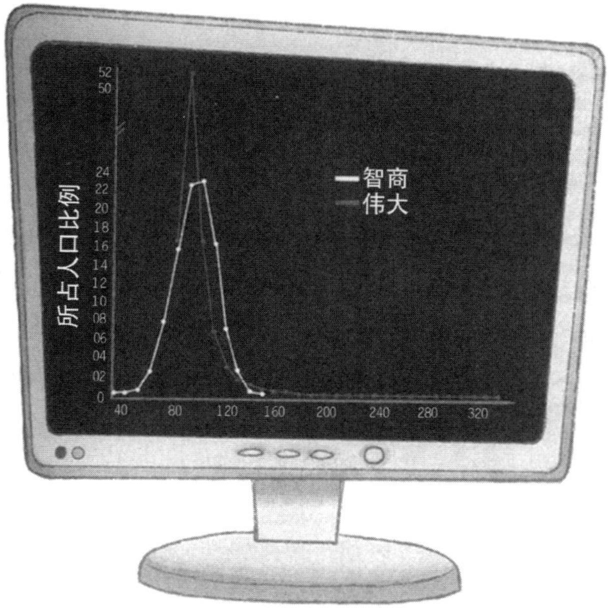

图 1-1　智商和伟大的计算机模拟

资料来源：D. K. Simonton, *Scientific Genius: A Psychology of Science*（New York: Cambridge University Press, 1988）. 经许可使用。

这些观点形成了迪恩·塞蒙顿才能模型的核心。[53] 塞蒙顿认为，相加模型（即仅仅将若干不同特质相加以确定一个人的能力水平）过于简单化，相反，他认为必须将才能看作是一个多维和倍增的发展过程。才能的多维性质体现在多个不同的特质联合作用促成了一种才能的形成；其倍增性质则体现在每一种特质背后的基因的影响并非相互独立，而是不断地在彼此之间以及与环境之间进行交互作用上。

不妨这样思考。由社会认可的任何领域的成就——从歌剧到表演、视觉艺术、跳霹雳舞、演奏班卓琴，再到物理、心理学乃至成为美国总统……都有赖于不同的特质集合，我们姑且称这个集合为“X 因素”。考虑一下音乐的“X 因素”，加里·马库斯在他的著作《吉他白痴》（*Guitar Zero*）中指出：音乐天赋受到许多不同基因的影响。[54] 涉及的基因有情感记忆、好奇心以及绝对音高的敏感性，还牵扯到与乐曲和即兴创作测试相关的基因（这些基因似乎同时也影响人类以及其他物种的社会互动）。马库斯认为，“音乐是一种建立在众多大脑回路基础上的技能”，而“这种技能会涉及许多不同的基因，每一种基因都可以以某种方式协助音乐才能的形成”。[55]

当然，个人特质集合的重要性与个体所在领域相关。参加电视歌唱大赛《美国偶像》所需的“X 因素”可能包含风格、音质、音高、节奏、个人魅力和坚持不懈。① 这里的 X 因素和进行科学探索所需要的 X 因素一样吗？当然不一样！科学探索往往涉及不同的特质集合，其中一些特质有时可能与流行音乐的 X 因素是相悖的（比如注重细节的思考、克制和内敛）。

同一领域中的 X 因素也可能因人而异。马格西·博格斯依靠速度和敏捷的身手打入 NBA，而威尔特·张伯伦则更多依赖于自己的身高和力量优势。当然，心理学家可以去探究个体 10 岁时的身高与其在 NBA 取得成功之间的紧密联系，但这样做只不过是将身高这个单一特质割裂了开来，而忽略了关于成就最耐人寻味的地方：特质间的组合及最大化开发。

当然，最大化开发往往比较困难。例如，一个没有声带的人不会成为一

① 花絮：我被《美国偶像》拒绝了两次！

名著名的歌手，不管他在与该能力相关的其他特质（比如情感表达）上得分多高。关于才能的简单乘法等式表明，其他特质（比如极高的情感表现力）的值无论高低，只要有任意一项特质（比如声带缺失）的值为零，则乘积永远为零。虽然这一点在理论上没错，但在现实世界中很少有特质分值为零的情形，即使像鲍勃·迪伦这样声音沙哑的歌手也依然会被人们尊为超级歌手——他的特质组合相当独特。

总之，涉及的不同特质很多，每种特质都处在一个连续统一体上。持续终生的发展历程和先天因素共同影响了我们每个人每时每刻在这个连续体上所处的位置。想要理解“伟大”的发展特点，关键要认识到基因和环境初始的微弱优势如何导致了个体自主选择与其自身最佳匹配的环境，以及环境又如何反过来强化或抑制了这些优势。伟大不是天生的，它需要时间来发展，通向伟大的道路有很多条。在我们接下来分块探讨智力的各个组成部分时，请大家记住这个大前提。

那么首先，让我们来看一看智力的最传统衡量方式：智商。

02

智商

Ungifted

Intelligence Redefined

今天是我的审判日

“会痛吗？”我问妈妈。我们开车沿着蜿蜒曲折的道路向学校心理咨询办公室驶去。“不会的斯科特，一点儿也不痛。”妈妈安慰我说。于是我不再去担心这个问题了。“好的。可要是那人发现我真的愚蠢到家，必须去上那种很特殊的特殊学校，怎么办？”妈妈叹了口气，想尽办法来减轻我内心的恐惧，可这种恐惧依然挥之不去。我知道紧要关头到了。

今天的测验结果将决定我接下来的一年何去何从。四年级马上要结束了，可我在读的公立学校打算把资源教室撤掉。他们要把有学习障碍的学生重新扔回到额外支持极少的主流班级，我父母为此寝食难安，决定带我去看一个有执照的学校心理专家。我很害怕参加他的测验，尤其想到几年前我在一次智商测验中的糟糕表现，更让我恐惧不已。我真正想去的学校是当地的一所私立名校——哈弗福德男校预备学校（Haverford Boys Prep）。每次上学经过那里时，我都会用艳羡的目光打量学校里身穿整洁校服的学生。我心里清楚得很：今天就是我的审判日。

“嗨！”我走进测验室，害羞地打了个招呼。“你好，斯科特。”这位心理专家微笑着说，“不要有压力，我们只是做几个拼图游戏而已。”他的话让我感到更加紧张。他把一些积木放在桌上，让我参照给出的图片把积木拼在一起。我尽量不让自己分心，可还是感觉到自己开始出汗了。我从来都不擅长做空间题目，就连去我家附近街道尽头的那个公交站都常常会迷路，通常都是妈妈开车送我过去。

我把积木混合在一起，尝试不同的组合，但依然感觉毫无进展。“你行的，”心理专家鼓励我说，“相信自己！”然后他在他的笔记本上写了些什么。我继续浑身冒汗。

做每一道题目的时候我都不断怀疑自己。对每一道新的题目，我都能看到多个可能的答案，我反复问自己：为什么我必须得从现有答案中选择一个呢？如果我可以证明不止一个答案是正确的又会怎样？如果我把题目稍作修改，他会介意吗？

测验结束了，我垂头丧气地离开了测验室。“他是不是发现我真的很笨？”那一周晚些时候，在吃晚饭时我问我的父母。“没有，”爸爸深深地叹了口气说，“不过，他的确注意到了你测验时的焦虑。事实上，他认为你是他见过的最有创造力的学生之一，可惜这个测验没有创造力得分这一项。”

我最担心的事情终于发生了。上哈弗福德男校预备学校的梦想破灭了，他们把我从现在的公立学校中“揪”了出来，扔到一所专为学习障碍儿童开设的学校。就这样，一次测验，我的命运便被一剑封喉。

智商测验之父——比奈

现代智商测验的发明者阿尔弗雷德·比奈（Alfred Binet）是一个孤独的

人。学生时代的比奈有些漠视一切，他在一段短暂的法律专业学习之后宣称："这只是一个男人尚未选定事业前的工作。"[1] 后来他在巴黎萨博特慈善医院（Salpetriere Hospital）让 - 马丁·沙尔科（Jean-Martin Charcot）的神经学实验室里做了短期的志愿者。37 岁时，比奈获得了自然科学博士学位，他的博士论文主题是"昆虫的肠下神经系统"。但他主要的精力不是放在以上这些事情上。

大约从 22 岁起，比奈大部分时间都泡在法国国家图书馆（French National Library），啃那个时代主要思想家关于人类行为的著述。很快，他便开始在心理学领域著书立说。他在 23 岁时发表了第一篇论文，并在短短 6 年后出版了他的第一本著作。他在论文和著作中，从广阔的视角探讨了各种心理过程，包括注意力和知觉。

虽然他申请的三个教授职位全部被拒绝了，但他最终谋得了索邦大学生理心理学实验室主任这一职位（他任此职直到去世）。千万别被这个花哨的头衔蒙蔽，这可是一个与法国主流学术界相脱离且没有一分钱报酬的职位，维系他心理学研究的唯一经济来源是他的家庭财产。

而这一点却使得比奈这位多产学者的成就无论从质量还是数量上来讲都更加出类拔萃。从 1890 年直到去世，比奈发表的著作、论文和评论超过 200 种，几乎涵盖了心理学的所有领域。比奈的研究在他所处的时代来说具有惊人的原创性。他生活在一个似乎人人都为异常行为着迷的时代，而与他们不同，比奈深入探讨了各种不同形式的人类心理活动。他着迷于个体差异，研究了人类心智的各个层面，包括意识、意志、注意力、感觉、知觉、美学、创造力、暗示、催眠、认知风格、爱和情欲恋物癖①、痛阈值、心理疲劳、语言发展、记忆发展以及概念发展。

比奈不满足于仅以临床群体为研究对象，他的研究对象群体包括儿童、

① 情欲恋物癖（erotic fetishes）和性恋物癖（sexual fetish）是比奈创造的词汇。

成人、精神残疾者及其他临床病症患者、象棋专家、心算专家、专业演员、导演、作家和艺术家等，人群之多元令人惊叹。

Ungifted

正如发展心理学家罗伯特·西格勒（Robert Siegler）所说：“极具讽刺意味的是，人们如此强烈地认为比奈的最大贡献就是将智力简化成了一个数字——智商分数，然而比奈的研究中反复出现的一个主题却是智力的显著多样性。”[2]

Intelligence Redefined

比奈的超前研究令其同时代的学者望尘莫及。他在普通文本记忆、目击证人证词、群体压力导致的从众心理、内在动机、国际象棋技艺和心算等领域的工作为这些领域的现代研究拉开了序幕。甚至他在认知发展领域的工作也领先于皮亚杰在该领域的一些开创性研究成果。①如罗伯特·凯恩斯（Robert Cairns）所说：“实验儿童心理学花了70年才赶上比奈在认知和记忆组织方面的一些深刻见解。”[3]

最了不起的是，比奈完全是自学成才的。1901年，比奈在给朋友的一封信中写道：“我没有受到任何老师的教导，完完全全属于自学。现今我在科研上取得的成就完全是凭借我一己之力获得的，没有任何人曾帮助过我，一个也没有。”②[4]

究其原因，部分乃个性使然。通过对比奈的家人、朋友和同事的采访，我们逐渐看到一个害羞、喜欢独居、精力充沛且全身心投入工作的比奈的形象。

① 奇怪的是，皮亚杰很少承认比奈所做的工作。很难想象皮亚杰会不熟悉比奈的思想和研究成果。至于皮亚杰为何如此明显地有意忽略比奈的开创性研究的动机，我不敢妄加揣测。

② 西塔·沃尔夫（Theta Wolf）在她的传记中指出，比奈的说法可能有些许夸大，因为忒阿杜勒·里博（Theodule Ribot）等一些学者曾给他提供过资助。

比奈去世后，他的女儿玛德琳写下的一番描述或许捕捉到了他主要的性格特点：

> 总的来说，我的父亲是一个活泼的人，他喜欢微笑，说话通常具有讽刺意味，但举止文雅、判断力强，当然也通常心存疑虑……他本性善良、毫不做作、坦诚直率，但他鄙视一切形式的平庸。他对科学研究者十分亲切和蔼，但他对浪费他时间和打断他工作的人非常冷酷无情……他似乎总是在沉思。[5]

然而，比奈大多数辉煌的研究成果却被他所处的时代忽略了，这是一个莫大的悲哀。究其原因，毫无疑问主要在于他的个性以及他与主流学术界的疏离。他从未离开过法国，也未能在学术会议上报告他的工作。由于他没有一官半职，因而也没有大量的学生来继续他的事业。用西格勒的话说："比奈的产品极强，但营销甚弱。"[6]

第一个智商测验问世

1894 年对比奈来说意义深远。这一年，他拿到了自然科学博士学位，创办了《心理学年报》（*L' Année Psychologique*，至今仍然存在），出版了一本关于日历推算的心理学的书，并与他的合作者维克托·亨利（Victor Henri）及其他索邦大学实验室的科学家合作出版了一本书，发表了许多论文，涉及暗示、记忆、性格和教育心理学等领域。

而比奈与亨利在 1894—1898 年的合作对第一个智商测验的问世尤其重要。比奈与亨利一道寻求全新的方法以对"个体复杂、多样的能力倾向进行精确的观察"。[7] 1895 年，他们宣布了开发智力测试的构想，勾勒出了一个雄心勃勃的计划，将对记忆力、意象能力、想象力、注意力、理解力、暗示力、审美情趣、道德情操、肌肉力量 / 意志力，以及运动能力 / 手眼协调能力等 10 项不同的能力进行测量。

尽管较低级的感觉过程也被他们列入计划，但他们明确指出，对更复杂的推理能力的测量可以成就更佳的智力测试。这一点与高尔顿、詹姆斯·卡特尔（James McKeen Cattell）及其他同时代的智力研究人员的想法不同。他们认为："要研究两个个体之间存在的差异，从最能体现智力的最复杂的过程着手是必要的；相较而言，考量简单、基本的过程，其必要性则次之。"[8] 该观点预示了他们的后续发现。

作为第一步，比奈开始观察甚至测试他的两个女儿玛德琳和爱丽丝，让她们做各种认知和人格测验。他为自己女儿做的很多心理测验今天依然在使用，包括说出单词、在单词之间建立联系、补充句子、描述物体和图片、回忆各种信息，这些信息包含图片信息以及陌生的外语句子。

有趣的是，比奈最初关于他的孩子的分析是定性分析。比奈信奉定性分析的重要性，密切关注错误、认知方式和力量模式。比奈为他的孩子在线性、常规性和原创性等维度的思维过程打分。在他最早发表的关于其观察成果的论文里，他详细深入地讨论了两个孩子身上的诸多不同点，指出玛德琳表现出了极大的"稳定性"，能够自愿、随意地将注意力聚焦在某事上。他还注意到玛德琳更加务实，但想象力差。相反，爱丽丝表现出更大的"易变性"，她对自己不感兴趣的材料学习很困难，但表现出更加丰富的想象力。[9] 反思型（reflection）和冲动型（impulsivity）的区别似乎一直以来都是比奈非常关注的一个话题。他在 1903 年出版的著作《智力的实验研究》（*The Experimental Study of Intelligence*）一书里介绍了他的最终观察结果。当时他的孩子们已经步入了青春期。[10]

在他的研究成果问世之后他补充说道，是时候继续前进了。他注意到女儿性格上发生的巨大变化，他评论说对她们的最新描述与几年前相比已不太适用。比奈深信，个体的心理发展从童年向成年的迈进必须予以重视，他认识到这样的发展进程很有意义。

Ungifted

“假使有人成功地测量了智力，即对推理、判断、记忆、抽象等能力的测量（对我来说这并非绝无可能），那么他会发现，代表一个成人智力发展平均水平的分数与代表一个儿童智力发展平均水平的分数将呈现完全不同的关系。”[11]

Intelligence Redefined

宛如命中注定，大约在 1892 年，西奥多·西蒙（Theodore Simon）找到了比奈。当时的西蒙是一位年轻的实习医师，可以接触到临床病患人群。西蒙向比奈请教如何教育他在精神科实习时遇到的“不正常”人群。虽然没有正式的学术头衔，比奈还是同意指导西蒙写博士论文，如此促成了心理学历史上最为重要的合作之一。

在 19 世纪末，西欧和北美众多国家的商界领袖和社会精英联合起来推动了公共义务教育的普及。然而这里出现了一个严重的问题：如何对如此多样化的儿童群体进行教育？一些倡导团体、教师组织和教育心理学家展开游说，让特殊学校来满足有心理障碍儿童的需求。

天赋实验 Ungifted

1904 年 10 月，千载难逢的机会出现了。时任公共教育部长的约瑟夫·肖米耶（Joseph Chaumie）设立了一个委员会，该委员会旨在识别需要接受另类教育的学生。作为法国集团（the French group）的积极成员，比奈看到了可以完成其测验并将其付诸实践的机会，比奈和西蒙立即投入工作。关于智力，他们提出了最接近其操作性定义的观点：“我们认为，智力包括一项根本的能力，其变更或缺失对现实生活至关重要。这种能力就是判断，或者称作理智、实践感、主动性，亦即适应环境的能力。智力的基本活动包括良好的判断、理解和推理能力。”[12]

比奈认为，判断有三个显著的方面：指向性（direction）、调整性（adaptation）和批判性（criticism）。指向性是指专注于任务且确定解决问题必须要做的事情是什么的能力；调整性是指选择恰当的策略以及监控策略是否有效的能力；批判性是指对自己的思维和行为做出批评，并以此为基础做出改变，以提高任务表现的能力。

人们认为比奈和西蒙的评估对儿童来说具有“游戏的气息”，他们强调对被试进行鼓励。他们使用了比奈多年来开发的许多测验项目，以创纪录的时间（只花了短短一年）完成了第一个版本的测验，促成了比奈-西蒙智力量表（Binet-Simon Intelligence Scale）的问世。[13]依照他们对智力的界定，最初的测验项目只涉及日常实用技能，包括说出人体各部分名称、说出图片上物体的名称、下定义、重复一串数字或将句子补充完整、描摹一个菱形、说出纸和纸板的区别或苍蝇和蝴蝶的区别，以及在1分钟内找出尽可能多的押韵词的能力。

比奈和西蒙明确指出了他们测验的目的：

> 我们的宗旨是要测量一个孩子的智力是正常的还是落后的。因此，我们应当去研究这个孩子在当前阶段的状况，仅此而已。我们不关心他的过去和未来是怎样的，因此我们应当忽视他的病因，同时我们也无意区分他是后天性愚钝还是先天性白痴……我们也无意提供预后，也不去回答其智力落后是否可以治愈以及是否不可避免的问题。我们仅把测验局限于确定他目前的真实心理状态上。[14]

他们的测验用时20分钟，包括30个项目，按照难度递增的顺序排列，每一个测试项目旨在反映不同年龄的典型儿童的能力。他们最开始为50名3～11岁的儿童做了测验，在所有30个项目中，被认为是“白痴”（idiots）的儿童基本只能做到第6项，而“低能”（imbeciles）儿童很少能超过第15

项。[15] 在第一版的测验中，他们提出了“五部分归类方案”，包括盲、聋、医学上异常、智力落后和情绪不稳定。

伴随测验，他们也附带了一些警告说明。**他们明确指出他们的测验衡量的不是一个人智力的绝对水平。**他们警告说，他们的测验不能像直尺一样提供精确的测量。相反，他们的测验分数只不过是一种分类而已，这种分类是与其他同龄人的测验分数相比较而言的。比奈无疑受到了他在图书馆啃书期间读到的 19 世纪英国哲学家约翰·穆勒的影响，穆勒曾写道：“关于人性的科学……远远不及当今天文学上所达到的精确标准。”[16]

比奈和西蒙也承认许多智力以外的因素可能会影响到测验结果，例如不自然的测验状态以及测验可能带给儿童的恐惧感等。[17] 他们还提到一些长期的影响因素，如生活背景、成长经历、健康状况和努力程度等。鉴于这些潜在影响因素的存在，他们强调对个体的测验结果应当仅在拥有相似生活背景的个体之间进行比较。[18] 最后，他们指出持续重新测验的重要性，因为个体的成熟速率和智力体验不同，其智力的发展进步速率也不同。

比奈和西蒙后来对测验进行了几次修订。修订后的量表由 56 个项目组成，参照各年龄段通过相应测试项目的儿童所占的百分比（他们测验了约 200 名年龄介于 3 ~ 15 岁的儿童），确定难易程度并进行排序。最重要的是，他们提出了智力年龄（metal age）的概念。举个例子，如果一名儿童通过了 10 岁级别的测验，但没有通过 11 岁级别的测验，那么便认为这个孩子拥有典型 10 岁儿童的智力，不管他的实际年龄有多大。1911 年版量表的适用范围扩大为 3 岁至成人，一共分为 11 个层级，每个层级包含 5 个项目。[19]

值得注意的是，比奈 - 西蒙智力量表从未催生出智力商数（IQ）。比奈去世多年后，西蒙曾表示，将智力归结为一个简略的智商分数偏离了他们设计测验的初衷。[20] 虽然比奈和西蒙的初衷是高尚的，但是我们必须得搞清楚：当时大多数法国人只不过是想把有智力缺陷的儿童剔除掉，以免拖累“正常”的学生。[21] 对于那些具有“另类”教育需求人群的教育问题，当时并没有成型的解决方案。他们关注的重点是将有智力缺陷的儿童甄别出来，而不是为他们提供补救措施。

Ungifted

比奈和西蒙为此深感担忧：“成为特殊学校的一员永远不应作为区分儿童的标志，请不要为这个标签做辩护，万不可以此对儿童盖棺定论。”[22]

Intelligence Redefined

可惜啊，比奈提出的警告及注意事项几乎完全被法国当局当成了耳边风。比奈发现他又一次被边缘化了。1909 年 4 月 15 日，法国立法机关发表了一项声明，宣布关于接受特殊教育的资格的判定，应当由一名医师、一位督学以及一名主任或教师组成的团体来做出。立法机构压根儿没有提到心理学家，也没有提到用智力测试对学生进行评估。[23] 比奈和西蒙如此巨大的付出竟然在自己的祖国大地上被忽略了。比奈深感自己是个失败者。

然而很快，他们的测验像野火一样蔓延到全球各地，尤其是美国。可令比奈骇然的是，他们使用测验的目的是他始料未及的。在他生命的最后阶段，他怒笔写下了下面的句子，以抨击认为测验分数低的儿童永远不会取得某些成就的观点：

> “永远不会！”多么偏激的用词！这种盖棺定论是多么可悲！然而似乎竟有少数现代哲学家对此言论施以道义上的声援，断言个体的智力是一成不变、无法提升的。我们必须提出抗议，并用行动来反抗这近乎残忍的悲观论调。我们会证明，这样的说法毫无根据……我们能够通过练习、培训以及最重要的——方法，来提升我们的注意力、记忆力和判断力，从而真正提高我们的智力水平。[24]

为了表明智力是可修复的，比奈开发了各种“心智整形术”（mental

orthopedics），即智力练习，但是太晚了。1911 年 10 月 28 日，比奈中风去世，年仅 54 岁。大规模测验运动在美国刚刚兴起，然而这些测验的拥护者们对人类智力所持的定义却完全不同。

哪些人属于“智力孱弱”

亨利·戈达德（Henry Goddard）是新泽西州芬尼兰训练学校（Vineland Training School）的校长，他曾两次接触到比奈 - 西蒙智力量表，第一次是在 1908 年春到访布鲁塞尔途中，一年后又一次接触到。但是两次他都不以为然，没有认识到这个测验与他的工作对象——“智力孱弱”①个体的相关性。戈达德后来指出：“这份量表的批评者中也许没有一个比我第一次读到时更抗拒它了。按照那种方法将智力划分等级似乎不太可能，未免也太容易、太简单了。”[25] 但是这颗种子已经埋下了。

戈达德尝试了一下这个测验，很快便为之折服。他指出：“量表的使用带给我们惊喜和满足。它满足了我们的需求。根据量表对儿童进行分类的做法与我们的制度经验是契合的。”显然，他一下子就被这份量表征服了。戈达德立即将比奈 - 西蒙智力量表的 1908 年版翻译成英文，成为该测验的美国“首席宣传官”。他在学术会议上宣读自己的研究结果，表明该测验能够可靠地划分不同程度的“智力孱弱”个体，并在他 1914 年的著作《智力孱弱》（*Feeble-Mindedness*）里，采用高尔顿有缺陷的研究方法得出智力孱弱的血脉在家族当中流淌，因而具有遗传性的结论。

尽管戈达德不能穿越时空给芬尼兰训练学校儿童的老祖宗们做比奈的测验，但是他对自己的使命有清晰的认识，并以他自己对智力的定义为指导，他对智力的定义是：“一个受制于与生俱来的神经机制的单一心理过程……除非

① “智力孱弱”（feebleminded）这一术语最终被其他一系列术语所取代。首先是“智力缺陷”（或心理缺陷，mental deficiency），之后是“智力落后”（mental retardation），再后来是“智力障碍”（intellectual disability）。

遭遇能够造成该机制部分破坏的重大变故，否则该机制受后天因素的影响微乎其微。”

想必戈达德的说服力颇强，因为他说动了新泽西州当地学区的负责人允许他给当地普通学童做测验。1911 年，戈达德在题为《两千名正常儿童接受比奈智力量表测验》的论文中发表了他的研究成果。

教育工作者也开始为这个量表狂热。1914 年，有几十个学区采用了比奈和西蒙的测验。截至 1916 年，比奈和西蒙在 1908 年发表的论文（由戈达德翻译）被复制分发了 22 000 份，连同发放了 88 000 套空白测验题目。[26]

让我们把与智商测验相关的一切都放在历史情境中看一下。在戈达德将目光投向比奈的测验之前很长一段时间里，社会上已经出现了要求提出优生方案的巨大公众压力，这些方案不只是针对智力孱弱群体，而是针对范围广泛的“不受欢迎者”（undesirables），包括精神失常者、癫痫患者、惯性酗酒者、罪犯、妓女、流浪汉和贫民。在戈达德将比奈的测验介绍给从事智力孱弱儿童教育的教师之前，已经有 6 个州出台了成文的绝育法案，许多其他的州也出台了禁止“不受欢迎者”之间通婚的法律。[27]

因此并不能指责智商测验运动是美国绝育事件的唯一原因。尽管如此，戈达德也非完全无辜。他的确让更多公众关注到了智力孱弱这个“问题”，并且智商测验也的确被用来为绝育做辩护。截至 1964 年，美国约有 6 万人被强制实施绝育手术，而在德国，这一数字更加庞大。其中近乎一半受害者的绝育理由是智力缺陷，而智商测验无疑为智力缺陷的诊断提供了依据。

“智商王国”的等级

对比奈 - 西蒙智力量表兴趣盎然的美国人并非只有戈达德一个。斯坦福大学心理学教授刘易斯·推孟（Lewis Terman）同样为之倾倒。他与戈达德都相信量表可以用于评定一个人是否“智力孱弱”，是否应该受到“社会保护”，然而与戈达德不同的是，推孟看到了量表的另一个用途。他对智商分布的上端部分很感兴趣。他写道：

> 事实上，早在1908年比奈-西蒙智力量表发行之前，年龄差异对智力的影响鲜为人知。当时的心理学家们未能意识到一名12岁的愚钝儿童与一名8岁的正常儿童之间惊人的相似之处。一定程度的智力落后或加速发展对未来心理发展的重要性并没有得到他们的认可……当比奈试行他们的1908年智力量表时发现，该量表在鉴定天赋优异儿童方面的价值一目了然。很明显，以任何合理的标准去界定，智力年龄增速显著的儿童都比智力年龄不超过实足年龄（chronological age，即实际年龄）的儿童更聪颖。[28]

推孟迫不及待地开始将比奈量表付诸实践，他修订了1911年版的比奈-西蒙智力量表，在1916年推出斯坦福-比奈测验（Stanford- Binet test）。[29]从本质上讲，推孟的测验版本可谓焕然一新，他新增了40个项目，每个年龄6个项目，涵盖3～14岁的儿童（比奈-西蒙智力量表为每个年龄设计了5个项目）。例如，9岁儿童的测验包括以下类似项目：

1. 日期：今年是哪一年？今天是本周的第几天？
2. 将5个重物从重到轻排序；
3. 心算；
4. 倒背4个数字；
5. 用3个特定的词造一个句子；
6. 找韵律。

起初，比奈和西蒙的测验对象是大约50名被教师评定为“智力一般”的儿童，而推孟则选择了大约1 000名4～14岁的儿童。他所选择的儿童来自各所学校，学生们社会阶层分布平均。与比奈的量表相比，在不同项目的难度层面，这样的大型标准化样本给予了推孟更为精确的信息。以这些信息为基础，推孟认为有必要将比奈量表中的大部分项目按照不同的年龄阶段重新组合。

评分步骤是推孟取得的另一项进展。他保留了比奈的“智力年龄”理念，但也借鉴了德国心理学家威廉·斯特恩（William Stern）的智力商数观点——智力年龄除以实足年龄。[30] 这一公式能将那些智力年龄相同但实际年龄不同的人区分开来，因此十分有用。推孟不喜欢小数点，因此他决定将斯特恩的公式乘以 100 以得到整数。由此，计算智商的公式就变成：

智商 = 智力年龄 / 实足年龄 ×100

（IQ=MA/CA×100）

天赋实验
Ungifted

让我们来观察 3 名“智力年龄”相同的实验对象，以便了解该公式是如何运作的。正如表 2-1 所示，3 人的测验得分相同（换言之，“智力年龄”相同），但他们的智商将取决于他们的实足年龄。毋庸置疑，智商公式是推孟对比奈量表的一大改进，然而它的弱点也很快显露无遗。对成人而言，智商意味着什么？假设你的实足年龄为 60 岁，而智力年龄为 50，那么你的智商就是 83；但如果你的实足年龄为 50 岁，智力年龄为 60，那么你的智商就骤然升至 120。我们真的能推断智力年龄在 20 岁和 10 岁之间的差别与 60 岁和 50 岁之间的差别相同吗？我希望大家能从中觉察出问题所在。

表 2-1　推孟智商公式实验

智力年龄 (MA)	实足年龄 (CA)	商数 (MA/CA)	智商 (×100)
10	5	2	200
10	10	1	100
10	15	0.67	67

在对成人进行测验时，推孟的应对之策即在公分母实足年龄上加 16。后来他又将该数字改为 15，因为他发现智商的平均值差不多在这个年龄停止了

增长。[31] 当然，鉴于他从未真正测验过 18 岁以上的人群，因此这不过是他的猜测而已。对此，推孟的辩解是："15 岁的智力年龄也就代表了 16 岁及以上被试智商的常模。"当代衰老研究并未证实这一说法，公平而言，他对这项研究也是一知半解。

推孟认识到智商的另一个棘手"问题"——易变性。并非每个年龄群体都表现出相同的智力增长幅度。智商的平均浮动幅度为 16 点——根据年龄阶段不同有 12 ~ 20 点的差异。起初，推孟仅将浮动幅度列为偶然现象，然而他发现，12 岁的年龄群体中呈现出了 20 点的变动，这样显著的数字是很难被忽视的。最终，他将这种现象归结为"青春期的开启"，尽管无人向他证明青春期与认知发展速率相关。

显而易见，推孟不得不摒弃智商这一理念，表明测验分数偏离平均分数程度的标准分数更合适，因为标准分数将年龄造成的浮动纳入了考虑范围。然而完全摒弃智商理念并非易事，因为智商已经渗透到美国公共教育系统的"灵魂深处"，且标准分数更为繁杂，不易被学校心理专家参悟。因此在 1973 年的修订版本中，推孟和梅里尔（Merrill）保留了智商分数，但加入了一份转化表，学校心理专家可将智商数值转换为标准分数。

那么分级是如何进行的呢？推孟不得不为每个波段的智商分数定义一个标签，以便学校心理专家解读各个分数。在第一版斯坦福 - 比奈测验的基础之上，推孟引入了世界上第一个智商分级系统，见表 2-2。

表 2-2　世界上第一个智商分级系统

智商	分级
大于 140	接近天才或天才
120 ~ 140	智力极其出众
110 ~ 120	智力出众
90 ~ 110	智力正常或平均
80 ~ 90	迟钝，极少分级为智力孱弱

续前表

智商	分级
70 ~ 80	临界智力缺陷，有时分级为迟钝，通常为智力孱弱
低于 70	确切智力孱弱

以上并非是推孟智商分级系统的全部内容，还包括下面这些：

> 智力孱弱群体中，智商介于 50 ~ 70 之间的人大部分为愚鲁（moron，高度、中度、低度），那些介于 20 或 25 至 50 的群体则被分级为低能，低于 20 或 25 的则为白痴。[32]

如果你深究的话，可以发现推孟的偏见所在。他认为区分“智力孱弱”的不同级别用处不大，声称“低于智商平均值的每个个体都或多或少地存在智力孱弱”。需要明确的一点是：对智商分级的第一种方案完全是基于一个研究者对自己测验对象的个人之见。推孟与戈达德都深信自己的测验所评估的“智力孱弱”状态是永恒不变、代代相传的。

有一点可以确定，推孟的结论经久不衰。他的测验不仅成为所有新的智商测验的黄金标杆，他所制定的智商分级标签还影响了整整一代的智商分级模式。有趣的是，连推孟都为自己的影响力感到震惊。第一版测验发行大约 15 年后他写道：“我知道我对比奈量表的改编比其他同期的测验都先进，但我当时没想到它竟如此风行，我还想象着它可能在数年间就会被更好的测验所取代呢。”[33]

然而事实并非如此。

离差智商：钟形曲线上有所有人的智商分布

斯坦福 - 比奈测验在半个世纪里都是美国智商测验的首选。当美利坚举国上下都沉浸在大规模智商测验的狂热中时，纽约市贝尔维医院（Bellevue Hospital）的首席心理学家戴维·韦克斯勒（David Wechsler）却对智力表达了不同的见解。韦克斯勒对实践的敏感度是对智商测验建立初衷的回归。韦克斯勒与比奈都将智力视为一个人理解、应对其所处环境的能力，并将智商测验视为揭露一个人人格中重要信息的临床工具。

韦克斯勒于 1939 年创造的韦克斯勒 - 贝尔维智力量表（Wechsler-Bellevue Intelligence Scale）是智商测验历史上一大重要成就。[34] 自此，他的很多决定都影响了后世智商测验的编制。韦克斯勒所取得的部分成就是技术层面上的，他提出了离差智商（deviation IQs）的理念，并将其与旧的比率智商（ratio IQs）区分开来。但新的理念未能屹立不倒：比率智商的概念已经深入人心，所有人都把韦克斯勒的离差智商理解为比率智商。尽管如此，离差智商的提出仍是一大进步。

在创造离差智商这一理念的道路上，韦克斯勒不得不做出一些武断的决定。首先，他将 100 定义为智商的平均值。之所以选择这个数字，是因为它在旧的公式里已经为人所熟知。同时，他还需选出一个标准差，他的选择是 15，因为这是个容易被整除的数字，并且与推孟和梅里尔所使用的 16 相近。[35] 以上都是他个人的武断决定，但这些决断也有道理可循，因为它们所采用的数值都是自推孟首次发布他的测验方法以来为公众所熟知的。[36] 离差智商数值允许测试人员将数值记录在一条钟形曲线上，如图 2-1 所示。如果平均智商为 100，而一个人的智商为 115，那么这个人就比平均值高一个标准差；相反，如果智商为 85，则比平均值低一个标准差。

Ungifted

约 68% 的人智商介于 85 ~ 115，95% 的人介于 70 ~ 130，这也就意味着有 5% 的人位于钟形曲线的两个极端——左侧长尾和右侧长尾各占 2.5%。

Intelligence Redefined

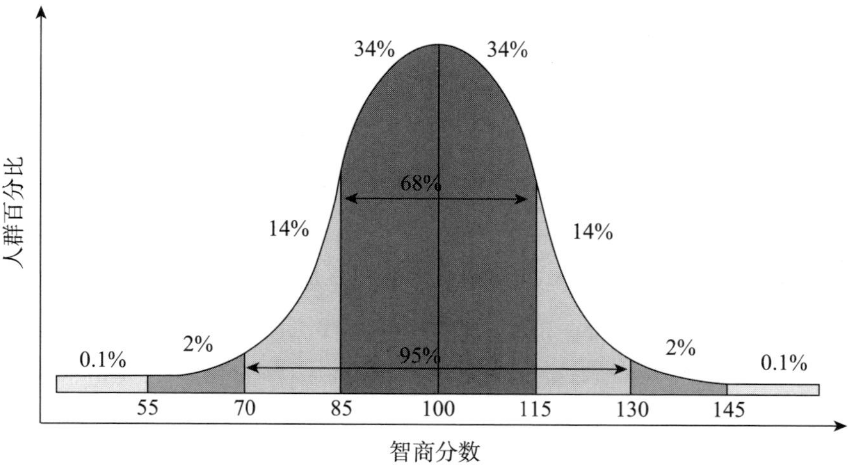

图 2-1　智商分数分布

对于喜欢与数字而不是与图表打交道的读者来说，表 2-3 就是与不同标准分数（智商分数）相符的比率排行清单。智商分数（即智力年龄除以实足年龄得到的数值）自 20 世纪 30 年代起已经不再为人使用，但这个称谓如今仍深入人心。当今，一个人的智商数值在严格意义上来说是一种比率排行，它告诉你在同一横断测验里有多少同龄人得分在你之下。假如你在韦克斯勒测验中得到 110 分，那也就意味着你的得分高于参加同样测验的 75% 的同龄人。

表 2-3　　智商分数比率排行单

智商	比率排行 (%)	智商	比率排行 (%)
160	99.997	115	84
155	99.99	110	75
150	99.91	105	63
145	99.87	100	50
140	99.62	95	37
135	99	90	25
130	98	85	16
125	95	80	9
120	91	75	5

续前表

智商	比率排行 (%)	智商	比率排行 (%)
70	2	50	0.04
65	1	45	0.01
60	0.38	40	0.003
55	0.13		

严格意义上说，这就是一个智商分数的全部意义。正如比奈早在 1898 年指出的那样，你的智商测验分数并非智力的绝对体现，它只是一个相对的分数。智商没有绝对的零分，正如体重和身高一样。你不能仅仅因为你的智商是 160，就吹嘘自己比智商为 80 的朋友聪明一倍。同样，140 分与 160 分之间 20 分的智商差距，与 90 分与 110 分之间的差距相比，未必具有相同的心理学意义。

然而，韦克斯勒最重要的创新并非测验的内容（他的很多测验项目都直接取材于前人的测验），也并非用离差智商取代智力年龄 / 实足年龄的公式（尽管此举意义非凡），他最大的进步在于明确测验的目的：作为临床工具。他把项目分为两类——言语量表和操作量表，以便从业人员在个人施测的情况下亦可观察学生回应模式的质量。

该量表的出版者对此心存疑虑：为何要大费周章地去测验一个人的智力？这与美国人崇尚的快速、廉价、高效地将人群分类的方式大相径庭。于是韦克斯勒自费出版了自己的测验方式。他主动出击，对来自科尼艾兰（Coney Island）、布鲁克林及纽约市的 2 000 名儿童、青少年及成年人进行了测验。重要的是，他意识到找到一个代表性样本的重要性。比如，如果你想知道 7 ~ 70 岁的美国人在一场智商测验中表现如何，那你就要去测验每个年龄阶段在人口统计学中具有代表性的人群，包括他们的性别、年龄、社会层级、所在区域等。[①]当韦克斯勒将他的测验在其他重要人口统计数据上进行仔细地规范之后，美国心理公司（The Psychological Corporation）突然表示有兴趣出版该量表。

由于斯坦福 - 比奈测验深得人心，所以韦克斯勒的测验未能一炮走红。然而

① 当然，当韦克斯勒在纽约第一次将研究付诸实践时，他并没有地区性的代表样本。

到了20世纪60年代，天平开始向韦克斯勒的测验倾斜，人们体会到了突破单一智商分数的需求，教育者们也意识到了评估一名儿童智商分数模式的好处。韦克斯勒的原始测验包括10项子测验，包含独立的言语智商和操作智商测验分数。而斯坦福-比奈测验直到第四版，[37]仍仅能提供言语导向的单一智商分数。

韦克斯勒的测验修订协作伙伴之一艾伦·考夫曼（Alan Kaufman）扩展了韦克斯勒将智商测验作为临床工具这一目的。1979年，他引入了智力测试（intelligent testing）的理念。这一方法将临床医师置于测试之上，使得测试人员能够将每一名儿童看作独立的个体："测试的焦点是儿童本身，主要目标是将对测试结果的交流放在特定的情境中进行——考虑儿童的特定背景、特有行为以及使用测试项目的方法。不再强调总体评分，而是要求测试人员具备灵活性和洞察力。测试被视为一项动态辅助机制，而非作为分级安置、贴标签或是任何其他形式学术压制手段的工具。简言之，对智力的测试就是关键所在。"[38]

许多现代智商测验都有内置的智能测试方法。韦克斯勒儿童智力量表第四版（WISC-IV）以及韦克斯勒成人智力量表（WAIS-IV）都包括"过程分数"（process scores），基于伊迪丝·卡普兰（Edith Kaplan）的波士顿过程研究法（Boston Process Approach），该分数允许临床医师洞察导致一名儿童答错一道问题的过程。韦克斯勒儿童智力量表的第四版包含了一本手册，以便临床医师更好地理解一名儿童对测验项目作出独特反应的原因所在。其他的现代智商测验，比如考夫曼儿童成套评估测验（Kaufman Assessment Battery for Children）第二版同样内置质量指标（QIs），以便在测试过程中引导测试人员对儿童进行观察。正如艾伦·考夫曼在《智商测验101》（*IQ Testing 101*）中提到的那样："这里的经验教训是，智商测验是基于临床观察建立的，比起一堆测验分数，智商测验能为技能娴熟的专业测试人员提供更多信息，而一位心理学家的测试经验是不可忽视的无价财富。"[39]

斯坦福-比奈测验已经出到了第五版，更加成熟。然而更新到第四版的韦克斯勒测验仍是大部分美国心理从业人员的心头之选。[40]

CHC 框架：终于有了一个关于人类认知能力的总结

在 20 世纪的大部分时间里，智力理论与智力实践之间是泾渭分明的。在地球的这一边是对认知测验实践运用兴致不高的科学家们在辩论智力中是否存在一般智力因素（见第 10 章），而在地球的另外一个角落，智商测验编制者们却在对 20 世纪二三十年代的测验进行细小的改进。双方鲜少交流，少到几乎能让人认为他们完全属于两个星球。

20 世纪 60 年代，神经心理学领域开始取得进展。该领域影响较大的神经心理学团队是诺贝尔生理学及医学奖获得者罗杰·斯佩里（Roger Sperry）和他的研究生迈克·加扎尼加（Michael Gazzaniga）。[①] 他们对癫痫患者进行研究，这些患者的脑胼胝体（连接大脑左右半球的纤维束）已经断裂，这些进行过手术的“裂脑”患者表现出更少的癫痫症状，但是他们也出乎意料地表现出完全分裂的心智状态。

大约在同一时期，关于裂脑的研究正如火如荼，艾伦·考夫曼偶然接触到神经心理学的研究并好奇为什么智商测验的编制者没有将最新的研究发现融入测验。不久，艾伦和他的妻子纳丁（Nadeen）研发了新的智商测验，其主要进步体现在“教学项目”（teaching items）的运用上，“教学项目”是指测试者首先浏览几个测验项目样本并解释答案背后的推理过程，以确保被试理解这个测验。测试者还需要使用各种方式与儿童交流，在必要的情况下需要用不同的单词、手势、语言甚至是美国手势语（American Sign Language）。这些进步使得被试能够获得个性化的测验指导，而且增加了测试者和被试之间的交流。这样，智商测验有更大可能衡量到被试的重要能力，而不仅仅是让他们被困于对测验指令的理解上。

尽管后来很快证明他们的测验主要考察的是短时记忆能力和视觉加工能力，但是他们的测验意义重大，因为这是首个基于理论、针对个体实施的临床智商

---

① 加扎尼加在他的学术自传《双脑记》中详细讲述了裂脑研究的故事。该书中文简体字版已由湛庐文化策划、北京联合出版公司出版。——编者注

测验。①[41]20世纪80年代后期，神经心理学和认知测验繁荣发展，对一系列认知功能进行了衡量。于是，为所有不同的测验设置共同行业语言的时候到了。

1986年在达拉斯召开的会议以及1999年在北卡罗来纳州教堂山（Chapel Hill）召开的会议皆就此问题展开讨论。会议结束后不久，经伍德科克-约翰逊认知能力测验的作者理查德·伍德科克（Richard Woodcock）的协调，与会的两名智力理论家——约翰·霍恩（John Horn）和约翰·卡罗尔（John Carroll）同意将他们的理论融合成一个统一的框架，即“卡特尔-霍恩-卡罗尔（Cattell-Horn-Carroll，简称CHC）认知能力理论”，如此，关于认知能力最具影响力的理论框架诞生了。[42]

最终，从业人员拥有了可供使用的行业通用语言，这种语言不管在何种特定测验中都能应用。学校心理专家同样可以挑选采用他们需要的测验来评估学生认知的优势和劣势领域，他们可以运用这些信息制定具体的行动计划来帮助学生提升他们有困难的方面。

CHC框架包含认知能力的不同等级。最低一级是70多种“窄域”（narrow）能力，它们组成了更高一级的9种“宽域”（broad）能力。最高级别只有“一般智力”（见第10章），然而，由于其在指导设计干预方面实用性极低，因此这一层面分析的重要性在CHC框架中被削弱。图2-2体现了CHC框架中的9种宽域认知能力（完整框架见书后所附CHC智力模型2.2版直观图示）。CHC框架是至今最全面的关于认知能力的分类，它影响了当代所有智商测验的编制，包括斯坦福-比奈测验的第五版（最新版本）、考夫曼儿童成套评估测验第二版、伍德科克-约翰逊认知能力测验第三版，以及差异能力量表（Differential Ability Scales）的第二版。[43]尽管目前使用的其他智商测验并没有体现出明显的CHC理论基础，但是人们已经采用了新的统计技术将现代测验映射到CHC术语库中。如此一来，所有人都可以使用同样的行业语言了。

---

① 2004年，艾伦和纳丁修订了他们的考夫曼儿童成套评估测验，增加了对计划和学习能力的测验。

图 2-2　卡特尔 - 霍恩 - 卡罗尔（CHC）认知能力理论中的定义

资料来源：W. J. Schneider and K. McGrew, "The Cattell-Horn-Carroll Model of Intelligence," in *Contemporary Intellectual Assessment: Theories, Tests, and Issues*, ed. D. Flanagan and P. Harrison, 3rd ed., 99–144（New York: Guilford, 2012）. 经许可使用。

表 2-4 所列为时下使用范围最广的一些智商测验以及各测验所衡量认知能力的 CHC 术语表述。[45]

表 2-4 CHC 术语表述

认知能力测验	出版时间（年）	年龄（岁）	总体智商称谓	CHC 映射下的子测验
认知评估系统（CAS）	1997	5～17	全量表（FS）	Gf/ 即时性 Gs/ 规划和注意 Gsm/ 连续性
差异能力量表 II（DAS-II）	2007	2～17	一般概念能力（GCA）	Gf/ 非言语能力 Gv/ 空间能力 Gc/ 言语能力 Gsm/ 工作记忆 Gs/ 加工速度
考夫曼儿童成套评估测验，第二版（KABC-II）	2004	3～18	心理加工指数（MPI） 流体 - 晶体指数（FCI）	Gf/ 规划 Gc/ 知识 Gv/ 即时性 Glr/ 学习 Gsm/ 顺序性
斯坦福 - 比奈测验，第五版（SB5）	2003	2～85+	全量表智商（FS IQ）	Rq/ 定量推理 Gc/ 知识 Gv/ 视觉 - 空间加工 Gf/ 流体推理 Gsm/ 工作记忆
韦克斯勒成人智力量表，第四版（WAIS-IV）	2008	16～90+	全量表智商（FS IQ）	Gsm/ 工作记忆指数 Gf & Gv/ 知觉推理指数 Gc/ 言语理解指数 Gs/ 加工速度指数
韦克斯勒儿童智力量表，第四版（WISC-IV）	2004	6～16	全量表智商（FS IQ）	Gf & Gv/ 知觉推理指数 Gc/ 言语理解指数 Gsm/ 工作记忆指数 Gs/ 加工速度指数

续前表

认知能力测验	出版时间（年）	年龄（岁）	总体智商称谓	CHC 映射下的子测验
伍德科克 - 约翰逊认知能力测验 III 规范性更新（WJ III/NU）	2001，2007	2～90+	一般智力能力（GIA）	Gf/ 流体推理 Gc/ 理解 - 知识 Glr/ 长期存储和提取 Ga/ 听觉加工 Gsm/ 短时记忆 Gv/ 视觉加工 Gs/ 加工速度

关于 CHC 模型实用价值的研究凤毛麟角，大多数与学校或学业相关的 CHC 研究都是使用伍德科克 - 约翰逊的认知能力测验展开的。尽管如此，近期凯文·麦格鲁（Kevin McGrew）和芭芭拉·温德林（Barbara Wendling）对 20 多年间关于 CHC 框架的研究进行了综述，他们在论文中提出了以下重要结论：[45]

- 大多数的“行动”都处于窄域能力的层面。正是这些具体技能（而非总体智商分数）对理解与发展针对阅读和数学的干预措施有重大意义。
- 专业人员应当采取智能测试方法并摒弃“一测定乾坤”的惯用做法：“评估方法的智慧设计不是来自某个更高的权威，而是来自已有研究的综合与专业经验和临床经验的整合。”
- 不同的能力会在发展过程的不同时期促进成就的获得。“在进行数学和阅读评估之前，从业者在设计最初的评估措施之时，应当问以下问题：当前关注的子领域是什么？学生的年龄有多大？研究表明有哪些 CHC 框架中的能力与该年龄段学生在这个（些）领域的相关性最大？”
- 智商测验是有未来的。“过去 20 年中时代变了，智商测验也发生了很大变化……当代智商测验应被视为一个宝贵的工具箱，每一件工具都是由‘智力匠人’根据目前所面临的问题精心挑选的……我们不认为当前的综述是这一旅程的终点，相反，这是朝着理解认知能力和学业成就之间的关系所迈出的重要一步。”

但是时代真的变了吗？问题的答案取决于你问的对象。在业内人士中，有人会告诉你智商测验得到了真正的革新，也有人会说今天的智商测验不过是20世纪初的旧药换了新瓶。毋庸置疑，自智商测验被误用和滥用猖獗的时期至今，我们的确取得了长足的进步，如今智商测验不再被随意用作以往的目的。

但是智商测验真的有未来吗？智商测验尤其是儿童CHC认知能力的测量真的能够预测他们的成就并指导教育者对他们做出教育安置决定吗？在本章，我尝试为大家再现智商测验的历史及其发展。我对众多现代智商测验理论家和编制者怀有无上的尊重，我相信他们都带着最好的意图，而且他们当中的很多人都被我当作朋友。

但是这并不意味着我会盲目地认为他们的测验是中肯的。在接下来的几章中，让我们一起近距离地审视智商测验如何被用来把人分成三六九等并打上不同的标签。我们首先要看一看“学习障碍”这个标签，然后我们将探讨“天赋优异”。近距离审视十分重要，因为每天都有成千上万甚至上百万个决定在很大程度上是依照现代智商测验结果做出的。这些决定非同小可，关乎人们未来成功的机会和梦想的实现。

第二部分

标签

被智商分数划定的三六九等，
是影响孩子一生的重大决定

Ungifted

Intelligence Redefined

Ungifted

Intelligence
Redefined

03 谁有学习障碍

Ungifted

Intelligence Redefined

如此糟糕的“崭新开始”

在教室后面坐定之后，我的眼睛始终离不开班上那个“完美女孩”。她在每项活动中都是主角，每次合唱都是领唱，每次写作比赛都是第一名。简单来说，她是学校所有老师眼中的骄傲。而且，她长得很漂亮，我被她深深地迷住了。我决定下课后找她说话。现在我上六年级了，而且又回到了公共学校系统，这对我来说是个崭新的开始。现在的我是一个全新的、更加优秀的、我还希望是更讨人喜欢的——我。

“斯科特·考夫曼在吗？”老师叫我的名字，打断了我的思绪，“请你坐到前面来好吗？”老师说。我虽然有些困惑，但还是收拾东西坐到了前面。完美女孩就坐在前排，我离她越来越近，心跳也越来越快，心想：为什么老师要我坐到前排？如果要我坐在她旁边怎么办？我该对她说什么？走稳当了斯科特，稳当点。我开始放慢脚步，脸上露出灿烂自信的微笑。终于，我到达了目的地——正是她旁边的那张桌子。

她正在笔记本上写着什么，可能是正在创作下一首惊世骇俗的奏鸣曲。我努力使自己看起来酷一些。我平时经常点头，因为我觉得点头这个动作很酷。老师似乎也很欣赏我的帅气，因为她正朝我微笑。她在我身边蹲下，就在离完美女孩那么近的位置对我轻声说道："斯科特，是你妈妈要求你坐在教室前排的，因为你有严重的学习障碍。谢谢你听老师的话换了座位。"

刹那间我感觉天旋地转。完美女孩该不会听到这句话了吧？哎，她一定听到了！我感到很丢脸，脑袋耷拉着坐在座位上，再也感觉不到自己有多神气了，我感觉自己被困住了。似乎不管我想做什么，我都被身上的标签牢牢绑住。

"学习障碍"标签的诞生

19 世纪的欧洲，关于儿童在阅读、写作及数学方面有学习障碍的案例报道突然大量涌现。[1] 1896 年，内科医生普林格尔·摩根（W.Pringle Morgan）这样描述一个叫珀西·F 的 14 岁小男孩："从言谈上来说，这个小男孩挺聪明，智力正常……教过他几年的校长这么评价：如果所有教学内容都是口头传授的话，这个孩子将会是全校最聪明的学生。"[2]

对学习障碍的研究经历了多次定义的过程，蔓延几个大洲。美国内科医生塞缪尔·奥顿（Samuel Orton）研究了那些智商分数至少处于平均水平但却有阅读障碍的儿童。[3] 他认为，语言及运动障碍源于大脑功能失常，即使智力正常甚至超过平均水平的儿童也可能会受此影响。要想全面诊断学习障碍，必须结合多方信息，包括智商测验分数、成就测验分数、家庭过往和学校经历。对于那些被诊断为有学习障碍的儿童，他认为最合适的处理方法就是将精力集中于他们的弱点所在，利用他们的"备用"能力（spared abilities）来帮助其矫正缺陷。

天赋实验 Ungifted

德国神经科医生库尔特·戈尔德施泰因（Kurt Goldstein）曾研究头部受伤给军人带来的缺陷。他关注的重点是这些军人的视觉感知和注意力。戈尔德施泰因的学生阿尔弗雷德·施特劳斯（Alfred Strauss）也采用了他的研究方法，主要研究有学习障碍的青少年，[4] 并且和教育家劳拉·莱赫蒂宁（Laura Lehtinen）一起发展出了学习障碍的补救方法，包括为学生创造无干扰的环境和针对知觉缺陷进行训练。[5] 然而，他们几乎未提及这与大脑损伤有关。实际上，他们也从未深入研究过人的大脑。

戈尔德施泰因 - 施特劳斯研究法盛行于 20 世纪 50 及 60 年代。通过检查一张项目列表，成百上千的儿童被定义为“轻微大脑功能失常”，列表上的项目包括学业困难、攻击性行为以及“闹情绪”等。[6] 如果一个学生在 37 个可能出现的症状中表现出 9 个的话，他就要接受治疗，即每天要做几个小时的知觉任务，比如连点成线、学习怎样区分前景和背景等。虽然一次涉及 81 个案例的系统性调查表明，这些训练根本不起作用，[7] 但美国的许多公共学校仍然继续使用知觉训练来治疗学习障碍。[8]

20 世纪五六十年代，很多心理学家和语言专家如威廉·克鲁克香克（William Cruickshank）、赫尔默·迈克尔巴斯特（Helmer Myklebust）和多里斯·约翰逊（Doris Johnson）等开始更多地关注与学业困难有关的特定认知过程，尤其是学业劣势的具体领域。但是多种方法混杂的情况使学校也很困惑，因为学业劣势领域截然不同的学生混杂在一起，无人知道该怎么称呼这些不同的学生群体。在学校里，这些学习有困难的学生被贴上许多不同的标签，包括“阅读障碍”、“学习困难”、“知觉障碍”、“轻微大脑功能失调”等。

1963 年 4 月 6 日，星期六，学生家长、专家齐聚芝加哥，探讨知觉缺陷儿童这一“问题”，所有人都竭尽全力将不同的研究方法加以整合。在这次历史性的会议上，伊利诺伊大学的特殊教育学教授塞缪尔·柯克（Samuel Kirk）提出了“学习障碍”这个专有名词，指出：

> 我使用“学习障碍”来描述在语言、话语、阅读和社会互动所需的交往沟通技能的发展方面有障碍的儿童群体。这一群体并不包括感官有缺陷的儿童，如失明，因为我们有专门应对和训练失聪和失明儿童的方法。同样，我也排除了那些广义上精神发育迟滞的儿童。[9]

专家、教育工作者以及学生家长们欢呼雀跃，因为他们终于有了一个统一的标签。

历史上最不明智的学习障碍鉴定法之一

柯克的演讲对“学习障碍”的首个全国性统一定义产生了重大影响。1969 年，《特殊学习障碍儿童法案》（*Children with Specific Learning Disabilities Act*）中的定义就是柯克提出的：

> “特殊学习障碍”（specific learning disability）指个体在涉及理解或运用语言（口头或书面）方面的一种或多种基本心理过程出现失常。这种失常可能表现在听、想、说、读、写、拼写或数学计算方面的能力不足。“特殊学习障碍”包括知觉缺陷、脑损伤、轻微大脑功能失常、阅读障碍及发育性失语症。该术语不包括由视觉、听觉、运动系统缺陷或精神发育迟滞、情绪困扰以及由环境、文化或经济状况引起的学习障碍的儿童。[10]

要注意，定义中对“智力”只字未提，而出现了一个模糊的概念：“基本心理过程”。该定义的核心在于，那些有特殊学习障碍（SLD）的学生在某一学业领域所表现出来的“意料之外”的低成绩无法用其他因素来解释。今天，特殊学习障碍的定义仍然存在，基本上和1969年的内容一样，所以理解这个定义的来源很重要：实际上，这个定义是由一个委员会创造的。[11]

但是给术语下定义仅仅是第一步。教育工作者需要知道怎样甄别哪些学生有特殊学习障碍。从1975年的《全体残疾儿童受教育权利法案》（*Right to Education for All Handicapped Children Act*）颁布开始，以下指导原则被用作甄别之用：

- 该学生在享有适宜教育的条件下，未能取得与其年龄和能力相称的成绩；
- 该学生在7个特定领域（基本阅读能力、阅读理解、数学计算、数学推理、口头表达、听力理解和书面表达）的一个或以上中，能力水平与成绩水平之间存在严重差异。

第一条指导原则的目的在于确保学生的低成绩源于其内在特性，而并非仅仅是糟糕教学的反映；[12]而第二条指导原则体现出他们想要测量“意料之外”的低成绩的意图。但他们遇到了一个问题，教育工作者没有办法测量定义中提到的“基本心理过程”。这些神秘的过程到底是什么样的？回顾一下第2章你就会知道，基于理论、建立于神经心理学过程之上的智商测验还未出现。

他们的解决方案是：利用智商和成绩之间的“严重差异”。这个决定在很大程度上是依赖于20世纪70年代早期进行的怀特岛研究（Isle of Wight studies）而做出的。[13]迈克尔·拉特（Michael Rutter）和威廉·尤尔（William Yule）发现的证据初步表明，在两种不同的阅读能力较差的群体之间存在着重要的区别——一种人依照智商分数来看其阅读能力是否低于预期（“特殊阅读迟缓”），而另一种人依照其低智商分数来看，他们阅读能力差属“预期之中”

（“一般性阅读水平落后”）。①拉特和尤尔这样总结他们的研究：

> 接下来的问题很显然——这两种不同的人群是否需要不同的弥补方法来帮助他们提高阅读水平？这一点尚无任何数据可以证明，但其他发现表明，有必要进行相关调查。

然而，政府需要的是指导原则，他们没有时间等待更多的研究结果。所以他们保持了指导原则的开放性，让各州自己决定智商与成绩之间“严重差异”的具体内容。各州看法无疑各不相同，于是导致了这样一种情况的出现：那些希望孩子被诊断为在某个特定方面具有学习障碍的家长可能举家搬迁至要求差异更小的州去！此外，各州在决定使用哪种智商测验方法以及是否使用总体智商分数或子量表等问题上存在分歧。我们在后面可以看到，这些可不是微不足道的差异。

于是，历史上最不明智的学习障碍鉴别方法之一诞生了。

智商测验到底可信吗

虽然在一个人一生的大部分时期内，智商测验分数具有较高的可信度，[14] 但智商测验并不是精密科学。比奈的核心洞见之一就是你根本无法像测量身高或体重那么准确地去测量人的智商，或者任何一种心理特质（见第 2 章）。有

① 心理学家对“成绩不良”的不同定义让我觉得很有意思。从统计上来说，“成绩不良”是指你的成绩不符合对你所在群体的预期。1963 年，桑代克（Thorndike）主张替代成绩不良的更佳术语是“低于预期”。严格来讲，该术语更为准确。洛曼（Lohman）将此与身体素质进行了类比。我们知道，身高与你在篮球场上的表现有很大关联，但我们也知道，有些个子高的人篮球技术却极差。我们不会把所有个头很高却不在 NBA 打篮球的人称作“篮球表现不良者”。与篮球技能表现有关的因素有很多，包括兴趣、运动能力、具体的篮球技巧以及练习的机会。所以，为什么我们不假思索地就给智商高却成绩差的人贴上“成绩不良”的标签呢？或者换种说法，为什么我们把成绩高于智商预期的人称作“成绩超乎预期者”呢？想在此话题上有更多了解，参见 R. L. Thorndike, “Some Methodological Issues in the Study of Creativity,” in *Proceedings of the 1962 Invitational Conference on Testing Problems*（Princeton, NJ: Educational Testing Service, 1963）; and D. F. Lohman, “The Role of Nonverbal Ability Tests in Identifying Academically Gifted Students: An Aptitude Perspective,” *Gifted Child Quarterly* 49（2005）: 111-138.

很多原因可以导致同一个人的测验分数在不同的测试环境中出现变化。智商波动的主要原因之一是测量差错，有时智商测验的分数可能被极大地低估，因为被试可能走神了或者临时受到干扰。比如智商测验开始前，被试刚经历了痛苦的失恋，这可能影响其注意力集中的程度。同时，一个人的智商测验分数也有可能被人为抬高，比如被试侥幸猜中了一些问题的答案或者作弊了。有的家长在测验前让他们的孩子记忆测验的正确答案，这些都是有记录的真实案例。

但测量差错也不总是来自于被试。测试者在实施测验的过程中也有很大的犯错空间。比如两名测试者的打分不同，或者其中一位出现笔误，不小心漏写了得分的第三位数等。这样的差错普遍吗？一项调查发现，90% 的测试者都至少会犯一次错误，而 2/3 的差错都会导致最后智商得分的不同。[15] 并且，尽管智商测验的实施人员称他们对自己的打分精确度十分自信，但其平均准确率仅为 42.1%。凯文·麦格鲁说：“测试人员的犯错程度之高令人惊诧，特别是在做重要决策的情形下。”[16]

为了降低测量差错，大多数现代智商测验都会给测试官一个置信区间——一个包含被试“真实”智商分数的区间。当然，事实上根本没有所谓真实的智商分数，要想得出真实的智商分数，唯一方式就是让这个被试重复做同一套智商测验题无数次。显然，这个方法不可行，即使重复几次也不太可能，所以大多数智商测验都会给出一个分数范围，让测试者自己去选择他的置信水平。

天赋实验 Ungifted

通常，置信区间选择为 68%。假设你将要预测一个 11 岁儿童长大到 21 岁时的智商分数，同时你知道普通人在 11 岁和 21 岁时的智商相关度为 0.70（该相关度典型结果的最大值），那么仅凭这点信息，你预测出的在 21 岁生日那天，他的智商分数范围是多少？

这取决于你的自信水平。如果你只有 68% 的自信，你可以预测他的真实分数与其 11 岁时分数的出入在 10 分以内（可能是比原来的分数高 10 分或低 10 分）。但那只是你在有 68% 的把握下给出的答案。正如艾伦·考夫曼所言：“当我只有 65% ~ 70% 的概率能够安全到达马路的另一边时，我是不会冒险穿越这个繁忙的十字路口的。”[17]

对于高利害关系问题的决定，测试者可以选择将置信区间提高至 90%，甚至 95%。当然，这样做也是有代价的：这会使得可能的智商分数范围变广。在这个 11 岁男孩的例子里，如果你想要有 95% 的自信确定他在 21 岁时的智商得分，那么你必须期待分数向上或者向下浮动 20 分。

Intelligence Redefined

当代智商测验大多都要更可靠一点，然而世界上没有一项测验是完全可靠的。即便使用当下最可靠的智商测验，最终得到的也只是一个显著的范围。凯文·麦格鲁回顾了当今最常用的智商测验中的分数波动，他估测对大多数普通人来说，智商得分的总误差在 16 ~ 26 分。[18]

当你意识到受高利害关系决定影响最深的人（即那些处于钟形曲线最左端和最右端的人）也是最有可能表现出最大智商分数波动的人群时，你会发现实际上问题更加严重。

Ungifted

这种现象有个专业术语叫“向均数回归”（regression to the mean）。打个比方，你在学习一款新游戏，比如说拼字游戏，如果第一次玩时你表现得特别好（新手运气），那么在其他所有条件不变的情况下，下次再玩你可能就比较接近平均水平了。如果你第一次表现极差的话，很有可能你下一次的表现就好多了。这条规律适用于任何形式的测量。体坛新秀往往第一年一鸣惊人，但第二年就很难再那么走红了，即便是林书豪带来的“林来疯”也会趋于平静。统计学数据表明，基于单一数字建立的初始期望不可信。

Intelligence Redefined

然而，测量差错并不是造成智商测验分数波动的罪魁祸首，有很多原因会使一个人在两次智商测验中得分不同。很重要但是也经常被忽视的一个因素就是测验形式。不同的智商测验测量的是不同的认知能力混合体，学校心理专家发现，在给同一个人进行多种智商测验时，他们经常会得到不同的分数（尽管测验说明上说这些测验测试的是相同的能力）。

天赋实验 Ungifted

不同智商测验之间的分数波动到底有多大呢？2002—2003 年，为了验证新智商测验（考夫曼儿童成套评估测验第二版，KABC-II），艾伦·考夫曼和纳丁·考夫曼研究了 12 名学生完成三种不同的当代智商测验所取得的不同智商分数。图 3-1 展示了这些 12 ~ 13 岁儿童中一个代表性样本的智商情况。首先需要注意的是，那些可以接触到更多学习机会的儿童（更高的社会经济地位，基于父母所受的教育情况）往往比处于低社会经济地位背景下的儿童在智商测验中得分更高。但即使不去计较社会经济地位情况，所有这些处于青春期前的学生在不同的测验中获得的智商分数也不同。12 名学生中的分数差异从 1 分至 22 分不等，平均差异为 12 分。利奥的智商分数范围为 102 ~ 124 分，布里安娜为 105 ~ 125 分。在一些地区，布里安娜仅凭考夫曼儿童成套评估测验（第二版）分数便符合“资优”的要求（见第 4 章）。但如果他们看到的是她的伍德科克 - 约翰逊认知能力测验（第三版）分数，他们会认为布里安娜智商平平。因此，理想的智商测验分数不仅仅需要多次重复测试取平均值，也需要选用多种测验进行测量并取平均值。

Intelligence Redefined

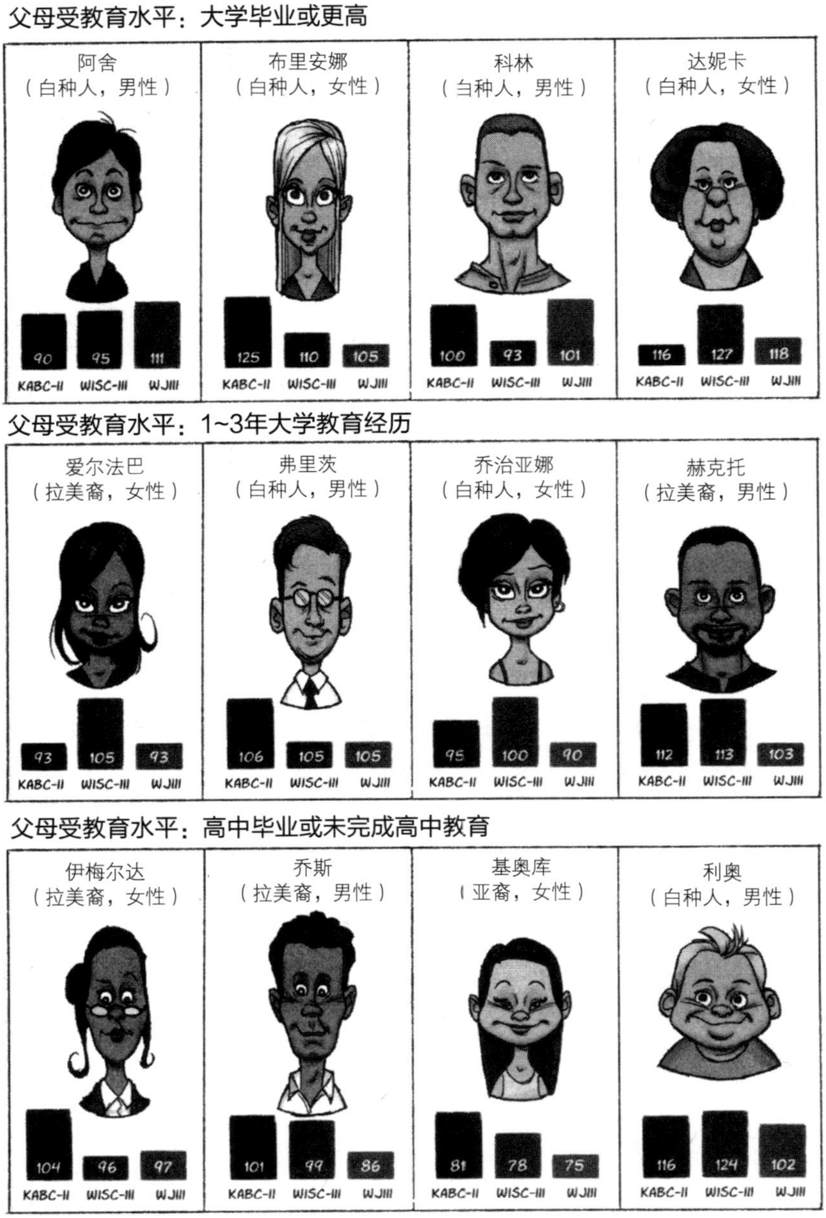

图 3-1 艾伦·考夫曼智商测验

资料来源：A. S. Kaufman, IQ Testing 101（New York: Springer, 2009）. 经许可使用。

但并非所有测验得分的波动都是因为测量错误或测验类型的变化所造成的。众多与学校有关的因素严重影响了智商分数，比如教学质量、拓展课程和课后活动、上学晚于同龄人、上学断断续续、上学年限、暑期活动等。[19] 所有这些因素都会对大脑的成熟过程产生影响。[20] 对于那些在做重大决定时严格依据智商分数作为划界标准的教育工作者来说，一个不可忽视的真相就是环境很重要，并且每个人的成长速率也是不一样的。

还有一些个人原因会影响智商测验的分数，比如参加测验时焦虑程度的变化（见第 8 章），以及参加测验的动机。在最近一次有 2 008 人参加的调查中，安杰拉·达克沃思（Angela Duckworth）和她的同事分析结果后发现，给被试提供物质上的激励可以明显提高其智商测验的分数（这种物质刺激的效果从小到大不等）。[21] 然而，这种激励效果的大小取决于被试的智商分数。相比智商分数高于平均值的被试，这种激励效果在分数低于平均值的被试身上要更为明显。① 这些事实意味着通过智商分数判断认知能力并非毫无意义，毕竟仅凭一腔热情就在智商测验中取得高分很难。诚然，即使考虑到动机的影响，智商测验得分仍然是预测一个人在生活中取得成就的重要指标，而在预测一个人的学业成绩时，智商分数也是比考试动机更佳的预测因子。

不过他们的研究也强调，**动机是提高智商测验得分的重要因素。**没有测试者能知道导致被试得分低的全部原因。经过专业训练，测试者能够注意到测验过程中被试有动机不足和过于焦虑的迹象，但是当他们去解读一名儿童的测验分数时，他们并没有始终将定性观察结果考虑在内。

还有那么多与智商无关的因素可以预测学业成绩

如果说智商分数真的这么容易出错，那我们到底能不能通过现在的智商分数来预测被试将来的学业成绩呢？从众多学生的平均情况来看，答案是肯定

① 有多种原因可导致此现象，包括这样一种可能，就是智商测验中的题目本身对那些得分高的被试来说相当于一种激励。

的。最可靠的智商测验与学业成绩的相关度大约在 60% ~ 70%。[22] 这种相关性为整个心理学领域提供了部分可靠的预测。

但即使相关度如此之高，也依然有约 40% ~ 60% 的学业成绩差异并非与智商分数相关。学业成绩会受到太多因素的影响（大部分因素我们都会在这本书中讨论到），这些因素包括特定认知能力，另外还有一些学生本身的特性，比如动机、毅力、自控力、心理定向、自我调节策略，以及课堂实践、课程和教学的设计和教授、学校人口组成、气候、政策和当地风俗习惯、家庭和社区环境，以及各州和各校的区域规划和管理等间接因素。[23]

事实上，如果要分析智商分数和学业成绩之间的联系到底有多紧密，还是要看你对“学业成绩”（academic achievement）的定义。安杰拉·达克沃思、帕特里克·奎因（Patrick D.Quinn）和冢山绘里（Eli Tsukayama，音译）最近对中学生做了两项研究。[24] 他们发现，自控力比智商更准确地预测了成绩报告单上的成绩变化，而智商比自控力更好地预测了标准化学业成就测验的分数变化。教师反映，在计算成绩报告单上的分数时，他们考察了家庭作业的完成情况、课堂参与程度、努力程度以及出勤率。结果表明，平均绩点（GPA）比标准化学业成就测验强调更广范围的关键生活技能。

即使在智商分数与学业成绩相关度最高的情况下，也存在很大的差错空间。凯文·麦格鲁选择了一个具有代表性的样本对其实施伍德科克 - 约翰逊认知能力测验的最新版，发现其智商与标准化学业成就测验得分的相关度为 0.75。[25] 这个数值与一般情况比起来属于极高的水平，基于该相关度，他对智商分数在 70 ~ 80 的学生（经常被贴上“学习迟缓”标签）的学业成绩预测准确度如何呢？

图 3-2 用散点图方式展现了智商与学业成绩（此处为阅读、数学及书面语言三门考试的平均分）之间的关系，每个小点都代表一个真实存在的、活生生的人。你可以看到，即使是智商在 70 ~ 80 分的这一小部分人，他们的成绩也分布得很广，大约在 40 ~ 110。这部分人中有一半人的成绩等于或低于预期成绩，而重要的

是，有另一半人，他们的成绩等于甚至高于预测。这个发现有惊人的意义。

Ungifted

1937 年，西里尔·伯特（Cyril Burt）曾提出著名的一品脱牛奶类比论断："容量必然会限制内容。就像一只一品脱的罐子永远无法盛放多于一品脱的牛奶，同样，一个孩子的教育成就也无法超越他本身的可教育能力。"[26]

Intelligence Redefined

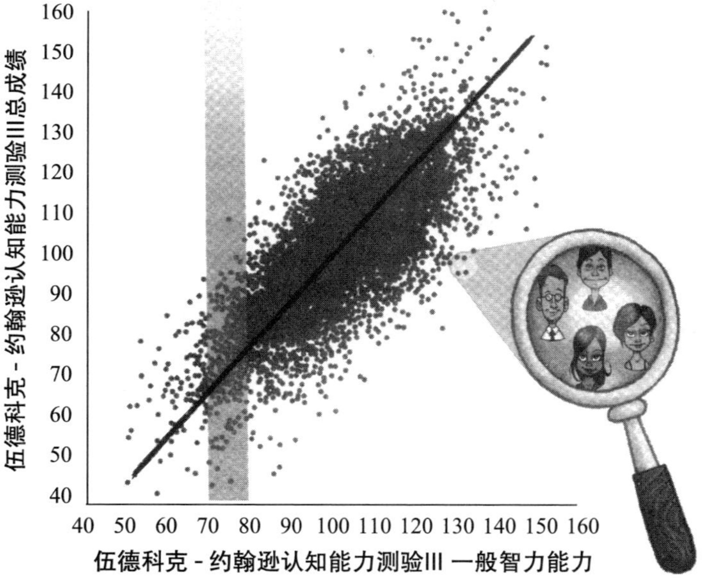

图 3-2　伍德科克 - 约翰逊认知能力测验Ⅲ成绩与智商的关系

资料来源：K. S. McGrew, *Expectations for Students with Cognitive Disabilities: Is the Cup Half Empty or Half Full? Can the Cup Flow Over?*（Synthesis Report 54）（Minneapolis: University of Minnesota, National Center on Educational Outcomes, 2004）

凯文·麦格鲁得出结论说，如果对智商与学业成绩之间的关系打个正确的比方，那就不是这只罐子无法盛放更多的牛奶，而是“杯子中的牛奶可能会溢出来”。他还说过：“曾有一种一刀切的假设，认为所有有障碍的学生都应该有一套不同的教育标准和评价体系，但这个假设显然和事实数据不符……现实情况是，虽然智商测验是整个心理学领域发展的重要进展之一，但是在预测学业成绩这一点上，智商测验依然是个容易出错的依据。”

麦格鲁的发现并非只对智商在 70 ~ 80 分的人有效。在他的研究分析中，不管选择哪个智商区间，你都会有相同的发现。实际上我们可以从中看出一个规律，麦格鲁在研究中使用了当下最可靠的智商测验之后指出：“对于取得任一智商测验分数的学生来说，他们中有一半人的学业成绩会等于或低于其智商分数的预测。相反，也经常被忽视的一点就是，他们中另一半学生的成绩会等于或高于其智商分数的预测。”①显然，儿童当前智商与成绩之间的矛盾并不一定表明他有学习障碍。

但是，这个利用严重差异判断学习障碍的方法，其最大的缺陷可能在于：从根本上讲，它不是一个智慧的方法。在这个方法中，单一的智商分数变成了判断真相的依据，而他们却忽略了被试的个人经历，也未能将智商分数放在具体情境中去理解。要想负责地、智慧地利用智商测验，我们必须考虑学生优势和劣势的总体模式（不仅是智商测验表现出来的优势和劣势，而是更普遍地从才能、社会和情绪功能等方面出发去看待）、生活追求、发展过程、环境状况以及学习机会。

---

① 倘若你对这段话背后的统计数据感兴趣的话，请看以下这段麦格鲁的阐述：“该预测可从估算值的标准误差（Standard Error of the Estimate，简称 SE_{est}）中反映出来。假设智商和成绩中 M=100，SD（标准方差）=15，智商与成绩（IQ-Ach）之间的相关度为 r，则 $SE_{est}=15\times SQRT(1-r^2)$。若 r=0.70，$SD_{ach}=15$，则 $SE_{est}=10.7$。在实际生活中，这意味着对于该智商测验中的每一个智商分数来说，期望或预测的成绩（已考虑向均数回归效应）将会在 ±10.7 分的范围内。也就是说，对于每个特定智商分数，群体中 68% 的人预期表现出 21.4 分的成绩标准分数范围（一半高于预测的成绩分数，一半低于预测的成绩分数）。换句话说，对于每个特定的智商分数，预测或预期的成绩分数应位于标准分数 ±10.7 的‘预测区间’内。”

对此，罗伯特·斯滕伯格（Robert Sternberg）和叶连娜·格里戈连科（Elena Grigorenko）作出了很好的总结：“利用差异分数来诊断阅读障碍好比建造一座纸牌屋。而我们正在依据一个有缺陷且亟须修订的程序做出上百万个高利害关系的决定。”[27] 你肯定以为，如今美国的所有学校都已经摒弃了严重差异判断方法，但实际情况却并非如此。佩里·齐克尔（Perry Zirkel）和莉萨·托马斯（Lisa Thomas）最近的一项调查表明，严重差异判断方法在美国大多数州仍然属于可行方法，至于是否使用该方法则由各地区自行决定。[28]

关于严重差异方法，专家们各执己见

心理学家很快发现了严重差异方法的破绽。抛开其中概念性、统计性的因素不谈，怀特岛研究（严重差异方法的形成基础）本身就有很大的问题。研究者未排除有大脑损伤或智力障碍的儿童。[29] 加上这些特殊群体之后，“一般阅读水平落后”的儿童看起来似乎是本质上有区别的另一种人。但是，更新、更复杂的研究却表明事实并非如此。

从多个研究带来的综合作用来看，研究人员发现，符合严重差异方法条件的儿童与那些只是“低成绩”的儿童之间在行为、认知、成绩特点甚至长期的发展性阅读成果上并无显著差异。[30] 从实践角度来说，很麻烦的一点就是，严重差异对实际治疗效果的预测作用十分微弱。[31]

在众多心理学家、教育家及说客间多年的论战之后，《2004 年残疾人教育促进法案》（*Individuals with Disabilities Educational Improvement Act of 2004*，简称 IDEA 2004）终于颁布了。[32] 其中对特殊学习障碍的定义与上文一致，但是诊断特殊学习障碍的指导原则却发生了根本改变。政策制订者将严重差异方法排除在推荐方法之外，但取而代之的指导原则是什么呢？这项法案指明，学校必须允许使用依照学生对基于研究成果的科学干预措施所做出的回应而建立的程序，但是学校也有权决定不使用智商测验来诊断学习障碍。教育工作者不再被强制要求使用智商测验。

反对智商测验的人们欢欣鼓舞，他们走上街头，聚集在一起准备烧毁旧版斯坦福 - 比奈测验。而另一边，认知评估专家却开始担惊受怕，感觉自己快要失业了，智商测验突然面临这样的境地，极有可能变成无用之举。在形成你自己对这一情形的看法之前，让我们先听听论战双方各自的观点。相信我，这件事没有简单的解决方法。寻找诊断学习障碍最有效的方式不是一件非黑即白、清晰明了的事情，其中有很多复杂的问题。又因为当前教育体系的限制，两边都有深思熟虑的研究人员仍在努力寻找最好的解决方案。让我们给双方各自一次公平的陈述机会吧。

干预反应模式

首先是干预反应（response to intervention，简称 RTI）模式。这种模式依赖于干预反应实施框架来识别学习障碍。

干预反应框架是典型的层级结构。第一级干预从普通教育课堂开始。在标准课程中进步不足的学生会被给予轻微的、有研究依据的干预。如果这还不够的话，那么该生就要进入第二级，受到加强的干预。接受第二级的多重干预后，如果该生仍然学习吃力，那么他就会进入第三级，受到一次综合评价，如果符合条件，他将接受特殊教育。

如果该生被确认处于“风险”之中，则治疗团队会告知家长（家长在一开始就要参与进来）他们将会采取哪些措施来解决学生的教学需求。为实施这些措施，他们会对学生进行简短的评估，主要针对能够预测学业成绩的特定学术技能。拿阅读能力来说，可能会评估其朗读短文的能力，测试者会计算一分钟内该生读对的单词数。团队会对学生的这几种学术能力做记录，同时也收集信息，记下老师们做了什么、哪些方法可能有效。那些取得较大进步的学生将回归主流教育。

依据此框架，在直接评价学业和行为能力时，对教学的反应不足正好符合美国联邦对“特殊学习障碍”的定义，即“意料之外的低成绩”。只有当学生被怀疑患有智力障碍、自闭症或其他缺陷时才会使用智商测验。智商测验并非自动实施。

人们对干预反应模式研究人员的一般误解是认为他们缺乏定量分析和评估导向，因为他们更关注行为。杰克·弗莱彻（Jack Fletcher）是世界上最著名的干预反应框架专家之一，当我向他提起这个误解的时候，他告诉我：“不，我认为我非常重视定量分析。我问你，他们的数据在哪里？我不反对评估，我反对的是对认知能力的大量评估。但我们应该评估成绩、教学反应及其他潜在的障碍。”

优势和劣势的认知模式

现在再听听另一边的观点，我将之描述为优势和劣势的认知模式方法。① 该派别并不反对干预反应实施框架。相反，他们认为干预反应的做法是诊断特殊学习障碍的必要条件，只不过并非充分条件。他们看到了干预反应模型在甄别面临低学业成绩危险的学生时蕴含的巨大潜力，但他们认为，随着干预反应框架下干预强度的增大，学生面临的困难也会越大，我们应当收集更多的数据来解决问题、提出方案。

优势和劣势的认知模式方法的支持者认为，自从严重差异方法首次提出以来，出现了许多以CHC模型为依据且基于理论的智商测验，这些新型测验可以有效地评估儿童的认知加工优势和劣势模式。作为优势和劣势认知模式方法的主要支持者，艾伦·考夫曼对他们的观点做了以下总结：

> 大多数倡导智商测验的人认为，心理学家不应只是做出推断，

① 虽然他们的关注点在于认知能力，但是许多优势和劣势认知模式方法的研究人员和从业者坚信智能测试方法。在这种测试方法中，研究者将儿童在测试过程中流露出的背景和个性作为情境来看待测验分数。

而应当识别出加工障碍（processing disorder），如此才能使特殊学习障碍的定义名副其实，而今天这些建立于理论依据之上的智商测验正是帮助诊断加工障碍的理想工具。[33]

凯文·麦格鲁和温德林进一步捍卫了他们的立场：

今天，很多以CHC框架为基础的成套智商测验都包含兼具信度和效度的测验，这些测验，正如干预反应模式支持者明确表示的那样，可作为良好的心理测量学指标。我们相信，那些反对在新的干预反应模式环境下使用任何认知能力测验的人，或者没有对许多当代CHC成套智商测验所测量的能力做过考查，或者没有花时间对干预反应模式指标与CHC框架的术语进行匹配，或者他们议事日程中的社会政治成分大于实证成分。[34]

优势和劣势的认知模式方法有很多种，有时被称为“第三种方法”（严重差异方法是第一种方法，干预反应模式是第二种方法）。[35]优势和劣势的认知模式方法的支持者认为，通过将认知加工缺陷与基于研究的适宜干预相匹配，当代智商测验可以极大地促进诊断的精确性。为了给制定干预措施提供依据，优势和劣势认知模式方法的支持者参考了表明不同的CHC认知能力与具体学业成绩之间关联的最新研究。比如有研究表明，对于短时记忆（Gsm）有缺陷的儿童，保持口头指令的简明扼要、提供援助以帮助学生进行补偿、保持课程短小精悍并允许过度学习、复习和重复等做法都是大有裨益的。[36]

对优势和劣势认知模式方法的支持者来说，精确诊断非常重要。唐·弗拉纳根（Dawn Flanagan）是第三种方法的主要支持者。她指出：

虽然许多儿童的学业需求都能通过干预反应模式得到很好的满足，但还是有另外一些儿童的学习障碍源于神经方面的问题，需要特别设计的教学来克服或弥补他们的劣势，使得他们能够在学业上取得明显的进步。如果把学习迟缓者、一般认知缺陷(例如智力障碍)儿童及特殊学习障碍的儿童混为一谈，则会给所有儿童带来不利。若能更加明确地界定特殊学习障碍并将其与其他低成绩情形进行区分，则极有可能提升特殊学习障碍治疗措施的针对性。[37]

这可能正是两个方法之间的最大区别。干预反应阵营不相信认知能力测验成绩与干预直接相关，所以他们关注的是学业和行为能力的直接评估。相反，优势和劣势的认知模式方法阵营坚信精确诊断很有必要，且智商分数对区分不同类别的学习者来说很重要。

学习障碍研究领域的领军人物肯尼恩·卡瓦莱（Kenneth Kavale）认为：

> 如果一个学生并非成绩不良，那么他就有可能被归类为“学习迟缓者”（即智商分数在70～85的学生）。约14%的在校学生处于该智商范围，但对于这种情形，从未有人认为应当把他们归为某种特殊教育范畴，因为学习迟缓者并未表现出意料之外的低成绩，相反他们的成绩与其智商水平相当……不该发生的情况是将学习迟缓者称为“特殊学习障碍学生”。[38]

我承认“学习迟缓者”这个标签让人感到很不舒服。本书提到过，智商分数介于70～80的学生中有一半成绩都高于预期。如果你不给学生机会，怎么能知道他们是否能够从某种特殊学习障碍干预措施中受益呢？认为智商分数介于70～80的人是与“能力正常”者有本质区别的另一类人，这种思维模式似乎与传统的严重差异方法背后的逻辑非常相似。

公平地说，优势和劣势的认知模式方法的支持者反复强调，他们的方法与严重差异方法不一样。但干预反应阵营仍不信服。

在这一问题上没有简单的答案。我能理解优势和劣势的认知模式方法研究人员的逻辑。如果一名儿童的整体认知能力中并未展现出某个方面的显著认知缺陷，你又怎能知道需要补救的具体是哪一方面？但是我也欣赏干预反应模式的观点，甚至就我个人而言，能够感到共鸣。与其费尽心思去寻找精确的标签，不如把我们的重点放在直接处理行为问题上，并让儿童尽早回到主流课堂中。

我认为双方观点都有合理之处，同时我也认为双方观点都忽视了一些很重要的问题。尽管优势和劣势的认知模式方法的研究人员在评估认知优势和劣势的模式方面已做了大量讨论，但他们太过于关注劣势方面。同样，虽然干预反应阵营最关注的是如何尽早让儿童接受以补救为目的的干预，但是他们的聚焦点依然放在“补救”上。

两种模式中的心理学家均没有利用儿童本身所具有的优势来帮助其进行补救，或者仅以此让儿童对自己产生信心。两种方法都让儿童感到自己是个不折不扣的失败者。在这一点上，我们必须看得更远。我想说的是，有时候，所谓的学习障碍难道不也是一种优势吗？

阅读障碍也许是另一种天赋

近年来，“神经系统多样性”（neurodiversity）运动得到了很多关注。该术语来源于自闭症权益维护者朱蒂·辛格（Judy Singer），她是一名患有高功能自闭症的社会学家，她的孩子也患有高功能自闭症。1998 年，哈维·布卢姆（Harvey Blume）发表在《大西洋月刊》的文章《神经系统多样性》使得该术语得到了大范围的曝光。布卢姆在这篇文章中说：

> 神经系统多样性对人类的重要性堪比生物多样性对所有生命的重要性。谁能说在所有情况下，哪一种神经系统是最优的？神经机械学（Cybernetics）和计算机行业也许更青睐带有些许自闭倾向的人。[39]

现在，很多倡导团体加入了神经系统多样性运动（包括自闭症、精神分裂症、双相型障碍、多动症、焦虑症、智力障碍以及阅读障碍团体等）。这一运动能够如此盛行也并不奇怪。那些被贴上各式各样标签的人也希望他人欣赏他们本来的样子——不管他们是有怪癖还是什么。他们不希望因为自己偏离了常态而被定义。该运动的一个主要目的就是通过展示与常人的不同所带给他们的优势来抵消人们将心理障碍当作“疾病”的理解。[40]

举个例子，阅读障碍是最常被确诊的特殊学习障碍之一。

Ungifted

布罗克·艾德（Brock Eide）和费尔内特·艾德（Fernette Eide）在他们最近的著作《阅读障碍带来的优势》（*The Dyslexic Advantage*）中写道：“有阅读障碍的成熟个体身上会展现出某种特殊天赋，忽视他们的这种天赋就好比试图了解毛毛虫却忽视了它们长大后会蜕变成蝴蝶。”[41]

Intelligence Redefined

毫无疑问，对占全世界人口 15% 的阅读障碍人群来说，学习可能是一件很困难的事，特别是需要大量、快速阅读的时候。他们需要干预和策略，而幸运的是，许多策略已被证明颇有成效。**但是，作为一个完整的人，有阅读障碍远非身患残疾。事实上，在某些情况下我敢说，他们甚至拥有优异的资赋。**

阅读需要视觉和听觉加工的复杂整合。阅读者必须识别字母及其组合，并将它们转化为语音，然后再从中提取意义。加工过程的每一步，从预测阶段到更高层次的阶段都很重要。研究表明，有阅读障碍的人对文字的读音（语音意识）不够敏感，并且很难将视觉信息与言语信息联系起来（快速命名）。但是，这些学习障碍也许在视觉领域却是一种优势。

天赋实验 Ungifted

卡特亚·冯卡洛里（Catya von Karolyi）、埃伦·温纳（Ellen

Winner）、温蒂·格雷（Wendy Gray）和戈登·舍曼（Gordon Sherman）于2003年在学术期刊《大脑与语言》（*Brain and Language*）上发表了一篇论文，提出有阅读障碍的人可能更擅长于依赖右脑的视觉和空间任务，因为右脑倾向于从整体上加工信息。[42] 为了检验这一观点，他们请有阅读障碍的青少年与正常青少年分别完成一项需要进行整体审视的任务，并进行对比。他们让被试观察一些线绘图形，指出哪些图形可能代表实物，哪些不可能。不可能的图形看起来像是三维立体物，但是在现实的三维空间里却不可能存在。图形例子可参考埃舍尔（M.C.Escher）的作品，比如其著名的不可思议的楼梯画作《上升与下降》（*Ascending and Descending*）。如果你从局部细节去审视而没有结合整体，你会觉得这样的图画是可能存在的，但是如果你从整体的角度去看，你就能看到矛盾的部分。

测试中发现，有阅读障碍的人识别不可能存在的图形的速度明显更快，同时能够保证准确性。这表明，糟糕的阅读技能带来的一个优势便是迅速而准确的“整体审视”能力。阅读障碍者似乎比普通阅读者拥有更广阔的视觉感知模式。[43] 阅读障碍者这种看待世界的方式使得他们阅读起来很困难，因为在周围众多文字的干扰下，他们无法理解单个词语的意义。[44] 而在需要识别外围信息的情形中，这一劣势就变成了优势。[45]

Intelligence Redefined

阅读障碍者也总是很难记住单词。马修·施奈普斯（Matthew Schneps）和他的同事们认为，阅读障碍者可能会利用空间学习策略来弥补他们难以通过音韵编码记忆的困难。[46]

为了检验这一观点，他们找来了语言障碍矫正学院的学生。该学院专为从小到大深受阅读困难之苦、具有语言相关障碍的学生而设。他们让这些学生完成一项与阅读障碍者的优势特别匹配的任务。研究人员预测，如果不要求阅读障碍者关注中心点，那么阅读障碍者的认知负荷就会大大减轻，这时他们所具备的空间学习优势将最为凸显。如此，阅读障碍者将能够充分利用外围信息，这也正是他们最擅长的。于是，研究人员将一系列自然景观的照片做了模糊处理，减少了高空间频率的细节。他们认为，空间信息的丢失使得被试关注中心点的可能性降低，便会向阅读障碍者更擅长的空间学习方式倾斜。研究人员发现，有阅读障碍的学生在记忆景物这一点上果然表现出优势，但仅仅是在景物照片被模糊处理的情况下。

这次有趣的研究表明了阅读与视觉认知之间存在的“妥协”。[47] 如果你跟大多数普通人一样注意焦点狭小，那么你会更容易注意到视觉中心附近细小、孤立的特征。相反，如果你跟一些阅读障碍者一样，注意焦点在外围地带，那么你就更容易注意到整体模式。

施奈普斯和同事认为，应该鼓励有阅读障碍的大学生从事那些对低空间频率场景敏感性有特别要求的工作，比如放射学、天文学和细胞显微镜学，以及其他类似科学领域。一些诺贝尔奖得主也有阅读障碍，如卡罗尔·格雷德（Carol W.Greider）和巴吕克·贝纳塞拉夫（Baruk Benacerraf）。研究人员还指出，已被证实对老年人的非空间记忆缺陷有效的干预手段——空间学习，或许对阅读障碍学生来说也是有效的干预方法。

阅读障碍者会得到很多方面的补偿，有时他们会发展出很强的沟通交流、委派职责甚至读懂非言语面部表情的能力。这些能力是成功企业家至关重要的能力。

天赋实验 Ungifted

朱莉·洛根（Julie Logan）曾以 139 名美国企业家及公司经理为样本调查了他们的事务应对策略和商业技能，48 发现企业家人群中阅读障碍的发生率比公司经理及普通人要高得多。

虽然普通人口中阅读障碍者所占比率仅为15%，但是在她的调查样本中，35%的企业家称有阅读障碍的特征。相反，公司经理中只有不到1%的人有阅读障碍的特征。显然，有阅读障碍的人能更快地发展起自己的公司，并且口头沟通能力比那些没有阅读障碍的人更强。洛根总结道："有阅读障碍的企业家更喜欢在创业公司工作或者承担连环创业者的角色，这样他们就能以自己的方式来做事。"[49] 维珍航空公司创始人理查德·布兰森有阅读障碍，思科公司总裁约翰·钱伯斯也有阅读障碍，据称他连自己的邮件都没法读懂。

事实上，有阅读障碍的人在很多行业都能开花结果。患有阅读障碍的著名艺术家包括毕加索、达·芬奇、凡·高、米开朗琪罗、查克·克洛斯（Chuck Close）及安迪·沃霍尔（Andy Warhol）。[50] 患有阅读障碍的著名设计师有汤米·希尔费格（Tommy Hilfiger）和保罗·史密斯（Paul Smith）。雕塑家约翰·米什勒（John Mishler）曾经写道："阅读障碍增强了我的想象力……我在脑海里看到的视觉画面通常不需要画下来就能直接转化成雕塑。我用了很长时间才意识到阅读障碍是老天爷赐予我的一份礼物。"[51]

Intelligence Redefined

同样，书面文字也不一定就是阅读障碍者取得伟大成就的阻碍。许多著名作家不仅弥补了阅读障碍，而且把他们的阅读困难当作一种前进的动力。"我小的时候并不存在'阅读障碍'这一说法，有的只是蠢学生。"科幻作家皮尔斯·安东尼（Piers Anthony）曾这样对我说，"我可能都蠢到创纪录了。"[52] 他读一年级就花了3年时间、换了5所学校。

其他有阅读障碍的著名作家包括曾获普利策小说奖的理查德·福特（Richard Ford）（《独立纪念日》，*Independence Day*）、小说家及剧作家约翰·欧文（John Irving）（《苹果酒屋的规则》，*The Cider House Rules*），以及埃德加·爱伦·坡奖获得者琳达·拉普兰特（Lynda La Plante）（《头号嫌疑犯》，*Prime Suspect*）。正如马修·施耐普斯所说："也许我们亏待了有阅读障碍的学生。这些学生在视觉学习上占据优势，我们可以以此为基础帮助他们发展。"我们不应该给有阅读障碍的学生贴上学习障碍的标签，相反，我们或许应当称他们为拥有视觉天赋的人。

04 谁的天赋优异

Ungifted

Intelligence Redefined

逃往新世界的大门

我打开棕色的午餐袋，拿出肉糜三明治。怎么？又吃这个！我戳了一下三明治，确保它不会活过来。“嘿，兄弟，一会儿要不要研究一下 BBS？”我的铁哥儿们马克边说边找了个位子坐下来。“当然可以，”我回答道，“我们得研究一下广告宣传。我们需要更多的海外月户。”

几年前，父母给我买了一台崭新的 80486 电脑。它似一扇大门，无论我何时回家都可以由此逃往新世界。很快，我便发现了电子公告牌系统（bulletin-board systems，简称 BBS）。只要有调制解调器，任何人都可以拨号与其他 BBS 相连，下载最新的游戏和应用程序。我立刻被迷住了，下决心设计自己的 BBS。一夜之间，我便从一个接受特殊教育的 13 岁孩子化身为一名系统操作员，我为自己起的昵称叫“魔法师”。

仅在一年的时间里，我的 BBS 便在宾夕法尼亚州变得非常受欢迎。本周游戏《德军总部3D》下载十分火爆。马克是我的合作系统操作员，负责BBS的系统维护、处理用户投诉并及时更新网站的软件。马克也在接受特殊教育，我们就这样认识了彼此。我俩兴趣相投，都对计算机感兴趣，又都对学校的一切感到无能为力，所以很快成了好兄弟。BBS几乎成了我们生活的全部：只有它让我们感觉良好，感到自己能掌控一切。

我正准备咬一口三明治，突然听到一阵笑声。我抬头一看，一帮孩子从我身边走过。我的心脏猛跳了一下，他们可都是资优生啊！每每看见他们把玩自己的TI-81计算器，我都几乎要忍不住了。我迫不及待地想向他们展示我TI-81计算器上的新程序。申明一下，我知道他们中有些人是我的BBS用户，我迫切地想和他们交朋友。老天爷啊，只要能和他们扯上关系、进入他们的世界，我就会很开心。

他们坐在我们对面的桌子旁。马克站了起来。“我再去取些土豆，一会儿就回来。”马克说道。“好。”我点了点头，其实我根本没在听他说话。我只知道现在是向他们介绍自己的绝佳时机。

我起身走过去，“砰——”的一声把三明治扔在他们的桌子上，肉末一下子溅了出来。“嘿，朋友们，介意我加入你们吗？”我自信地问。那帮孩子中一位身材瘦高、名叫马特的面露笑意说：“当然可以。你叫什么名字？”“我叫斯科……”我正欲自报家门，突然停下了。我稍加思考，这么介绍自己：“我是‘魔法师’。”我咧嘴一笑。

突然间，整张桌子的人都注视着我。“你就是——‘魔法师’？”另一个叫马特的孩子问道。后来我发现，当时一共有三个叫马特的孩子，这一定是天才的名字。我将手伸进袋子掏出我的计算器，开了机然后丢在了剩下的三明治上。大家围成一团，眼睛紧盯着屏幕。当看到屏幕上的小黑点组成我的BBS标志时，大家都惊呆了。“太牛了！”三个马特齐声赞叹道。

就在这时，马克端着满满一盘子土豆回来了。他看到我坐在一群资优学生中间，差点没把盘子掉到地上。他顿了一下，满脸困惑地看着我们。“马克！”我大声叫他，挥手示意他过来，“快来认识一下我们的新朋友！”

谁能成为资优生

谁能够被贴上“资优”的标签呢？20世纪以来，只有智商测验得分高者才配拥有“资优”这个美妙的称号。老实说，这个标签听起来委实不错。试想当节日来临时，你想得到什么呢？是天赋还是学习障碍？如果可以选择，相信大多数人还是会选择“资优”这样的标签。

刘易斯·推孟是美国资优教育创始人，他很清楚哪些孩子天赋优异。毕竟是推孟决定在斯坦福-比奈测验的分级系统中将智商测验得分高者与“天才”挂钩的。他曾明确表示：“各行各业的天才都是从高智商儿童中产生的，别无其他。”[1]

推孟痴迷于早慧现象的研究。在其1917年发表的一篇文章中，他详细描述了弗朗西斯·高尔顿的生平，对他在早年时期取得的成就大为赞赏。[2]无疑，高尔顿也是早慧儿童，这一点只需举个简单的例子即可说明。以下是小高尔顿5岁生日前夕写给姐姐的信（姐姐是他的家庭教师）。

亲爱的阿黛尔：

我现在4岁，我能够阅读各类英语书籍。我除了能背出52句拉丁诗歌外，还能说出拉丁语中所有的名词、形容词和主动动词。我还能做任意数字的加法，还能计算任意数字乘以2、3、4、5、6、7、8、[9]、10、[11]的运算。

我还能背九九乘法表，会一点法语，也能读懂钟表上的时间。

弗朗西斯·高尔顿

1827年2月15日[3]

高尔顿唯一拼写错的地方就是日期。①显然，小弗朗西斯还是觉得自己会得太多了，便用小刀刮掉了一个数字，用纸遮盖住另一个数字（这便是其中两个数字加括号的原因）。推孟利用高尔顿的早慧现象来佐证其智商测验的有效性，他认为："一个4岁的孩子能够完成七八岁孩子才能完成的事，他就是顶尖的天才。"[4]

然而，推孟的结论不只如此。他也注意到了反面的情形："反面的差错也同样普遍，也就是说，一个智力落后的孩子所在的年级远远低于与其年龄相符的年级，而他却被认为完全正常。"他描述的情形是一位教师认为一名12岁的一年级学生"学习缓慢"，推孟给这位老师提供的意见是："这孩子十有八九属于智力孱弱。"但老师向推孟保证这个小女孩并非智力孱弱，她能按要求完成学习任务，而且在班级里像大姐姐一样照顾其他6岁的同学。推孟要求给小女孩做智商测验。果不其然，测试结果显示小女孩的智力年龄仅为6岁。那么推孟得出了怎样的结论呢？"该儿童在校时间已有几年且拥有充分的学习机会，唯有天赋不足这一种解释。经验告诉我们，此类儿童一生中的智力水平通常都不会超过7岁。"

对推孟来说，这个问题就这么解决了。他对自己的智商测验所持的信念对实践有直接的影响。以下是推孟关于寻找处于萌芽状态的天才的提议：

> 老师应得到更专业的训练，以捕捉儿童超长能力的信号。每个在学校考试中总是轻松取得高分的学生都应进行智商测验。若其智力水平确属超常，则该生既可选择跳级，亦可被安置进入专为超常儿童设置的特殊班级进行学习，以取得更快的进步。后者是更好的选择，因为它省去了跳级的麻烦，也保证了这些超常学生能够取得快速而持久的进步。[5]

我不禁产生以下疑问。首先，若一个学生拥有高智商但却因为缺乏挑战

① 将"2月"的英文单词"February写成了"Febuary"。——译者注

或感到无聊而未能取得高分呢？这些未能充分发挥学习潜力的学生是无法被选中的，因而无缘“智商测验”。其次，假若学生因为学业出众被选中了，然而他们在推孟的智商测验中得分却不高，因而也与资优教育擦肩而过，情况又会怎样？根据推孟的逻辑，这些“成绩超乎预料者”并非真正的天赋优异，所以他们应该老老实实地回到普通课堂中去学习，也就无法接触任何特殊的教育资源。无论这些孩子在学校中的表现有多么出色，他们都不能得到“资优”的标签，因为他们出色的成绩均源于辛勤的付出。这样的成绩并非“自然”获得。有些人可能已经看出了以上两种情况存在的问题。

如果你不认同这些棘手的概念问题，那么以下是常见的方法论问题。在鉴别“学习障碍”的过程中出现的很多问题，在鉴别“天赋优异”时同样会遇到。鉴别以上两者面临的一大问题似乎是测验形式（见第 3 章）。假设你想要准确测试儿童的流体推理能力，但又不愿让学习机会匮乏的儿童（例如来自低社会经济地位家庭的孩子）抑或英语能力有限的儿童得到不公平的对待，那么在通常情况下，教育者会采取“非言语”能力测验的形式，仿佛这是一味灵丹妙药。难道将测试问题和指令中的英语障碍去除，你就可以更准确、更公正地测试出儿童的流体推理能力吗？错！

这只是过于简单的假想而已。心理学家桑德拉·斯卡尔（Sandra Scarr）指出，有时，弄清楚在非言语智商测验中应该做什么几乎占了成功的一半！[6] 没有提供练习机会就直接使用的简短测验指令可能会导致一些儿童走进死胡同。尤其在团体测验中，由于没有临床医师在场鉴定哪些儿童误读了指令，学生对测验无从下手的困惑会表现得更加显著。研究显示，来自贫困家庭的少数民族双语儿童最易对指令感到困惑，抑或采取过于简单的策略来解决测试中的问题。[7]

依据非言语认知能力测验做出高利害关系的决定还存在着众多其他的问题，[8] 首当其冲的是“构念代表性不足”（construct underrepresentation）这一严重问题。如果只给儿童利用一种符号系统（例如空间符号系统）进行逻辑推理的机会，那么测试者将无从得知儿童在其他符号系统中的逻辑推理能力如何，例如利用自身母语进行推理的能力。若要测量流体推理能力的所有方面，那么囊括流体推理这项能力方方面面的测验是至关重要的！

更为实际的问题是：做这样的测试目的是什么？是为了将资优儿童和天资平庸者区分开呢，还是为了利用测试结果提供某种干预？若为后者，那我们应考虑一些更为复杂的决策问题。如果一名儿童对学习英语总是很纠结（无论出于何种原因），但通过非言语推理能力测试，你将他鉴定为“天赋优异”，于是你把他送入更具挑战性且严重依赖英语（和定量）技能的环境中去学习。那么在这样的环境中，这名儿童面临的语言障碍问题将更加突出，他的自尊心也会因此更加受挫。

的确，研究显示，在预测儿童的学业成绩时，非言语形式的认知能力测验不如包含定量和言语领域的推理能力测验。实际上，如果考察包含言语、定量以及图画推理的成套智商测验的综合分数，你就会发现图画推理测验分数与对言语能力有高要求的课程的成绩呈负相关。[9]

非言语测试的另一大问题是练习效应（practice effect）。你可能凭直觉认为，比起知识和词汇测试，非言语能力测验很难受到文化濡化（enculturation）和练习的影响。但是正如洛曼（Lohman）和甘布里尔（Gambrell）所述：“控制语言对测验的影响并不能控制文化的影响。”[10] 非言语认知能力测验表现出极大的练习效应，文化因素对非言语测验的影响比对偏重语言的测验的影响更大。[11] 在第 10 章中我们将了解到，流体推理能力测验分数反映的应当是独立于文化的技能水平，与更多的以文化为基础的一般知识和词汇测验相比，自 20 世纪以来，流体推理测验分数发生了显著提高。

学校常模的选择亦至关重要。在第 3 章中曾提及，智商测验分数严格来讲只不过是百分比排名，此排名仅基于抽取的样本人群的特性。然而我们在急于给学生贴上标签的过程中忽略了这一要点。非言语逻辑推理测验的大多数常模都已过时。随着时间的推移，人们的非言语推理能力表现逐代提升（见第

10 章)，因此将一名儿童的表现与前一代儿童做比较会高估他的能力。

即便使用合理计算的最新常模，认为所有孩子对测验中所需特定技能的发展机会均等的假设也是错误的。在非言语认知能力测试中，文化、民族以及社会经济背景方面仍存在着巨大的差异。[12] 如果你将一名少数民族学生的测试成绩同基于年龄和性别所得出的全国平均水平进行比较（不少学校都这么做)，你就很有可能会低估这名学生的表现。因此，在学习机会相当的学生间进行比较很重要。针对此类问题，如下解决方案可供参考：参照生活在相同环境中的儿童的常模，排除影响学习机会的特定变量，例如对母语为西班牙语的儿童来说，进入英语学校学习数年就是变量之一。

以上问题均非假想。在撰写本章时，纽约市的测验实施人员正在冒着极大的风险。我个人认为他们目前鉴别资优儿童的程序堪为测验滥用之楷模，所用的测试方法更是漏洞百出。

判定资优生的临界分数是多少

即便你是学校的管理人员且意识到了以上所有的问题，你的工作也仍未完成。你还得决定:判定资优的智商测验临界分数应该是多少？这并非小问题。你得决定智商钟形曲线上何处是“资优”的分界线。这就意味着你必须确定一个点，低于这个点的儿童统统属于“天赋不足”。从方法论的角度考虑，这一问题已然十分棘手，且事实是，根本不存在客观的临界分数。客观的戒律不会从天而降地裁定钟形曲线上的哪一个点是划分“天赋优异”和“天赋不足”的临界点。

即便摩西得到了十大“资优戒律”，我们的问题仍然存在。在前一章中我们看到,智商测验这一工具是不可靠的。一个人在不同的智商测验中得分不同，其原因多种多样，比如儿童的大脑发育程度以及智力的发展等，皆与测量误差无关。

让问题变得更棘手的是，在一次测验中得分最高及最低的学生（处于钟形曲线的最左端和最右端），在第二次测验中的得分最有可能趋于平均水平。

这与“一朝资优，终生资优”的观念相违背。在《今朝资优，明日却不再？》（*Gifted Today but Not Tomorrow?*）一文中，戴维·洛曼（David Lohman）和卡特里纳·科布（Katrina Korb）说道：“我们谈到学习障碍或资优学生时，就好像存在划分每一类学生的明确界线。即便有人意识到这样的界线是武断的，他们也依然认为，如果我们就临界分数达成共识且采取了可靠有效的测量方法，那么儿童的类别身份将会在长时间内保持不变。”[13]

天赋实验 Ungifted

这样的假设正确吗？洛曼和科布分析了 6 321 名学生从三年级到八年级期间每一年测验分数的变化情况。为了与资优教育项目通常使用的划分标准保持一致，他们估计资优学生的比例大致为阅读、语言和数学测验成绩排名的前 3%。有多少学生继第一年达到资优标准后第二年依然达到此标准呢？仅有约 50%。而在三年级得分位于前 3% 的学生到八年级时，只有 35%~40% 的学生成绩仍在此列。

尽管学生在三年级时的成绩和四年级时的成绩之间相关度达 0.91，然而个体效应仍然存在。换句话说，尽管成绩排名具有极高的稳定性（第一年名列前茅者第二年通常也处于领先位置），也总是有很多个体波动因素影响到享受资优教育的资格。

Intelligence Redefined

那么，有什么解决办法呢？洛曼和科布认为，通过以下做法可减少预测结果的影响，即每年对所有的学生进行重复测验，对多重情境下的多次评估测验分数取平均值，按照当地常模而非全国常模来对比学生的表现。但以上措施并不能完全避免以下现象——初次测试表现出的天赋愈优异者，再次测试时失去资优资格的可能性愈大。

Ungifted

洛曼和科布由此得出结论：“教育者不应使用暗含固定分类的术语，例如‘天赋优异’，也许他们不应当使用强调固定不变的状态而应是强调学生当前成就的字眼，比如‘成绩优异’抑或‘高成就’等词语。”[14]

Intelligence Redefined

我们承认了测试形式上的问题，承认测验得分也会上下波动，就不存在其他问题了吗？恐怕不是。最先应该确认的是要使用哪些能力作为判定一个人是否资优的依据。即便我们想方设法获得了一个孩子目前流体推理能力的充足信息，我们仍需证明，一个孩子有那么多可评估的特性，为什么偏偏选取这种能力？为什么不选这个孩子的认知优势和劣势的特定模式（如言语、定量和空间等方面），或者在艺术和音乐上的早慧呢？那些崭露出体育和表演天分的孩子呢？人际交往能力是否算天赋之一呢？还有创造力、领导力、积极性、自控力以及毅力等特征，能否用来衡量天赋？到底哪些能力才算数？

天赋优异究竟是指“你是谁”还是“你做什么”？天赋优异是单一的还是多方面的？以上两个问题是资优教育领域一直以来被争论得最激烈的两个问题，并且还将持续。下面我们来看一看这种情况是怎样造成的。

百家争鸣的资优教育理论

美国对于“优秀”的态度向来非爱即恨。[15] 20 世纪前半叶，尽管推孟尽了最大努力，教育者仍然不愿为“资优”学生提供特殊的教育资源。到了 20 世纪 50 和 60 年代，浪潮发生了转变，“高能力”逐渐得到人们的欣赏甚至是追捧。1956—1959 年发表的有关天赋优异的文章要比此前 30 年文章发表的总量还要多。[16]

尽管在20世纪六七十年代，历史的钟摆又倒向了平等主义，但1972年，美国教育委员西悉尼·马兰（Sidney P. Marland）发表了一篇具有开创性意义的署名报告，继而极大地促进了资优教育的发展。[17] 马兰估计美国的150万~250万资优儿童中只有很少的一部分能够真正从资优教育中获益，他还强调，美国的资优教育已然没落。马兰的报告让公众广泛意识到现有教育忽视了资优儿童的需求。

该报告最具影响力之处在于首次拓宽了资优的概念，天赋优异不再局限于高智商。只要在以下任何方面（单一方面或几个方面的结合）展示出成就抑或潜能的儿童，均被定义为资优儿童：

1. 一般智力能力；
2. 特定领域的学术天赋；
3. 创造性或产生式思维；
4. 领导能力；
5. 视觉和表演艺术；
6. 心理运动能力。

虽然心理运动能力最终被去除，但是美国联邦政府对于资优的以上定义基本没有改变。请注意，如同联邦政府对学习障碍的定义（见第3章）一样，该定义中也未明确提及智商。尽管如此，人们还是延续了推孟的传统，“一般智力能力”被绝大多数学校理解成智商分数位于前3%~5%。[18]

马兰的报告极具影响力，推动了首个关于天赋优异的立法。1974年，联邦政府拨款256万美元以提高美国的资优教育。除此之外，马兰的报告也促进了国家资优办公室（National Office of the Gifted and Talented）的成立。该定义也对后来涌现出的基于研究的多维度资优定义产生了重大影响。

心理学家约瑟夫·伦祖利（Joseph Renzulli）在其1978年的文章《资优来自哪里？》（*What Makes Giftedness?*）中指出，联邦政府的定义遗漏了动机因素，并且将特定领域的成就（如学术、艺术等）与贯穿所有领域的能力（如创造力、领导力等）混为一谈。[19] 伦祖利还指出，尽管马兰的定义提出儿童可展现出六类能力中的任意能力的组合，然而许多教育者在实践中往往将六类能力视为相互排斥的。根据伦祖利的观点："尽管许多人对这六类能力谈得头头是道，但是他们在实践中依然将高智商或天赋分数作为进入资优教育的最低门槛。" [20]

作为替代，伦祖利提出了三环资优理论（three-ring conception of giftedness）。基于对成功人士特征的反思，伦祖利认为天赋优异应包含以下三种相互作用的特质：远超平均水平的能力、对任务的执着精神和创造力。他还将学校学习型资优同创造生产型资优做了区分，认为前者是优秀的知识消费者，而后者是杰出的知识生产者。

Ungifted

"历史告诉我们，从古至今，正是人类奋斗在各个领域中的创造者和生产者、知识的生产者而非消费者以及思想的重建者才被认为是'真正的资优者'。仅仅在智商测验中获得高分或者学业成绩优秀却无法创造性地将知识加以运用和实践的人，并不会被历史铭记。" [21]

Intelligence Redefined

伦祖利拓宽了能力的概念，将"远超平均水平的能力"定义为可运用于所有领域的一般能力或是某项特殊的能力，包括在某个特定领域拥有高水平表现的能力。同时，他也降低了能力甄别门槛，将高于平均水平能力者定义为在任何具有社会价值领域中的表现排名在前 15% ~ 20% 的个体。这与大多数学校采用的将智商测试得分前 3% ~ 5% 作为资优分界线的做法有显著的区别。

伦祖利认为，仅拥有远超平均水平的能力、对任务的执着精神和创造力这三种特质中的一种是无法被称为"资优"的。他认为，资优产生于三种特质之间的互动，这样的观点与当时的主流观点相去甚远。根据伦祖利的观点，资优并非个人的长久特质，相反，资优是由促成现世成就的品质所带来的一种结果。他还强调，促成资优的三个特质是同等重要的。此举意在提升创造力和任务执着精神在资优这一概念中的重要性。

Ungifted

伦祖利曾哀叹：“令人悲哀的现实情况是，资优教育项目青睐那些擅长课堂学习和考试的学生，牺牲了考试成绩稍逊但完全可由高水平的执着精神和创造力来弥补的学生的利益。”[22]

Intelligence Redefined

伦祖利对于资优的定义仅仅是众多资优拓展定义的开端。20 世纪 80 ~ 90 年代（至今在很大程度上依然如此），“多元智能”（multiple intelligences）这一术语成为一大热词。该研究领域的两大先锋人物为哈佛大学的霍华德·加德纳以及耶鲁大学的罗伯特·斯滕伯格。两人最初提出的都是智力的拓展概念，本身并非资优的概念，但他们的理论却深受众多资优教育界人士的欢迎，同时也饱受许多智力研究人员的诟病。

霍华德·加德纳在其 1983 年出版的畅销书《智能的结构》①（*Frames of Mind*）中强调，教育者和心理学家需要拓宽他们对智力的定义和方法论的研究。[23]依据一系列的标准，包括一组可识别的核心心理操作、脑损伤、独特的发展演变史以及诸如神童和博学之士等特殊群体（见第 11 章），加德纳认为存在 7 种相互独立的智能，即逻辑数学智能、语言智能、空间智能、身体动觉智能、音乐智能、人际智能及内省智能。后来他又将自然主义智能纳入其中。加德纳认为，学校往往过于强调逻辑数学智能和语言智能而忽略了其他方面的

① 多元智能理论创始人霍华德·加德纳在其开山之作《智能的结构》一书中，对多元智能理论进行了详细阐述。本书中文简体字版已由湛庐文化策划、浙江人民出版社出版。——编者注

智能。

1984年，斯滕伯格出版了著作《超越智商》（*Beyond IQ*）。[24]他认为，要了解智力必须要考虑特定文化所推崇的特定能力（情境亚理论）、任务的新颖程度（经验亚理论）以及解决问题的必要认知过程（成分亚理论）。后来，斯滕伯格将他的三元理论进行了转化，提出了“成功智力”（successful intelligence）理论。[25]他将三个亚理论做了调整，使其更易于教育者进行操作。他将智力的成分亚理论称作分析智力（analytical intelligence），即解决问题和判断想法优劣的能力；其中的经验亚理论变成了创造智力（creative intelligence），即找出问题并用新颖的方法解决问题的能力；情境亚理论则变成了实践智力（practical intelligence），即在日常生活中有效利用想法并进行分析的能力。斯滕伯格认为三种形式智力的结合对个体在生活中实现目标十分重要。

再后来，斯滕伯格将成功智力理论融入了一种资优外显理论（explicit theory of giftedness），称作智慧、智力和创造力综合（Wisdom，Intelligence and Creativity Synthesized，简称WICS）资优模型。[26]他将智慧定义为自我利益（个人内部利益）、他人利益（人际间利益）和个体所处环境（个体外部利益）之间的平衡。他指出，资优个体在智慧缺失的情况下可能将其智力运用于实现自私且对社会有害的目标。斯滕伯格认为，个人的天赋可能是智慧、智力和创造力三方面的任意组合。他提出，只有能够将以上三种能力进行综合的人才配得上“资优”的标签，如果只拥有其中的部分能力，那么一个人可以成为社会的有用之人，但绝不可能成为栋梁之才。

伦祖利、加德纳以及斯滕伯格对资优理论的拓展对于拓宽人们对资优概念的理解意义深远。然而，你也许注意到了他们的理论均为静态理论——我们仅被告知各种重要的能力和特质都有哪些，却并未提及这些能力和特质在人的一生当中是如何发展的。能力和动机如何转化为现实世界的成功？环境重要吗？还是说一切都源自内在？以上问题受到了资优教育下一个发展热潮的关

注：才能发展。

向“成就”转变的风潮

20 世纪 80 年代末，资优作为个人总体的持久性特质的概念遭遇了严重危机。诸多心理学家如戴维·费尔德曼（David Henry Feldman）、本亚明·布卢姆（Benjamin Bloom）、约翰·费尔德胡森（John Feldhusen）、亚伯拉罕·坦嫩鲍姆（Abraham Tannenbaum）、弗朗索瓦·加涅（Francois Gagne）以及米哈里·希斯赞特米哈伊（Mihaly Csikszentmihalyi）的研究均将天赋优异定义为某个特定领域（如学术、艺术、音乐、技术和社会等）的才能，并且认为这些才能在一生当中都在不断发展。学术界的研究焦点由个人转向个体为取得在某一特定领域的成就从而与环境进行互动的众多方式。[27] 才能发展成为学术界的流行语。

2011 年，雷娜·苏博特尼克（Rena Subotnik）、葆拉·奥尔谢夫斯基 - 库比柳斯（Paula Olszewski- Kubilius）和弗朗克·沃雷尔（Frank Worrell）提出了才能发展特大模型（Talent-Development Mega-Model）。该模型“集现有模型之长于一身，旨在适用于所有领域”。[28] 他们吸收了人类发展、专长、创造力、动机以及最优表现等领域的研究成果，认为资优是一个发展过程，具有与领域相关的特殊性和可塑性。

他们指出，之前的模型无法预测谁能获得杰出成就，并称“才能研究还有诸多未涉及的领域”。[29] 为了解决以上问题，他们调查了广泛的才能领域，包括具有典范性的表演者（如歌手、乐器演奏家、舞蹈家、演员及运动员等）和生产者（如作曲者、舞蹈编导、作家及科学家等）。他们指出，表演者和生产者的鉴别和发展方式存在差异。

简言之，他们的模型主要基于以下 5 大原则：

1. 能力（既包括一般能力也包括特殊技能）很重要，是可以发展的；

2. 不同领域的才能发展轨迹不同；

3. 年轻人应获得更多的机遇并加以把握；

4. 社会心理变量如挫折应对、焦虑调节等是才能成功发展的决定因素；

5. 杰出是资优教育的预期成果。

他们认为应当分阶段看待才能的发展过程，这一点很重要。在早期，决定是否资优的是潜力；当个体进入较高年级的时候，资优识别标志便倾向于学业成就；到了成年期，标准变成了是否取得杰出成就。他们将杰出定义为一个人推动某个领域前进的程度。此外，他们认为每个阶段都存在着重要的过渡，即由能力发展为胜任力，由胜任力发展为专长，最终由专长发展成为杰出成就。

然而，他们的理论最具争议之处无疑在于他们提出的资优教育目标："培养更多能够做出开创性局面和改变行业格局的重大发现，以及能用产品、创新和业绩做出创造性贡献的个体。"[30]

Ungifted

这意味着在个体发展的某个时刻，资优变成了"你做什么"而不是"你是谁"。这无疑也意味着在一个人的一生中，可能会获得资优身份，也可能会失去这一身份。

Intelligence Redefined

早在20世纪70年代后期，关于资优的大门应向所有人敞开而不仅是面对少数展现出早慧而被选中之人的风潮便已开启，上述学者的论文实则将这一趋势推向了巅峰。[31] 资优个体具有领域特殊性和发展性这一新型概念在目前美国联邦政府对资优的定义中已有所体现，[32] 并成为美国天才儿童协会（U.S.National Association for Gifted Children）的官方立场，深受诸多心理学家的欢迎。

但是并非所有人都认同将关注点放在成就上。[33] 心理学家兼顾问史蒂文·法伊弗（Steven Pfeiffer）从事资优儿童研究数年，在其新作《为天赋优异者服务》（*Serving the Gifted*）一书中，他就提出警示："潜力对某些具有高能力的儿童来说可能是可怕的负担。我们当然不希望父母对孩子潜力的认识从'可能性'转变为'期望'……许多具有非凡能力的儿童应当自主决定（父母也应鼓励他们）遵从内心召唤，不论他们的人生旅程将要把他们带向何方。"[34]

关注点向成就的转变同时也引起了另一资优社群的愤怒和疏离，包括教师、父母、顾问、学校管理人员甚至是资优成人，他们都乐于将资优视作"你是谁"。如资优顾问琳达·西尔弗曼（Linda Silverman）所说：

> 当我们丢弃资优这一称呼时，我们所放弃的远非一个名号那么简单。这意味着我们选择忽视能够孕育道德敏感性和更高级别价值体系的丰富而深邃的内在环境，意味着我们忘却了儿童的自我和灵魂。这看起来并不是一场明智的交易。[35]

接下来，让我们听听他们的故事。

05 谁有天才的灵魂

Ungifted

Intelligence Redefined

我为什么会在这里

我盯着历史试卷，努力地拿起笔，想把剩余的答案填完。然而犹豫片刻，又将笔放回到桌上。我知道答案，完全可以一填了之。但那又有什么意义呢？他们给了我充裕的时间来完成这次考试，从此一生，我都可以慢慢地考。那我现在就考完和我 40 岁再考完，又有什么不同呢？现在的我刚升入九年级，还在接受特殊教育。我渴望挑战，渴望越来越多的挑战！

透过门缝，我窥视着走廊。大厅对面就是高级生物班，我可以看到那些来自资优班的朋友。我感到热血上涌，真想冲上去，让他们注意到我！好想和他们打声招呼啊！可转念一想，顿时冷了下来：我可是在特殊教育教室啊！我还没告诉他们我正在接受特殊教育呢！如果他们知道了，会怎么看我呢？

我得躲起来。于是，我弓着腰坐进自己的位子，低着头伏在桌上。我心跳加速,感到愤怒、沮丧和焦虑。我努力不让眼泪滑落下来,但最终还是认命了。

就这样过了数分钟,我感觉自己正被人盯着。于是我抬起头,发现老师正远远地站在我前面,用古怪的眼神盯着我看。虽然我想她应该是学校的特教老师,但我从未见过她。她露出了微笑,开始朝我走来。我慌了神,心想:“我惹麻烦了?是不是我表现得还不够‘学习障碍’?”

“我们出去聊聊好吗?”她一边朝我的桌子走过来一边说。我们一起步出教室。我尽量站在靠门的地方,这样就能被她挡住,我在大厅另一头的朋友们也就不会看到我了。

这是我第一次看着她的眼睛,几乎只有一瞬间,我便放松了下来,心跳也平和了。她的举止,她的语气,都让我感到不再害怕。她不是在做样子,也不是在评判我。她和别人不同。我能看出来,她说话用词都很小心。“我一直在看着你,我能看出来,你并不喜欢这里。”她说,“你似乎并不属于这个教室。但你为什么会在这儿呢?”

我顿时愣住了,因为从未有人问过我这样的问题。我这才意识到,连我自己也没有问过自己这个问题呢!我张开了嘴,但很快又合上了。我意识到自己还没有想好答案。一种激动的感觉涌遍全身,我忽然明白了自己必须要做的事,长久以来一直想做,但直到现在都没有做的事……

我礼貌地结束了谈话,朝着学校的付费电话亭走去。这时,我那些资优班的朋友们都抬起头,看着我走了过去。这次,我没有躲避,而是立刻向他们挥手打招呼。他们也朝我挥了手。

妈妈接了电话。“为什么我还在特教班啊?”我急切地问道。电话那头一阵沉默。“我也不清楚,”她终于说话了,“我想,你爸爸,还有我,我们只是不想让你过得太艰难。”我的心开始狂跳不已。“为什么?”“你小时候有听力障碍,后来虽然康复了,却变得焦躁不安,经常自我怀疑。当时学校建议我们送你去接受更多的一对一帮扶。”妈妈在电话那头继续诉说着,我攥紧了拳头。

“宝贝，你这是从哪儿打来的电话？”我四下看了看，忽然心中一动，立刻有了答案：“刚才是在特教班，”我说，“但现在不是了。”

晚饭时分，我宣布了离开的决定。父母和我开了一次会，我的父母、整个特教团队还有学校的一些领导都来了。经过许久的考虑，他们终于同意让我参加普通教育课程——“试验性”地。

我出来了！我自由了！但我也无朋无伴、孑然一身了，不会再有任何扶助了。从现在开始，我将和其他学生没什么两样！虽然兴奋，却也怀着恐惧，父母和学校领导对我的支持给了我力量。焦虑和自我怀疑对我来说都不是问题。事实上，从小到大，我从未对什么事情像现在这样确信不疑：我准备好了！

利塔：资优儿童最伟大的知音

利塔·霍林沃思（Leta Stetter Hollingworth）在内布拉斯加州的德威特（DeWitt）长大，她的童年生活充满了创伤。[1] 她的母亲为她生下最小的妹妹玛格丽特后很快就撒手人寰了。一开始，她住在小木屋里，由爷爷奶奶抚养。后来，她不得不搬出去，和她酗酒的父亲以及继母住在一起。

大约 10 岁的时候，她下定决心，准备一步到位，跨入成年人的生活。“我即刻做出了决定，我要长大。就这样，我毅然决然地抛弃了我的童年。”在后来写给丈夫的一封信里，她这样写道。[2]

在日记里，利塔写道，她的痛苦不仅仅“只是在情绪上”，她觉得，她的生活就像是一个“熊熊燃烧的大火炉”。14 岁时，年纪轻轻的她就写出了动人的诗——《孤松》。在诗中，她宣泄着自己极为强烈的情感。

在高高的山巅，
风萧萧，雪漫漫，
它孤独地挺立着，清冷凄切，
度过了黑夜，熬过了风雪，又挺过了黑暗。

风雨拷打着它，把它摧残，
枯槁了它的容颜，留下了印记斑斑！
而它的同伴们，都畏缩在温暖的谷底，
在山谷的庇护下，躲避着雨冷风寒。

山之峰顶的荒石上，
它生枝发叶，长成大树。
接受着春日阳光的温暖，
也忍受着狂风暴雨的考验。

默默地承受，它没有任何抱怨。
唯有那无奈的风穿过它折断的枯枝，
发出糅合了幽怨的残喘，
它才开了口，叙述起它的故事，
悠长的故事里满含着那份孤单。

高高的山巅上，它骄傲地挺立！
世界都在它的脚下，将它仰望。
它的枝丫，刺破了蓝天。
而僵卧谷底的，是它的同伴，
默默无闻，又永远长眠。

孤松骄傲地挺立着，忍受苦难，
狂风恣肆地拷打着它，把它摧残，留下了印记斑斑！
它就像是一个破碎而又孤独的生命，
又一次地叙述起它的故事。
风穿过它的枝丫，呻吟如前。

它叙述着自己高尚的灵魂，
远超它谷底同伴！
唯有独自历经风雨的洗礼，
灵魂的升华才能够实现！

——利塔·霍林沃思[3]

她的写作天赋显露无遗。16 岁时，她进入了内布拉斯加大学（University of Nebraska）。在那里，她极富想象力的文字得到了人们的赞誉，也正是在那里，她遇到了后来的丈夫。1908 年，就是在她结婚的那一年，利塔来到了纽约。她当时已经获得了文科学士学位和教师资格证，又有在内布拉斯加一所中学担任校长助理的经历，但这些并未能帮她锁定一份教师的工作。不仅如此，当她竭尽全力争取资助以攻读文学硕士学位时，奖学金也总是与她无缘，很多次，她都遭到了拒绝。

问题似乎出在她的婚姻状况上：人们不希望已婚的妇女离开家庭，在社会上寻求自己独特的价值。毫无疑问，这样的经历更加刺激她产生了强烈的不公平感，坚定了她对“每个人都应有机会取得成功”的信念。于是，她转而把精力投入到教育领域。不久，她就获得了哥伦比亚大学教育硕士学位，获得了在心智缺陷者救治中心（Clearing House for Mental Defectives）兼职的机会，这家机构使用比奈 - 西蒙智力量表专门为具有心智缺陷的人服务。在那里，她观察到许多所谓心智不健全的孩子其实智力很正常，只是难以适应青少年的生活。最后，她出了三本书，专门讨论了这个问题，其中包括《青少年心理》(*The Psychology of the Adolescent*)，这本书后来成为该领域最重要的教科书之一。[4]

1914 年，利塔成为纽约第一位进入公立部门工作的心理学家。[5]在纽约贝尔维医院，她的工作是做实验。很快，她就成为医院顶尖的实验师。在贝尔维医院工作期间，她还在爱德华·桑代克（Edward Thorndike）的指导下完成了哥伦比亚大学的博士学业。

取得博士学位后，1916 年，利塔接受了哥伦比亚大学师范学院提供的教授职位，此后直到去世，她从未离开过这个职位。这一年，也是推孟对比奈-西蒙智力量表进行修订的一年，利塔的人生被改变了。她接过她的前任娜奥米·诺斯沃西（Naomi Norsworthy）的教鞭，开始教授一门关于心智障碍儿童的课程（这门课程的名称叫“遗传”）。她决定用一个例子，来向她的学生们解释钟形曲线两端极限的区别。

天赋实验
Ungifted

利塔让老师们推举一位他们认为极其聪慧的学生。一个来自霍勒斯曼学校（Horace Mann School）的孩子被带到了她的面前。让她感到震惊的是，这个 8 岁孩子的智商分数竟高达 187。她被“E 号孩子”（利塔对这个孩子的称呼）深深地吸引。那个时候，对智商这么高的孩子，心理学还没有专门的研究。她很好奇，这些孩子有什么特殊的情感需求，而这又激起了她脑海中根深蒂固的不公平感。

与当时的其他人不同，利塔并不急于给高智商的孩子贴标签，而是花了很多时间来了解这些孩子，包括他们的背景、家庭、性格以及生理和社会需求。通过对这些孩子的调查，利塔注意到，成年人会忽略高智商的孩子，因为他们认为这些孩子根本不需要大人的帮助，他们靠自己的力量就能做很多事。她同时还指出，高智商的孩子经常会面临社会的孤立。

Intelligence Redefined

她研究的孩子中，有许多在进行单人活动（如滑雪、游泳、马术、赛跑、阅读等）时也表现出了较高的水平。由于与同龄孩子相处有困难，他们中的很多人都有自己想象的朋友和世界。除此以外，还有一些发展特别快的孩子，在面对比他年纪大的同学时感到十分恐惧。利塔指出：**“无论年纪大小，越聪明的人就越是难以找到真正与他们相当的同伴。”**[6]

利塔坚信，这些极有天赋的孩子一定拥有自己特殊的情感需求，因为他们有着更高水平的认知能力——他们在智商上如同成人，但在情感方面却仍旧是个孩子，这使他们显得与其他同龄的孩子很不一样。

Ungifted

高智商孩子的一个表现是比其他人更早地对“从哪里来”和“到哪里去”的问题产生兴趣。智商越高，对于解释“宇宙是如何产生的”这个问题的需求就越是迫切，就越早地想弄清楚“从哪里来”和“到哪里去”这两个概念的意义。[7]

Intelligence Redefined

利塔发现，斯坦福 - 比奈测验中智商分数在 125 ~ 155 的孩子多充满信心、开朗乐观。同时她也认为，天赋优异的孩子也不全都是一个样。天赋稍高和天赋极高的孩子有着不同的发展需要。她注意到，那些智商分数超过 180 的孩子（概率为百万分之一）遇到的适应性问题最为严重，因为他们难逢敌手。在她死后出版的著作《智商超过 180 的孩子们》（*Children above 180 IQ*）中，她列举了 12 个案例，这些案例中的孩子智商分数都在 180 以上，而且多数都来自哈勒姆（Harlem）的施派尔学校（Speyer School）。[8]基于自身的观察，她提出了下面这个问题：在一所普通的小学里，智商分数达到 140 的孩子会浪费自己一半的时间；而那些智商分数超过 170 的孩子，事实上没有好好利用时间。在无所事事的状态下，这些孩子怎么可能学会坚持不懈地付出努力、培养对待任务的认真态度、养成扎实工作的习惯呢？[9]

利塔为这些高智商的孩子创办了独立的全日制学习班，在那里，这些孩子经历着各种各样的挑战，接受快速的指令，参加课堂讨论，参与小组计划，还要进行自学。这些高智商孩子的学习科目范围极广，包括历史、生物、文学和外语。她还开设了一种特别课程，名字叫作“由平凡到不凡的进化之路”。这门课程帮助学生了解生活中的实际东西，如食物、庇护所、衣着、交通、各种工具……她教他们守时，教他们学会沟通和交流。利塔觉得，对高智商的孩子而言，这种形式的教育要比逼着他们上大学更有用。除了这些，她还教会了他们一些其他的重要技能，比如怎样用耐心和爱心化解他人心中的“愚蠢”，怎样在机警过人和质朴无华之间找到平衡，等等。

利塔为自己的发现感到欣喜，而这一发现也证实了她的观点：把能力相当的孩子分到同一组的话，他们早先的很多弱点便消失了。之后 3 年的后续调查也发现，参与她项目的孩子对学习产生了热爱，找到了真正兴趣相投的朋友，并为此而感到幸福，充满感激。而在这之后更长的时间里，许多研究表明她的这个学习班项目对孩子的友谊、价值观及之后的成就产生了持续终生的影响。[10]

1938 年，在 4 个月的时间里，利塔目睹了她研究的 12 个高智商孩子中的两个离开人世。这些孩子都是她花费很多时间去充分了解的。其实，这 10 多年来，利塔也是病魔缠身，苦不堪言，这一点极少有人知道，甚至连她的丈夫都不知道。就在“F 号孩子”去世后不到一年，利塔也去世了。她的工作无以为继，陷入了停顿。

尽管如此，她的影响依旧。在心理学的早期历史中，利塔·霍林沃思是一位奠基式的人物，她还激励了许多妇女。她被列入《美国科学名人录》，并且还是入选沃森心理学杰出贡献者名录的 14 位女性之一。如果说推孟是资优儿童界定方面的教父，那么利塔就是教母。她根据实际创建了以儿童为中心的方法，走近了那些天赋异禀的孩子。心理学家芭芭拉·克尔（Barbara Kerr）说，利塔是资优儿童的第一位也是最伟大的一位知音。[11]

罗帕夫妇：定性评估法

利塔离世的那年，安娜玛丽（Annemarie）和乔治·罗帕（George Roeper）夫妇来到纽约。作为纳粹大屠杀的幸存者，他们为能开始新的生活而欣喜不已。他们来到这里是为了缓和孩子的苦痛，抚平孩子的创伤。几年后，他们在密歇根州的布隆菲尔德山创建起城镇学校。他们的任务是为孩子们创造一个能够远离敌对和欺压的环境。

与利塔一样，他们也清楚那些在学业上遥遥领先的孩子所具有的情感特点和情感需求。[12] 罗帕敦促人们针对这些资优儿童的内心世界和情感生活来定制专门的课程："正是这内在的自我，这独特的自我，才构成了每一个人生活的核心。"[13] 罗帕相信，**情绪、智力和生理三者不应该被孤立地看待。**

1956 年，罗帕的学校已经成为官方认可的资优学校。所有的申请人都必须经由智商测验、观察以及面试来进行选拔。安娜玛丽和她的丈夫经常会对申请人的智商做出预估，她指出，他们对申请人的评价结果与预估的智商分数常有吻合。但据她回忆，有时他们做出的评价结果会高于孩子的智商。有时孩子们自己都觉得，评价结果与他们自己的智商水平不是很吻合。

Ungifted

安娜玛丽回忆说："事实越来越明显，智商测验给我们的结果是片面的，亦即智商测验能够反映孩子的认知能力，但却无法反映这些资优儿童在情感和精神方面的特点。"[14]

Intelligence Redefined

安娜玛丽和他的丈夫还创立了《罗帕时评》（*The Roeper Review*），创立这本杂志的主要目的在于介绍和呈现有关资优儿童的社交及情感需求的研究。1983 年退休之后，他们搬到了加利福尼亚，开设了罗帕资优儿童咨询服务公司（Roeper Consultation Service for the Gifted）。借由这家公司，夫妇俩创制了定性评估法（the Method of Qualitative Assessment，简称 QA），并将其运用于实践中。

Ungifted

“如果我们想要理解孩子和他们的行为，我们就必须重视他们的内心世界，了解他们的意识和潜意识，了解他们的情感以及认知。我们的教育需要一种结合实际观察的、不断发展的评价方式。”[15]

Intelligence Redefined

安娜玛丽的方法需要有专门人员将移情和直觉纳入评估的过程，同时融入他们自己对资优儿童特征所有的知识和经验。安娜玛丽认为，资优儿童表现出了大量的特征，包括较高水平的移情、强烈的正义感、完美主义、敏锐的感知能力、易于紧张、对什么都很有激情等。定性评估法的设计是为了给孩子提供一个安全的环境，以帮助孩子通过相互的理解和信任来进行自我表达，不掺杂任何对特别表现的期待。安娜玛丽表示：“我们的目标不是为了让孩子展示自己了解多少知识或者有多么聪明，而是希望他们能够展现自我。”[16]

定性评估法的核心在于与孩子面对面地交流，交流过程中，评估人员会观察孩子的言行举止、个性及回答问题的方式。在这之后，会由检验师提供一份详细的报告，报告中包含了大量的信息，包括孩子的性格和思想，以及家庭和发展背景。这种方法听上去似乎与艾伦·考夫曼的智力测量法如出一辙（见第 3 章），只是没有像考夫曼那样使用智力测试。

在安娜玛丽看来，“评估员应该把整个交流的过程看成是一件艺术品，是家庭、尤其是家庭中的孩子与评估员相碰撞而创造出的艺术品。这个过程走到最后，一种新的事物便被创造了出来，例如一种舞蹈、一件艺术品、一首交响乐！”在这个过程中，孩子的灵魂得以被认识，孩子到底有多少天赋也不再是一个谜团。[17]

她所说的“灵魂”是指什么？ 安娜玛丽自己也说不清楚。然而她也指出：“我和资优儿童打了 40 多年的交道，接触了上千个这样的孩子，但我还是敬畏每一个年轻的灵魂，每一个我很荣幸得以了解的灵魂。对于每一个孩子内心的自我，我都有着深刻的了解。我体验过他们的情感、他们的喜怒哀乐，以及他们的壮志雄心。我看到，每一个自我都是完美的，只有拿它们与别人作比较时，它们才会变得不完美。”[18]

今天有很多人都在采用“以人为中心”的方法，和他们一样，安娜玛丽坚信，对待孩子不应该只看重他们的潜力，而是应该确确实实地把他们当作“人”来看待。“难道我们是想利用孩子来达到我们的目的，利用他们的天赋来让我们自己获益吗？还是说，我们是想帮助他，为他神圣的自我在这个世界上找到属于他自己的位置？”[19]

哥伦布小组：“资优”再定义

20 世纪 90 年代初，资优群体中的一部分人曾对资优发展方法感到越来越不安。许多资优顾问和心理学家聚集俄亥俄州，召开会议讨论波兰精神病学家卡齐米日·达布罗夫斯基（Kazimierz Dabrowski）所做的工作，这些人深受利塔和安娜玛丽的影响。有许多人认为达布罗夫斯基的积极分裂理论（Theory of Positive Disintegration，这一理论将精神紧张的程度进行了分级）完美地描述了资优儿童的情感特点。[20]

达布罗夫斯基相信情感发展是人生中最重要的一个层面，并认为精神紧张代表了进一步发展的潜力。图 5-1 描述了达布罗夫斯基提出的“过度激动”（psyhic overexcitability）的 5 种形式。[21]

天赋实验 Ungifted

一些资优群体的研究人员试图用多种方式对达布罗夫斯基的过度激动进行定性测量，例如自陈问卷调查、教师评价、面试、案例研究、神经病学测试等。到目前为止，唯一不断表现出高水平过度激动的群体是具有创造力的成年人，尤其是艺术家（见第 12 章）。相较而言，具有高智商的儿童和成人的测量结果则有高有低，难以清晰定性。[22]

最近的一项研究发现，高智商的成年人仅在“智力的过度激动”这一项上取得了比其他群体更高的分数，且基于组别（资优组/普通组）的预测精准度只有 60.4%。[23] 很显然，针对这一重要话题，有必要展开更多的实验。当然，考虑必须仔细，不能想当然地认为精神紧张是高智商的自然结果。不论人们的智商是高是低，所有人都会对达布罗夫斯基的过度激动有所体验。然而，一些研究资优群体的人发现，这些精神紧张的划分准确地描述了他们在工作中遇到过的很多孩子。

正当人们在俄亥俄州的会议上讨论达布罗夫斯基时，资优发展模式（the talent development model of giftedness）正在大行其道。很多专业人士感觉这种注重成就的模式忽略了这些资优儿童的情感需求。作家和资优发展模式的提倡者，居住在俄亥俄州哥伦布市的斯蒂芬妮·托兰（Stephanie Tolan）当时意识到了这种越来越明显的不安。会后，她邀请了一些人到自己家中讨论这种不安感。[24]

会议在托兰的起居室里进行。与会的 5 位女性在与资优儿童及其家庭的接触方面都有着极为丰富的经验。她们就一点立即达成了共识，即她们很反感学术界大肆流行的资优发展模式。当论及资优儿童的共同特点时她们指出，当这些孩子的表现远超他人的期望、远超常规的标准、远超平均的水平时，他们似乎一下子把同时代的人甩出了很远。她们认为，这样的情况让这些孩子变得很脆弱，他们有特殊的情感和社会需求。于是，她们 5 人试图重新定义天赋，以充分囊括这些情况。

图 5-1 达布罗夫斯基的五类“过度激动”

资料来源：M. M. Piechowski, “Developmental Potential,” in *New Voices in Counseling the Gifted*, ed. N. Colangelo and R. T. Zaffrann, 25-57（Dubuque, IA: Kendall Hunt, 1979）.

经过许久的讨论，她们认为“非同步”（asynchronous）这个词很好地反映了她们试图要描绘的概念。字典上找不到这个词，于是她们打电话给哥伦布公立图书馆的研究部，发现这个词只在计算机领域有所使用。于是她们采用了这个词，并创造了“非同步发展”（asynchronous development）这个术语。又经过了长时间的讨论，她们初步提出了“资优”的如下定义：

> 资优是指异于普通人的成长和发展。在这个过程中，较高的认知水平和高度的精神紧张相互结合，产生了与常人有着质的区别的内心体验及感知，资优的这种独特性使得天赋异禀的人非常脆弱，在对其进行抚养、教育和提出建议的过程中，都必须不断地做出修正，以使他们以最佳的方式发展。[25]

5人之中的玛莎·莫洛克（Martha Morelock）自告奋勇，承担了首篇正式论文的写作，以向全世界介绍她们的这一定义。由于莫洛克的文章发表于哥伦布发现美洲新大陆500周年纪念之时，而她们的会议又在俄亥俄州的哥伦布召开，因此她们称自己为哥伦布小组。

1992年1月，莫洛克的论文《资优：由内心所看到的》（*Giftedness:The View from Within*）正式发表，其中匿名引用了哥伦布小组关于资优的定义。[26]就如之前预料的那样，她们的这一定义引起了资优群体广泛而激烈的反响，这其中有父母、咨询师，也有老师。这一定义强调孩子的情感需求，相比于资优发展模式更强调发展资优来为社会所用，这一定义在面对面接触资优儿童的人群中引起了更多的共鸣。

哥伦布小组的这一定义强调了一些非常实在的东西：远超期待、与常人格格不入的资优儿童在很多方面都非常脆弱，尤其是在应对他人的欺凌上。[27]事实上，游离于常人群体之外的资优人群经常感到自己被误解，不仅是在学校、单位以及社区中，有时甚至是在家里！

目前，我们的旅程已经走了很远。我们已经回顾了学习障碍的界定（见

第 3 章）、资优发展模式（见第 4 章）以及“以人为中心”的资优发展方法。一路走来，我们回顾了不同的关于资优发展的概念，并看到不仅能力的范围变宽了，情感的范围也变宽了。可我们现在到底在何方？推孟的时代到了如今，一切是否真的有了变化？

让我们来回想一下以上所有的内容。尽管讨论细致入微，尽管“学习障碍”和“天赋优异”的概念多有扩展，但是没有赢家。多元智能理论没有赢，天赋发展的理论没有赢，以儿童为中心的理论，当然也没有赢。没有人赢。严格的智商划分，其全球通用的基础也不是什么标新立异的事物，总体智商分数仍占主流地位，而 CHC 理论框架下的认知能力和非学术性才能评级依旧无力。测验依旧是“一测定乾坤”——无论你是否真的天赋异禀。在如今各种对资优的定义和在实际的鉴定过程中，我们几乎看不到高尚的道德、令人兴奋的精神、敏感的内心、温和的怜悯、活跃的创造力和强悍的领导力。

也许，不论是对资优的何种定义，其最让人感到难过的缺憾是少了动机和投入。它们还在我们看不见的地方沉睡着，看来，我们还有很长的路要走。

第三部分

投入

一个人恐怕要花很长时间
才能冲破瓶颈，终成大器

Ungifted
Intelligence Redefined

Ungifted

Intelligence
Redefined

06 激情

Ungifted

Intelligence Redefined

在我离开特教班后的第一个夏天，为了赶上同龄人，我修了一门历史课。

来自音乐的曙光

“我们是全州最棒的管弦乐队之一。”我本该做小组作业的，但是我更感兴趣的是听学校乐团的主提琴手讲述乐队的故事。“那么我想知道，”我说道，我的注意力完全贯注在了她身上，“你们是不是能够去全国各地旅行，在全场爆满的观众面前演出？”她点了点头。童年时期的画面一幅幅地闪现在我的脑海里：费城交响乐团，音乐学院剧院，雷鸣般的掌声，经久不衰的起立鼓掌，音乐，阵阵高潮，外公站在台上对我微笑。

下课后，我立刻来到管弦乐室，发现只有指挥一个人在调试小提琴。“我能不能参加你们乐团？”我嘟囔着问。“你会什么乐器？”他问我。问得好。显然我还没有把整个事情捋清楚。

“我目前什么乐器都不会，但是等新学年开始的时候我一定能拉大提琴。”我恢复了镇定，坚定地说。他满脸狐疑，问：“你的老师是谁？”我不假思索地说出了外公的名字：“哈里·格罗德泽。”他一怔，挠了挠头说道：“好吧！”

与大提琴的第一次亲密接触

我按响了外公家的门铃。透过外公练习室的窗户，我看到他的手指滑过大提琴，还是那种熟悉的方式，是我在舞台上无数次看到的场景。外婆给我开了门，告诉我尽管打断他，把这个好消息告诉他。“你外公自从退休后，都不知道自己该做什么好。”外婆说道，“他会非常乐意教你的。”

当靠近他的书房时，我听到外公在反复地演奏着相同的音符序列。虽说我也不愿意打扰他练习，但是我等不及了。我一进门就宣布：“我想学大提琴！”外公抬起头，聚精会神地看着我，把琴弓放在乐谱架上，示意我坐在他身旁的沙发上。

“太好了。你想什么时候开始？”他问。我的目光停留在他的大提琴上。他看到我在看他的大提琴。我突然有一种无法遏制的冲动，想立即拿起琴弓，像他那样演奏。

“来吧。”他说，示意我坐下。我感觉到一阵眩晕。外公起身，我坐到了他那张了不起的“音乐家专用椅”上。我把大提琴放到两腿之间，拿起琴弓。我用一根手指按住琴弦，拉动了琴弓。我抬起手指，然后再次按下去。我重复着这样的动作，每次都变化一下手指在第一根琴弦上的位置。一个动作接着一个动作，我越来越沉浸在自己的演奏中，忘记了自己身在何处。一切如此自然，关于乐器和古典音乐结构，我身上似乎有一些与生俱来的东西。就像发现了新大陆一样，我心跳加速，感到极度的兴奋。

大约15分钟后，我回到了现实世界。我抬起头，只见外公脸上笑容灿烂。“太不可思议了，斯科特。”外公激动得有些喘不过气来，“你自己学会了如何演奏

A、C 和 E 大调音阶。”我激动得不能自已。“啥音阶？”我问道。外公笑了：“别担心，我会教你。要我说，你能赶上学校管弦乐团新学期的演出排练了。”

多巴胺的重要启示

如果你走进任何一个幼儿园或者小学，你都会看到一些弥足珍贵的东西：兴奋。无论是绘画、假装游戏还是学习为什么日升月落，似乎都极少看到会有儿童缺乏动力。孩子们喜欢学习，他们想要弄明白自己身边这个崭新的、闪亮的世界到底是个什么样子。

这与典型的中学课堂形成了鲜明对比。中学生们都是迫不及待地做完学校的功课去参加“课外”活动。若是问他们怎么看待学校生活，很多人会说枯燥、无聊、乏味。系统研究表明，大约从小学三年级开始，学生学习的内在动机开始趋于稳步下降。[1] 如何解释动机下降的普遍现象呢？

在过去半个世纪中，社会认知研究人员表明“动机”具有动态性、多层面性和语境性（contextual nature）的特点。如伊丽莎白·林嫩布林克（Elizabeth Linnenbrink）和保罗·平特里奇（Paul Pintrich）所说：

> 社会认知模型强调学生可以用多种方式获得动机，重要的问题是要理解学生是如何以及为什么能够拥有动机，以让他们获得学业成就的。这种关注点的改变意味着教师或学校心理专家不应该一刀切地为学生贴上“有动机”或者“没有动机”的标签。[2]

要了解动机的原理，我们有必要透过表象，去看一看神经递质多巴胺。多巴胺是一种古老的分子，但是在人类身上发挥了独特的作用。多巴胺为人类某些最独特的认知能力提供了动力，包括工作记忆、认知灵活性、抽象推理能力和创造力。弗雷德·普雷维克（Fred Previc）认为，人类文化从大约 7 万年前开始繁荣时，就有赖于人们多巴胺系统的扩展。[3]

多巴胺对动机也有着至关重要的作用。多巴胺可以引发认知和行为，驱使我们与周围世界进行互动并表达自己的思想。人们通常一提起多巴胺就会联想到享乐，实际上这是一个很常见的误解。虽然快乐和满足会给我们带来情绪上的愉悦，但是多巴胺本身不会唤起这些情绪。

相反，其最主要的作用是使人想要某样东西。多巴胺能够引起诸如欲望、兴奋和希望等情绪。在遇到有可能获得巨大回报尤其是风险较高（如赌博）的情形时，多巴胺系统便会疯狂。但是当你的欲望实现以后，多巴胺并不能保证你一定会喜欢你所得到的东西。因此，尽管多巴胺可以令我们感觉良好，但它并不一定真正能使我们感觉良好。鉴于多巴胺的这些特性，肯特·贝里奇（Kent Berridge）认为多巴胺在行为中扮演的角色是“诱因动机”（incentive motivation），即多巴胺对我们的注意力产生影响，使得那些与我们个人兴趣相关的事物更加凸显。①[4]

在人脑中，“想要”和“喜欢”属于不同的系统，由此可以导致各种各样看似非理性的行为，比如想要你当下并不喜欢的东西，想要你下意识里讨厌的东西，以及想要你心里知道你一旦得到就会不喜欢的东西。吸毒者在看到任何与毒品相关联的线索时，多巴胺水平都会升高，即使他们实际上并不喜欢沉迷于毒品。多巴胺通路可以导致两人在极其轻微的暗示下产生发生性关系的渴望，即使他们彼此都不能容忍对方的为人。多巴胺也可以解释为什么当手机不在身边时人们通常会感受到分离焦虑，即使他们鄙视成为机器的奴隶。

对多巴胺的认识有助于我们从多个方面理解动机。譬如有研究显示，一些人愿意付出更多的努力来完成枯燥的任务，当潜在的经济回报较高时，这些人的多巴胺水平就会升高。[5] 所以，多巴胺分泌的个体差异与决策和动机相关。

但我相信多巴胺的内部运作机制对我们认识动机最重要的启示在于：学

---

① 严格来讲，贝里奇指的是中脑边缘多巴胺系统（mesolimbic dopaminergic system），该系统可以投射到大脑中与情绪和奖赏值学习相关的区域，包括内侧前额叶皮层、伏隔核、杏仁核和海马等。请注意，大脑中影响运动行为和工作记忆的还包括其他多巴胺神经通路。我将在第 12 章讨论其中的一些通路。

生的投入程度在很大程度上取决于先前积极或消极的学习体验，以及基于这些体验所获得的期望值高低。比起专注于如何通过可能的外部奖励（如钱、成绩）使人们更有动力，我们应当将注意力放在创造学习条件、体验和积极的期望上，从而使学生不但想要而且喜欢投入到学习和生活中去。

去情境化对内在动机的影响

影响内在动机的最突出且研究最多的因素之一是学习和教学的去情境化（decontextualization），其相关研究可一直追溯到约翰·杜威（John Dewey）和杰尔姆·布鲁纳（Jerome Bruner）。[6] 随着学生年龄的增长，教学会逐步与现实世界的情境相剥离，然而有时，情境关系重大。

天赋实验 Ungifted

在一项具有开创性的研究中，史蒂芬·切奇（Stephen Ceci）和乌列·布龙方布伦纳（Vrie Bronfenbrenner）请一组 10 岁的儿童预测计算机屏幕上图形的最终移动位置，[7] 这些图形不是正方形就是圆形或者三角形，大小和颜色均不相同。图形移动的基本规则相当简单：正方形只能向上，圆形只能向下，三角形只能水平移动。大图形向右移动，小图形向左移动；深色的移动距离长，浅色的移动距离短。做了 750 次尝试后，孩子们对图形移动方向预测的正确率仅为 22%。

然后，研究人员将这个任务变成了一个游戏。三角形、圆形和正方形变成了鸟儿、蝴蝶和大黄蜂。这次不要求被试儿童指出他们预测的图形移动位置，而是让他们移动一个类似蝴蝶网的光标来“捕获猎物”。每次成功捕获的儿童都会得到点数的奖励，同时配以音效表明他得到了点数。在这样的情境中，几乎所有的孩子在前 400 次的尝试中均完全掌握了规则。在另一项研究中，他们制定了更复杂的规则，同样发现一旦将情境变成激动人心的视频游戏，儿童的表现就大大提升。切奇指出："这些数据似乎可以消除人们对儿童的一些看法，即认为他们无法掌握更加复杂的乘法模型。如果让他们仅在孤立的实验室情境（正方形、圆形等）中接受测验，那么所得结果必然会导致人们对儿童能力的极大低估。"[8]

1994 年，切奇和安东尼奥·罗爵（Antonio Roazz）对跨越大洲、社会阶层和不同正规教育水平的研究做了全面综述，得到的结论是：学习发生的情境能够通过影响一个人对学习任务的解读以及激活其在脱离情境的情形下无法激活的特定知识表示和策略来极大地影响一个人的智力表现。[9]"我们不能孤立地看待情境和认知。情境和认知构成了一个整合的系统，在这个系统中，任何涉及到的认知技能都是情境的一部分。将两者分开评估就像将作为笑容一部分的脸庞剔除出去而独立评估笑容的美一样。"[10]

语境化的任务可以带来更大的胜任感，但这只是人类基本心理需要之一。根据爱德华·德西（Edward Deci）和理查德·瑞安（Richard Ryan）的自我决定理论（self-determination theory，简称 SDT），具有内在激励性质的任务可以满足胜任（感受到自己可以掌握某种技能并取得成就的欲望）、自主（感受到可以掌控自我的欲望）和人际关系（感受到与同伴联系在一起的欲望）等人的基本心理需求。[11] 多项研究表明，满足以上所有三个基本需求的任务能够带来最高水平的内在动机。

我们来看一看由马尔滕·范斯滕基斯特（Maarten Vansteenkiste）及其同事所做的关于自主性重要性的一系列研究，其研究样本十分多样，由在培幼儿教师、市场营销专业的大学生和高中生组成。[12] 他们发现，当学习内容与学生的内在目标（如个人成长、健康以及为社区做贡献）相关联而不是与外在目标（如金钱、迷人的外在形象）相关联时，他们的学习成果往往更佳。更重要的是他们发现，当学生认为他们对自己的行动拥有选择权（如在教学指令中使用诸如"你可以"和"如果你选择"等短语）而不是感觉自己受到他人控制（如在指令中使用诸如“你必须”和“你不得不”这样的表达）时，他们的学习成果会提升。这里的交互影响很重要，即内在目标和自主性的协同作用，其结果是学生对学习内容的浅层加工更少、深层加工更多，更能坚持不懈，表现也会有很大提升。

黛安娜·科多瓦（Diana Cordova）和马克·莱珀（Mark Lepper）将众多要素加以综合，设计出一个巧妙的实验来研究情境化、个性化和选择对内在动机的影响。[13] 他们给四年级和五年级的小学生介绍了一款游戏，这款游戏旨在教授算数和问题解决技能，比如运算的先后顺序和算术表达式中括号的正确使用。

所有被试的教学内容均相同，但他们为实验组增添了各种元素。在其中一个实验组中，他们增加了幻想的元素。例如，在“太空探索”情境中，他们鼓励学生把自己想象成一个太空舰队的指挥官，他的使命是旅行到遥远的外星球寻找替代能源，从而缓解地球的能源危机，拯救地球。在另一个名为“探寻珍宝”的幻想情境里，孩子们被鼓励把自己想象成一艘寻宝船的船长，前往一个荒岛寻找埋在那里的古代宝藏。

在另一实验组里，他们根据实验前收集的被试学生的背景信息，将部分游戏做了个性化调整，比如在游戏中加入参与者的姓名和生日。还有一个实验组，他们让学生自主选择幻想中与教学无关的部分，比如让学生自由选择最能代表他们自己和他们电脑的图标，以及为他们的角色和对手的角色取名。在游戏进行一周后，那些参与了旨在为提升内在兴趣而明确设计的情境的学生，对电脑情境之外的标准书面测验中的抽象数学材料表现出更好的学习效果和更持久的记忆。

他们还发现，与那些参与了去情境、去幻想游戏的学生相比，这些学生内在动机的各项指标也受到了影响，包括更深度的活动参与，对更复杂运算的使用以及更高水平的兴趣、乐趣和能力知觉。然而，当个性化和个人选择这两个因素加入幻想情境时，内在动机的增幅达到了最大。这项研究让人十分吃惊的一点是，所有学生接受到的教学指令完全一样，而且在所有的情形里，他们的题目也是完全相同的。唯一的不同是情境化、个性化和选择的加强，而在这种情况下，内在动机受到的上述影响依然存在。

灵感对内在动机的激发

动机的另一个非常重要却经常被忽视的催化剂是灵感。灵感使我们得以超越寻常经历和局限，激发我们内在的可能性。灵感能驱使一个人从毫无兴趣走向新的可能，彻底转变一个人对自己能力的认识。由于灵感难以捉摸，所以有时会被我们忽视。在过去，灵感被当做是超自然的或神圣之物，然而这也没有改善灵感的境地。但最近的一些研究表明，灵感是可以被激发、捕捉和操纵的，灵感对于投入和获得成就有着重大的影响。

托德·思拉什（Todd Thrash）和安德鲁·埃利奥特（Andrew Elliot）提到灵感的三个核心方面是唤醒（evocation）、超越（transcendence）和趋近动机（approach motivation）。[14] 首先，灵感被某种力量无意、自发地唤醒——可以是来自内在的突然顿悟，也可以是因为邂逅了一位鼓舞人心的人，比如一个楷模。其次，灵感也能够超越我们自私的个人忧虑和局限性，这种超越通常伴随着一个认识到新的可能性的清晰明朗的瞬间。“人类动机的制高点源自于在我们前方唤醒我们意识到更好可能性的美与善。”“人类动机的顶峰来源于高于我们的善和美，正是这些唤醒了我们更好的可能性。”[15] 这样的明朗瞬间往往是生动的，可以伟大远景的方式呈现，抑或让人“看到”以前没有看到过的事物（也许它一直都存在于那里）。最后，灵感包括趋近动机，能够使个体努力传输、表达或实现一个新的想法或愿景。根据思拉什和埃利奥特的观点，灵感不但包括受到某事或某物的启发，还包括对灵感采取行动。

天赋实验 Ungifted

为了在实验室里捕捉灵感，思拉什和埃利奥特开发了一个“灵感量表”，来测量体验到灵感的频率。[16] 他们发现，受到启发的人有更强的内在动机，而外在动机更少。受到启发的人也更开放，更易于接受新体验，在他们从事的活动中表现出更多的专注度以及心流（flow）体验（见第 12 章）。受灵感激发的人也报告说他们拥有更强的内驱力来完成他们的工作，但是求胜心较弱。与主导感（如责任心）或资源增殖相关的变量鲜少与灵感挂钩，这一点与灵感的卓越特性相符。受灵感激发的人也报告称其具有更高水平的心理资源，包括对自身能力的自信、自尊和乐观。他们也将自身看作是更具创造力的人。随着时间的推移，他们的创造力自我评级也在不断提升。与不持有专利的人员相比，持有专利的发明者报告称其受到灵感激发的频率和强度更高。同时，得到灵感的频率越高，所持有的专利数量也就越多。

灵感在推进目标的达成上也有重要作用。在最近由玛丽娜·米利亚夫斯卡娅（Marina Milyavskaya）及其同事所做的研究中，他们请被试大学生汇报本学期的 3 个目标，然后每月 3 次向他们汇报进展。[17] 在灵感量表中得分较高的学生通过制定更多鼓舞人心的目标而表现出更快的进展。即使将其他人格特质纳入考量范围，这些结果依然成立。重要的是，灵感与目标进度之间的关系是互惠的：目标进度也预测了未来的目标灵感。研究人员指出，这表明目标进度和目标灵感互为基础，形成一个更大的目标灵感和更大目标追求之间的循环。[18]

Intelligence Redefined

这些研究的关注点是将灵感当成一种稳定的特质，然而其他研究表明，灵感也是一种可以被一段鼓舞人心的记忆、一个榜样或一个故事开启和关闭的存在状态。[19] 一项研究发现，灵感的状态可以预测超水平写作的创造力和更高的 SAT 成绩。[20] 综合起来，这些研究发现都支持这样一个明确的结论：投入很重要，它可以被一系列特定的条件所激活。但是，当单纯的投入变成一种“激情”时，又会发生什么呢？

和谐型激情VS偏执型激情

20世纪90年代后期，当罗伯特·瓦勒朗（Robert Vallerand）和他的同事们开始研究激情时，他们并没有多少可以借鉴的研究成果。斯宾诺莎、笛卡尔和黑格尔等哲学家曾对激情的是非曲直展开激烈的辩论，而现有心理学研究主要集中在浪漫激情上。[21] 当然，关于内在动机的文献也越来越多，但他们觉得昙花一现、转瞬即逝的兴趣与对某种活动的持久热爱并不是一回事。人们对某一活动具有内在动机，并不一定意味着这项活动被深刻内化成为他们核心的存在本质。瓦勒朗和他的同事们想要领悟的是一种更具激情的事物。

为了解决文献空缺的问题，他们在自我决定理论的基础上提出了一个新理论。他们认为每个人都有从事某项活动的偏好，但是这项活动之所以能使人产生偏好并带来愉悦是因为这项活动满足了人类对自主、胜任和人际关系的基本需求。随着时间的推移，这项活动最终可以成为个体身份的核心组成部分。例如，从打篮球中感受到快乐，这是内在动机；而成为一名篮球运动员则是激情。[22]

瓦勒朗和他的同事将激情定义为“人们对从事某项他们喜欢、认为重要并倾注了时间和精力的活动的强烈意愿”。[23] 他们也将两种不同类型的激情做了区分：和谐型和偏执型。两者之间的根本区别在于个体如何将活动内化成他们身份的一部分。偏执型激情的人已经失去了对其所从事的活动的控制。由于社会认可或自尊等偶发事件，抑或因为一种无法控制的冲动，使得他们从事特定活动是受到了压力的迫使。他们经常只能等到这种强迫性的冲动自行消退才能脱身。更重要的是，他们的活动未能良好地融入其总体的自我概念之中。他们的自我依赖于这项活动，他们的固执坚持往往与其生活的其他方面发生冲突。

相比之下，和谐型激情源于一种自由感。当事人感觉到自己能够控制他们的活动，能够在没有任何意外的情况下自由选择从事该活动的时间和地点。他们很少感觉到有无法控制的冲动迫使他们参加其活动。虽然该活动成为他们身份的核心组成部分，但并没有压倒他们自我的其他方面。他们的活动能够很好地融入他们真实的自我，与生活的其他方面和谐共存，并且能够灵活地参与各种活动以及与他人的互动，从而使生活变得更加有意义。

瓦勒朗和同事们为了衡量他们对激情的定义，提出了“激情量表”，包括以下各项。

和谐型激情：

1. 该活动让我获得了各种各样的体验；
2. 通过这项活动我所发现的新事物使我更加看重这项活动；
3. 该活动让我获得了难忘的经历；
4. 该活动反映出我自身引以为傲的品质；
5. 该活动能与我生活中的其他活动和谐共存；
6. 对我来说，该活动是一种在我的把握之下的激情；
7. 我完全被这项活动所吸引。

偏执型激情：

1. 没有它我无法生活；
2. 这种冲动如此强烈，我根本无法阻止自己做这项活动；
3. 我很难想象我的生活没有这项活动会怎样；
4. 我在情感上依赖这项活动；
5. 我很难控制自己做这项活动的需求；
6. 我对该活动的感觉近乎偏执；
7. 我的心情取决于我能否做这项活动。[24]

天赋实验 Ungifted

瓦勒朗及其同事们使用量表测量了 539 名大学生，要求他们就一项“十分钟爱”的活动填写量表。所有被试都写出了某项活动，其中 84% 的被试所写的活动是他们酷爱的，为其激情所在。被提及的活动超过 150 种，包括个人体育活动（如骑自行车、慢跑、游泳）、团队运动（篮球、曲棍球）、被动式休闲活动（听音乐、看电影）、玩音乐（弹吉他）、阅读（小说、诗歌）、从事艺术活动（画画、摄影）、工作 / 接受教育（兼职工作、阅读研究领域的书籍）以及人际关系（与朋友或家人外出）等。

学生报告称他们从事活动的平均时间约为每星期 8.5 小时，已经从事了约 6 年。重要的是，大部分学生都是在青春期开始从事活动，而这一时期是形成身份认同的关键时期。[25] 研究者们很兴奋，因为他们捕捉到的并非一些转瞬即逝、心血来潮的兴趣爱好，而是对被试个人来说有着重要意义的东西。

Intelligence Redefined

和谐型激情和偏执型激情的被试均表示他们对其活动抱有极高的热情，高度重视他们的活动，并将活动看作其身份的重要组成部分。然而相同点仅止于此。

考虑到两种形式的激情之间的重叠，和谐型激情与积极的情绪、心流体验、从事活动时的专注度、持续的积极情绪和活动后消极情绪的缺失呈正相关。当他们被阻止从事活动时，和谐型激情与消极情感、心流体验和专注度无关。

相比之下，在从事活动的过程中，偏执型激情与积极情绪无关，却与羞愧等消极情绪呈正相关。在进行活动后以及被阻止从事活动时，偏执型激情个体会持续体验到消极情绪，包括羞耻和焦虑，并表现出对该活动的反刍。偏执型激情个体也会对任务坚持不懈，甚至会在不适合继续坚持的情况下依然坚持。这些在和谐型激情个体身上均不存在。

不同类型的激情也与不同的生理和心理成果相关联。和谐型激情的年长个体在各项心理调适指标上得分更高，比如生活满意度、人生的意义及活力，而在焦虑和抑郁等负面心理调适指标上得分更低。[26] 与此相反的是，偏执型激情的年长被试则表现出更高水平的焦虑和抑郁，以及更低水平的生活满意度，并且偏执型激情与活力及人生的意义之间没有关联。

和谐型激情的好处在于它能够让人一直处于积极的情绪之中。芭芭拉·费德里克森（Barbara Frederickson）和她的同事进行了大量研究，表明积极的情绪能够引导适应性行为的“螺旋式上升”以及更好的心理调适。[27]相反，与偏执型激情相关联的消极心理调适可以理解为以下两方面的结合：会造成负面回报的对活动的固执坚持，以及其激情对象构成了其身份的首要组成部分这一事实。

这也许可以解释为什么那么多神童虽然拥有过人天赋，但在长大后却泯然众人，并无建树（见第11章）。偏执地固着于自己擅长的领域实际上增加了他们江郎才尽的概率。鉴于此，为所有的学生营造和谐型激情的氛围至关重要。

在最近一项由珍妮弗·弗雷里克斯（Jennifer Fredricks）与其同事进行的研究中，他们深入采访了一些“超常”和“天才”的青少年。[28]他们的“超常”样本是一些17～21岁的大学生，他们在小学时被认定为发展超常，其平均绩点也在前25%。研究者让这些大学生回忆中学接受资优教育的经历。与此相反，他们的“天才”样本包括被自己、家长或者老师视为至少在一项非学术活动中具备超强能力的学生，他们重视对这项活动的参与，并且投入了大量时间于其中。他们选择了在课后参加活动的九年级、十年级和十二年级的青少年。他们的非学术领域包括体育、器乐、声乐、戏剧和舞蹈。

研究者发现，这两组学生的反应存在着显著差别。天才样本里的学生报告称他们非常热爱自己所从事的领域，有很强的身份认同感，有更频繁的心流体验，渴望一直投入到该领域中。与此相反，超常样本中的青少年在学业上的投入程度不如天才青少年在体育和艺术上的投入程度。

研究人员推测，之所以学生的激情在非学术领域更强烈，是因为在体育竞技和艺术领域中，个体对于挑战、自主、胜任和关系的需求相较学术领域而言更有可能得到满足。天才样本中的青少年谈论更多的是有机会做选择，能够得到公众对其能力的认可，以及受到教师和同伴的支持和鼓励。研究人员显著地发现，当超常组的学生得到更多课程选择的自由时，他们的热情更大。

Ungifted

这项研究提出了非常重要的一个关键点：激情并不是智商测验表现良好或者在校成绩好便能自然而然产生的。激情的激活有赖于一些特定的条件，这些规则适用于每一个人，没有人能够幸免。我们都是人，都有着基本的需求，即使我们也许在某个特定时刻拥有不同的发展水平。

Intelligence Redefined

然而，激情并非故事的全部。我们如何解读自己的体验、如何将我们的活动融入到我们的身份认同中，强烈地影响着我们内驱力的强度。正如我们接下来将要看到的，心理定向实际上与投入是密不可分的。

07

心理定向

Ungifted

Intelligence Redefined

我不再需要拐杖了

“你好，我是斯科特！”我一边说，一边在大提琴组的后排位置坐了下来。今天是我参加乐团排练的第一天。我已经等不及了。“嗨。”旁边的女大提琴手冷冷地回应道。我从包里抽出外公为我特别改编的乐谱，她疑惑地看着我的乐谱。我说:“这是为了帮助我跟上节奏。”她耸了耸肩,继续练习她完整版的乐曲。

乐团指挥走上指挥台，乐手们开始调乐器，整个排练厅里调音的嗡嗡声此起彼伏。只见指挥手里的指挥棒向前一指，音乐响起了。就像一直练习的那样，我用琴弓划过琴弦。根据我那特别改编版的乐谱，我需要演奏每一小节旋律的起始音。随着乐曲的进行，我简直不能相信我竟然跟上了节奏。我感到十分振奋。各种乐器美妙和谐的乐音似潮水般向我涌来，在整个排练厅弥漫。我不敢相信这美妙的音乐中竟然有我的一份贡献。

我完全沉浸在乐团演奏的合音里，开始跟不上节拍了。我右边的大提琴手朝我不满地看了一眼。如果在过去，我准会躲起来，躲避可能的尴尬和挫败的感觉。但是这次我不会。相反，我感受到了前所未有的动力，想要抛却一切依靠，迎接这一挑战。我等待了几个小节后，重新加入了演奏中。

在接下来的几个月里，我做的所有事情都是练习大提琴。午饭时，我在乐团排练室里练习，我让指挥给我开小灶，教我识谱、认识节奏。每天放学后，我让外公给我上好几个小时的课。

这些都是美妙的经历。外公跟我讲述他在费城交响乐团时期遇到的各种美好的人和事。他向我讲了费城乐团于1973年在中国的著名巡演，告诉我他们是几十年来在华演出的第一支西方交响乐团。他还告诉我他参加演奏由莱奥波德·斯托科夫斯基（Leopold Stokowski）指挥的1940年迪士尼电影《幻想曲》配乐的经历。妈妈和外婆时不时经过房间会朝里喊："哈里，他是来上课的，不是来聊天的！"我俩不过大笑几声，然后继续聊。上完课后，我回到家里继续练习，一直到睡觉时间。不论早上、中午还是晚上，全是大提琴。

我的努力得到了回报。新学期开始几周后，我们进行了一次乐手排位测试。在测试中，我们要进行单独试演，最终排位由指挥说了算。排位包括从最后一个席位一直到第一个席位。首席大提琴手的位置最具声望，是我梦寐以求的。

第一次排位测试结束后，我分到了倒数第二个席位，倒是排在第一天那位纳闷我为什么不使用常规版本乐谱演奏的大提琴手之前。当然，我已无须再使用外公为我量身打造的简略版乐谱了。我不再需要拐杖了。

与科比的冲动对决

体育课上，我坐在露天看台，眼睛盯着科比，看他在主场地练习投篮。我很佩服科比和他的职业道德，我经常看见他在体育馆一遍又一遍地练习相同的动作，直至完美。我看到了他眼睛里的火光，我看得出他真的很想成功。我预感到有一天他会非常成功。

本学期只剩下最后几节课了，大家都在清理自己的储物柜，我们可以自由去玩。我突然有一种冲动，想测试一下我的极限。我以前一直很喜欢篮球，不知道我能不能打败这位校园明星人物。于是，我跑到了球场上。

“来场投篮比赛怎样？”我热情地问科比。科比点点头，同意和我比赛。“不准扣篮？”我问道。“行啊。”他咕哝道，好像远没有我在乎这场比赛。他让我先来，比赛随即开始了。

不可思议的事情发生了。我竟然连连命中，而他却屡投不进。我把吃奶的劲儿都用到了比赛上。我看了看科比，发现他根本没有用心，但是我假装什么都没有发现。几轮之后，我突然发现我离赢他只有一球之差。我抬头一看，发现全班同学都在看我们比赛。我把球扔给科比，这是他最后一次投篮的机会了。

突然，他脸上的表情变了。他眼睛微眯，我知道接下来将要发生什么了。我深吸一口气，只见科比从我身旁一跃而起，完成了一记令人目眩的暴扣。

我想，我还是去拉我的大提琴吧。

是为了学习还是为了成绩

20 世纪 80 年代，卡罗尔·德韦克（Carol Dweck）对于为什么有的学生喜欢挑战而有的学生将困难看作沉重的负担这一问题产生了兴趣。她猜想也许每个孩子所定立的目标是不同的。她与同事伊莱恩·埃利奥特（Elaine Elliot）一起，确定了两类目标：学习目标（learning）和成绩目标（performance）。[1]

持有学习目标的个体注重的是提升能力，而持有成绩目标的个体关注点则在于赢得胜利及他人的赞许。由于持成绩目标的个体刻意避免可能使他们表现得笨拙的消极结果，所以他们错过了潜在的成长机会。可以肯定的是，这两种目标均有助于获得成就：我们有多重不同的动机，包括得到认可的需求和成长的需求。正如德韦克指出的那样，理想的情况是学生可以同时达成这两种目标——在追求可以让他们不断提升的任务的同时，也能获得积极的褒奖。[2]

不幸的是，学习目标和成绩目标通常会发生冲突，往往那些能带来最大成长机会的任务同时也是挑战最多并且荆棘缠绕的任务。当事情出现错位并且个体过度注重成绩目标时，其发展便可能停滞不前。德韦克和她的同事们所感兴趣的问题是，当两种目标针锋相对时，学生会作何反应。

天赋实验 Ungifted

在其中一项研究中，德韦克和埃利奥特将一群五年级的学生按照两种情形随机分组。在成绩目标定向组中，学生被告知他们将就学习任务接受评估，而在学习目标定向组中，学生被告知该任务将使他们学习到有价值的东西。然后，他们给所有的学生布置了相同的任务。

当题目比较简单时，两组的表现差别不大。但是当题目变得难以解决时，成绩目标定向组的许多学生表现出“无助型”（helpless-oriented）思维模式，埋怨自己能力低下并开始放弃。相反，学习目标定向组的大部分学生表现出“掌握型”（mastery-oriented）思维模式，能够持续专注于任务，并继续采用先前使用的策略。

实验伊始，研究人员也曾告诉一些学生他们有能力出色完成任务，同时告诉另一些学生他们的能力逊于他人。成绩目标定向组中被告知能力突出的学生在遇到困难时能够坚持，而被告知能力逊色的学生最后都陷入了无助型思维模式之中。而对于学习目标定向组的学生，虽然被告知能力存在差异，但由此而造成的表现上的差异几乎为零。这一点也进一步证明了持有学习目标的个体所追求的并非是证明自己的聪明才智，他们更注重学习和成长。

Intelligence Redefined

气质会影响动机吗

继这项开创性研究之后，研究人员对成就目标理论（achievement goal theory）的相关细节问题进行了进一步的澄清和补充。安德鲁·埃利奥特（Andrew Elliot）是这方面工作的主要开拓者。他与同事对过去的动机研究和后来的成就目标研究进行了整合。[3] 关于成就动机研究的“经典”文献可以追溯至库尔特·卢因（Kurt Lewin）、戴维·麦克利兰（David McClelland）和约翰·阿特金森（John Atkinson）的工作。1951 年，麦克利兰提出：“至少存在两种成就动机，其一似乎以避免失败为核心，其一以获取成功的更积极的目标为核心。”[4]

德韦克与其同事们的工作最初是建立在这种经典方法之上的，而埃利奥特与其同事朱迪思·哈拉凯维奇（Judith Harackiewicz）则表示他们摒弃了这种接近 - 回避之分（approach/avoidance distinction）。[5] 重新将这一区分纳入考量范围之后，他们主张将学习目标分成三种——掌握目标（mastery）、成绩 - 接近目标（performance-approach）和成绩 - 回避目标（performance-avoidance）。掌握目标和成绩 - 接近目标均为包含积极期望的自我调节形式，而成绩 - 回避目标则是包含潜在消极结果的自我调节形式。在他们建立的框架下，成绩 - 回避目标是一种单独的动机倾向，可激活焦虑、对失败的恐惧以及强烈的自我聚焦等自我保护功能，会对成功有所干扰。

这对内在动机的研究有重要影响。1999 年，莱尔德·罗斯索恩（Laird Rawsthorn）和安德鲁·埃利奥特发表了针对 23 项内在动机和成就目标之间的联系所进行的单独实验的分析——这些实验课一直追溯到 1971 年。[6] 总体而言，与追求掌握目标不同，成绩目标会引发更少的内在动机和愉悦。至关重要的是，在那些因过于关注消极成绩结果的可能性从而激发了成绩 - 回避目标的实验中，他们测量的内在动机的各方面都呈现出破坏性影响。这些影响包括在有其他选择出现时，被试的坚持力会削弱，并且兴趣水平和投入度会降低。

相反，包含接近动机的成绩目标并未导致内在动机的下降，而且实际上呈现出与采取掌握目标的被试同等水平的内在动机。因此，成就目标和内在动机之间存在着强有力的联系，并且当人们接到会让他们有糟糕表现可能的任务时，两者关系的强度变得更为凸显。

这也牵涉气质的含义。接近和回避是两种基本的气质。[7] 高接近气质的儿童倾向于更加频繁地体验到积极的情绪，更多的欢笑，更频繁的交谈。他们往往也更冲动，目标接近时会拥有更高的速率，能在高强度联系的情形下体验到更多的乐趣，能在社会交往中获得更多的回报。虽然这类儿童会面临产生侵略性等外化问题的风险，但是他们不容易产生自卑和抑郁等内化问题。杰弗里·格雷（Jeffrey Gray）的人格的生物心理学理论（biopsychological theory of personality）认为，接近行为受行为激活系统（Behavioral Activation System，简称 BAS）的驱使，该系统对奖励信号高度敏感。[8] 接近气质主要与成人人格特质的外倾性相关，但是也与经验的开放性呈正相关。[9] 这种气质是与多巴胺神经递质系统的功能相关的。

相比之下，高回避气质的儿童往往表现出更高水平的不安、恐惧和悲伤，以及更低水平的活跃度、冲动性和侵略性。他们对奖励的积极期望往往也更低，这使得他们产生抑郁的风险更高。高接近、低回避气质的儿童由于具有不受恐惧约束的高度冲动性，产生行为问题的风险尤其高。回避气质受行为抑制系统（Behavioral Inhibition System，简称 BIS）驱动，该系统对威胁、惩罚、强烈的刺激和恐惧十分敏感。[10] 在成年人中，回避气质与神经质有关。这种气质是与 5- 羟色胺神经递质系统的运作相关联的。接近和回避这两种气质系统不断地相互作用，竞相争夺注意力和行为的控制权。

安德鲁·埃利奥特和托德·思拉什详细开展了 7 项实验，研究了气质和成就目标之间的关系。[11] 他们发现外倾性和积极情感与掌握目标和成绩 - 接近目标相关，与成绩 - 回避目标无关。相反，神经质和消极情绪始终与成绩 - 接近目标和成绩 - 回避目标相关，但是与掌握目标无关。即使将被试的性别因素和 SAT 分数纳入考量范围，所有的这些研究成果依然成立。

那么是不是意味着一个人因其气质不同，就注定会采取某种特定的成就目标呢？答案是否定的。即便人格特质在不同的情形中通常保持相对稳定，但具体情境也很重要。[12] 如果给性格内向的人布置一些对他们有内在吸引力的任务，他们也可以表现得相当投入；而当性格外向的人处于社会交往水平较低的环境中时，他们也会表现得比较内敛。

虽然接近气质和回避气质对许多动物来说具有基础性作用，[13] 但是我们人类在对目标的灵活追求上是独一无二的。我们没有一成不变的气质，有的是基于情境的可变特性。拥有回避倾向的个体也并不是注定就会彻头彻尾地采取成绩 - 回避目标，他们可以选择超越倾向，采取接近定向的方法。

这就是为什么“干预”如此重要。

外在环境的干预能起多大作用

1992 年，卡萝尔·埃姆斯（Carole Ames）发表了系列论文来描述如何组织课堂学习环境以凸显不同的学习目标。[14] 这些关键结构的首字母构成了单词“TARGET”：

- T 代表学习活动是如何设计的；
- A 代表教学提供给学生多少自主权；
- R 代表如何对学生进行奖励；
- G 代表如何对学生进行分组；
- E 代表如何对学生进行评价；
- T 代表教学和作业的时间和节奏。

天赋实验 Ungifted

在最近的一次干预实验中，保罗·奥基夫（Paul O'Keefe）和同事就 TARGET 课堂环境对成就目标定向和自我价值的影响进行了研究。[15] 他们对一组高能力的青少年进行了为期 9 个月的跟踪调查，调查他们在参加一个为期 3 周的暑期项目之前、期间以及之后的情况。这些学生来自八年级至十年级，他们必须在 SAT 数学或批判性阅读部分的考试中获得不低于 500 分的成绩，才能参加该项目。

该项目是有意参照 TARGET 原则设计的，目标是创建一个掌握目标的环境，同时削弱成绩目标。他们采用多种方式来达成这一目标，包括参加社交活动让学生有机会与同伴互动并建立友谊。所有活动都经过专门设计，以便为每一个学生提供适合他们水平的挑战等。他们也给学生足够的时间来了解信息，强调智力冒险、自我导向的学习，并鼓励学生将参加项目的同学当成同事而非竞争对手。

与参加项目之前的水平相比，研究人员发现，在参加项目期间，学生的掌握目标定向显著提升，成绩 - 接近和成绩 - 回避目标定向显著下降。同时还发现，他们依赖于超越他人而获得的自我价值感（例如“做得比别人好能给我自尊感”）水平显著降低。至关重要的是，成绩 - 接近和成绩 - 回避目标定向均与自我价值感的变化相关。

当这些学生完成项目回到以前的学习环境中时又发生了什么呢？在学生们回到以前的学习环境中后，项目中的掌握学习环境对学生掌握目标定向的影响延续了 6 个月。遗憾的是，关于成绩目标，情况并非如此。尽管在暑期项目过程中成绩 - 接近和成绩 - 回避目标定向降低了，但是当学生们回到以前更传统的教育环境之后，两种成绩定向均回到了先前的水平。

Intelligence Redefined

研究人员认为，掌握目标定向得以持续的原因在于其与标准成功（超越他人）的渴求没有关联，使得掌握目标定向能够在多种情境依赖度不高的环境中存在。相比之下，强调竞争和社会比较的环境很可能对两种形式的成绩目标定向均产生影响。

Ungifted

这些研究结果表明，掌握目标定向易受环境的影响。不论个体本身具备何种目标，环境若进行了刻意的设计以凸显高掌握、低成绩目标，同时将相对能力和社会比较的信息最小化时，便能够产生影响。在任何情境下，不管一个人的初始心理定向指向何方，我们都可以有所作为，将其导向最具成效的方向。

Intelligence Redefined

固定型心理定向 VS 成长型心理定向

在完成早期关于学习目标的研究后，德韦克提出了以下质疑：为什么一些成绩导向型的学生如此关注其能力水平？她意识到这个问题也许与学生对能力的普遍认识有关。毕竟，如果人的智力在一出生便是固定且无法发展的，那么还有什么理由在遭遇困难的时候依然坚持向前呢？

德韦克和同事发现学生存在两种不同的心理定向：固定型心理定向（fixed mindset）和成长型心理定向（growth mindset）。前者认为一个人的智力是天生的，是固定不变的；后者认为智力是动态的，是可以提升的。她开始着手调查这些不同的心理定向是如何影响成绩的。[16]

在其中一项研究中，德韦克和埃伦·莱格特（Ellen Leggett）请八年级学生回答对于下列表述，他们在多大程度上同意或者不同意：

你的智力是你无法改变的特质。

你可以学到新东西，但你无法真正改变你的基本智力。

你的智力水平是一定的，真正意义上做出改变的空间不大。

之后，他们让学生自主选择参加多种不同任务，这些任务的成绩目标和掌握目标比重不同。例如，包含成绩目标的任务被描述成“非常简单，你不会犯错”，包含掌握目标的任务则被描述成“困难、新颖并且独特——你可能会产生困惑并犯错误，但是你也许会学到一些新的、有用的东西”。固定型心理定向程度越深的学生选择包含成绩目标任务的可能性越大，而成长型心理定向程度越深的学生则更倾向于选择包含学习目标的任务。

最近，研究人员在人的大脑中追踪到了固定型心理定向的自我挫败特性。珍妮弗·曼格尔斯（Jennifer Mangels）、德韦克及其同事使用事件相关电位（event-related potentials，简称 ERPs）调查不同的心理定向如何影响大脑对信息的加工。[17] 他们对学生在回答普通的知识性问题时的大脑活动进行了监测。然后，学生们收到反馈，告知他们答案是否正确。后来，研究人员对学生们进行突击重测，测验中包含了所有学生回答错误的问题。

尽管拥有成长型心理定向的学生与拥有固定型心理定向的学生尝试了相同数量的问题，且表现相当，然而成长型心理定向的学生纠正了更多的错误，并表示他们从反馈中收获得更多。就脑电波而言，固定型心理定向的参与者在接收到对其能力的消极反馈时，额极区的反应加强。由于大脑的这个区域与注意力的增强相关（见第 10 章），因此拥有固定型心理定向的参与者似乎更加关注他们所犯的错误，而不是如何去提高。

那些持固定型心理定向的学生对信息编码的持续性和深度似乎更弱，这一点反映在大脑下额颞部区域的激活时长上。下额颞部区域对记忆中的先前知识具有激活作用。与此相反，那些具有成长型心理定向的个体的大脑活动表明他们对反馈给予了关注，能更深入地对反馈加以处理。这样的学习策略获得了回报：具有成长型心理定向的学生在突击重测中的表现优于具有固定型心理定向的学生。研究人员认为这些在信息加工上的差异或许可以解释为什么具有成长型心理定向的人能够更好地在挫败后东山再起。

更多针对不同年龄组个体的研究表明，心理定向不仅与成绩表现相关，而且具有因果联系。当学生接收到可以催生固定型心理定向的教学时，他们更有可能将关注点放在成绩目标上，而当学生接收到可激发成长型心理定向的教学时，他们更有可能将注意力放在学习目标上。[18]心理定向对成就而言既有短期影响也有长期影响，这一点非常重要。[19]

期望效应的强大威力

可以肯定的是，德韦克所做的研究关乎对智力的一种信念，而不是研究智力究竟是如何发展的。但是正如我在第1章中所述，智力不是一个非此即彼的命题:人的特质是会受基因的影响，但同时也是会发展的。而潜在的问题是，那些被长久地贴上了某种标签的孩子被灌输了某种“智力固定论”，这会严重影响他们的动机水平、学习方式以及应对挫折的方式。对他们来讲，诸多重要的技能没有得到发展，因为我们所培养的关于“智力是如何发展的”理念是错误的。

即使是最具善意的教师也可能向学生传播具有破坏性的信息。[20]德韦克及其同事发现，对于在考试中取得好成绩的学生，表扬他们的能力会加强他们对能力的固定看法，而表扬他们通过努力取得了好成绩则会促进他们形成成长型的心理定向。[21]这一点十分重要，在后来遇到难度加大的问题时，被表扬能力强的学生的内部动机、自信心和成绩下降了，而被表扬努力的学生则能够保持动机水平和成绩不变。

在一项近期的研究中，阿妮塔·拉坦（Aneeta Rattan）、凯瑟琳·古德（Catherine Good）和卡罗尔·德韦克发现，持有“智力固定论”的教师明显更容易仅依据最初的一次成绩不佳而做出学生能力低下的判定。[22]他们也更倾向于“安慰”能力低下的学生,说一些类似“没关系,不是人人都擅长数学”这样的话，这实际上削减了学生对一些学科的投入程度。同时，让人担忧的是，处于安慰导向型信息环境中的学生动机出现了下降，所预期的最终分数更低，并认为老师对自己的学习投入的帮助更少。

这些结果令人震惊，特别是考虑到许多对数学能力持固定型心理定向的老师确定无疑地相信他们是在为学生的最佳利益考虑。而实际情况是，他们的固定型观点导致他们在表达支持和鼓励的时候毫无成效，最终事与愿违。正如研究人员所述："今天的流行做法是识别学生的弱势，并将他们导向其优势所在，这一做法或许是另一个出了岔子的自尊建立策略，可能导致追求数学和科学的学生数量减少。"[23]

这一点对于给学生贴标签这一现象也有重要的含义。毕竟，标签意味着一种固定的能力。根据德韦克的观点：

> "超常"一词让人联想起实体论。它意味着某种实体，即很高的智力，被魔术般地赋予到某些学生身上，让他们变得与众不同。因此，这些学生被贴上了"超常"的标签，他们中有人可能会为了证明标签的正当性而过度忧虑，从而不那么在意通过寻求挑战来提升自己的能力……他们应对挫折的能力可能开始下降，他们担心错误、困惑和失败会意味着他们不再配得上自己身上那令人向往的标签。如果是"超常"使得他们特别，那么失去这个标签也许在他们看来意味着沦为"普通人"，不如以前那么有价值。[24]

对于被贴上"学习障碍"标签的学生来说，其影响也同样具有巨大的破坏性。社会对这些学生有着明确的期望。2004 年，美国《教育周刊》发表了一份全国调查报告，称在接受调查的 800 名特殊教育教师和普通教师中，84% 的老师认为不应当期待接受特殊教育的学生达到专为无障碍学生设立的学业标准。[25] 在其他研究中，南希·赫佐格（Nancy Hertzog）采访了 50 名大学生，请他们谈谈先前参加资优教育项目的经历以及对他们生活产生的影响。[26] 在几乎所有的采访中学生们均表示，与非资优班相比，资优班的老师更优秀，对教学更有热情。他们认为资优班的老师更加尊重学生，对他们抱有更高的期望。学生们也注意到，那些在普通教育班的同伴的学习动机似乎要低得多，他们认为也许这一点是导致教师期望值低的部分原因。

期望非常重要，因为期望可以指导政策的制定，这些政策决定了残障学生是否能拥有和其他人一样茁壮成长的机会。最令人感到不安的是，研究表明，期望能够创造成果。当我们期待一些事情发生时，我们（经常是下意识的）会有特定的行为方式，而这些行为方式实际上会使这件事变成现实。

天赋实验 Ungifted

在 20 世纪 40 年代后期，为了描述这种现象，社会学家罗伯特·默顿（Robert Merton）首先提出了“自我实现预言”（self-fulfilling prophecy）这一术语。[27] 教育心理学家首次将这一现象称为“皮格马利翁效应”（Pygmalion effect），是在罗伯特·罗森塔尔（Robert Rosenthal）和利诺·雅各布森（Lenore Jacobson）在 20 世纪 60 年代所做的开创性研究之后。[28] 在 18 个班级里，他们告诉老师有一些学生表现出“非同寻常的智力提升潜力”。其实这些学生只是他们随机挑选的。然而 8 个月后，这些“非同寻常”的学生真的变得不同寻常，他们的智商增幅明显高于其他学生。

Intelligence Redefined

与媒体报道相比，罗森塔尔和雅各布森的发现更加错综复杂、细致入微，[29] 但最近一些关于“期望效应”（expectancy effect）的研究证实了自我实现预言的正确性。在一项研究中，伊莱莎·巴巴德（Elisha Babad）发现，教师的期望对他们进行等级评定以及对学生在标准化成就测验中的表现有系统性的影响。[30] 同样，凯瑟琳·科顿（Kathleen Cotton）指出，教师的期望影响学生的成就和态度，这其中包括教师提供较少学习新材料的机会、假意称赞、提供较少刺激、较低水平的认知问题，以及提供低效、耗时的教学方法。[31] 同伴期望也扮演着重要的角色，因为有障碍的儿童对于从朋友那里接收到的公开信号和隐蔽信号异常敏感。同时，虽然老师会尽自己的最大可能来压制他们的低期望，但是“交流泄漏”通常依然会清晰、响亮地传递出来。扬皮特·范奥登霍文（Jan Pieter Van Oudenhoven）和弗兰斯·谢罗（Frans Siero）发表报告称，即便教师对那些有学习障碍的学生给予两倍的口头表扬，他们依然会同时表现出更多的非言语消极反馈，比如令人沮丧的头部动作。[32]

天赋实验 Ungifted

隐蔽信号（implicit signals）对大脑有重大的影响，这当然也会反映在实际的行为中。在最近的一项研究中，肯尼思·吉士达（Kenneth Kishida）及其同事让被试单独参加智商测验，然后在群体内再次进行测验。[33] 在群体测验情境中，研究人员将被试的分数以及组内排名告知了他们。当研究人员将被试的社会性地位这一隐蔽信号告知群组内的每一个人后，所有人的表现都变得更差。然而最纠结的是那些被告知他们“表现不佳”的人。结果，不仅是他们的智商分数较前一次测验降低了，而且他们大脑中与恐惧和工作记忆相关的区域（杏仁核、背外侧前额叶皮层和伏隔核）也发生了变化，表明期望值的降低给他们带来了焦虑，阻碍他们展示自己的真正实力。低期望使得他们的大脑处于关闭状态。

Intelligence Redefined

期望效应到底有多普遍？研究人员报告称，在所有给予高期望的学生中，约 10% 的学生获得了大幅度的进步。[34] 能让 10% 低于平均水平的学生跃入更高层次，这在任何其他大规模的社会项目中都会被誉为大获成功。许多重要的公共和社会政策制定的依据都是比期望效应的影响强度更弱的关联！这里有一些例子，括号中注明的是效应量：[35]

- 糖分摄取对儿童行为和认知过程的影响（0.00）；
- 阿司匹林的使用与心脏病发作致死的风险（0.02）；
- 化疗与乳腺癌患者的幸存（0.03）；
- 钙的摄入量与绝经前妇女的骨骼质量（0.08）；
- 为稳定性冠心病患者实施冠状动脉搭桥术与存活 5 年（0.08）；
- 父母离婚对儿童幸福感的影响（0.09）。

当然，期望效应因人而异，一些患有严重残疾的儿童也需要替代策略以达到目标和标准。然而，许多有障碍的儿童被剥夺了享有适宜的高期望的权利。[36] 就我个人而言，依据某一障碍标签或标准化测验分数将有障碍的学生盖棺定论，不仅没有得到心理学和教育学领域相关研究证据的有力支持，而且也是一种赤裸裸的歧视。

由于期望的降低，有学习障碍的学生通常会产生动机问题和社会性问题，因为他们错误地认为他们所面临的困难是稳固不变、无法克服的。他们做出自我挫败式的行为，如学习不努力，并且当任务难度加大时便迅速放弃。

Ungifted

凯文·麦格鲁指出："早年的学业学习至关重要，特定领域的学业自我效能信念（self-efficacy beliefs）一旦形成，则很难改变。"[37]

Intelligence Redefined

有学习障碍的学生频繁地将自己与"无障碍"甚至"超长"的同龄人相比较，这很可能会深刻地影响他们的自我概念（self-concept）。这种比较有时被称作"大鱼小池塘效应"，通常会导致依能力分班学生的学业自我概念的降低。[38]

天赋实验 Ungifted

最近的研究表明，按能力分班并非一定有害。马修·马凯尔（Matthew Makel）、李素英（Seon-Young Lee，音译）、葆拉·欧兹威奇-库比列斯（Paula Olszewki-Kubilius）和玛莎·普塔拉兹（Martha Putallaz）测试了2 000多人的学业自我概念的变化，这一群体主要为高社会经济地位、高能力、有志于获取高级学位的白人学生。[39] 他们测量了这些学生在离开常规学校环境来参加为期三周的丰富集中的暑期项目之前、项目结束时以及项目结束后6个月时的学业自我概念。很关键的一点是，该暑期项目在注重培养掌握目标的同时将成绩目标最小化。（这项研究中的暑期项目与本章前面所述的由奥基夫及其同事所探讨的项目是同一个项目。）

他们发现，参加这个以掌握目标为导向的暑期项目的学生在整个项目过程中始终保持着他们已经很高的学业自我概念，这表明按能力分班并非不可避免地会导致学业自我概念的下降。他们还发现这些学生在非学业自我概念的一些方面也得到了提升，包括外表吸引力、言行举止、亲密友谊、社会接纳和总体自我价值感，尽管他们一回到常规课堂，这些进步中的一部分便会消退。因为这些高能力的学生在参加强化项目之前已经拥有了极高的自我概念，所以在这些学生当中，项目的作用很可能被低估了。这让我相信，鉴于有学习障碍的学生从一开始便拥有较低水平的自我概念，他们或许可以从这样的旨在提升能力、将比较因素最小化的集中项目中获益更多。

Intelligence Redefined

当学生相比同龄人能力更低时，他们更有可能避免在具有挑战性的任务上付出努力。然而，被长期灌输了固定型心理定向（例如反复被告知他们有“学习障碍”）的低能力个体则尤其容易认为努力是危险的，因为努力只会强化他们的信念，让他们认为自己真的有障碍。

刻板印象威胁

被贴了标签的儿童并不是易受期望影响的唯一群体。事实上，期望对于任何不断发现自身被冠以某种消极刻板印象的带有社会标识的群体来说，都会产生极大的影响。在1995年一篇具有开创性的论文中，克劳德·斯蒂尔（Claude Steele）和乔舒亚·阿伦森（Joshua Aronson）调查了“刻板印象威胁”（stereotype threat）对表现的影响。[40] 他们将刻板印象威胁定义为学生被威胁接受对某个含有负面文化刻板印象的能力的评估时所处的一种“困境”。

天赋实验
Ungifted

为了测试这一概念，他们让一些黑人大学生和白人大学生共同参加一项 30 分钟的测试，测试题目为难度较大的 GRE 语文题目，在预测验中只有 30% 的参与者做对了。然后，他们将被试随机分配到三个不同条件的组中。在刻板印象威胁实验组中，该测验被描述为智力诊断测验，而在非刻板印象威胁实验组中，该测验被简单地描述成实验室问题解决式任务。他们还设置了一个非诊断目的的实验组，鼓励被试将这个测验当作一次挑战。将已有能力（SAT 语文成绩）纳入考量范围之后他们发现，刻板印象威胁组黑人被试的表现远不如其他两组的黑人被试。刻板印象威胁组中的黑人被试的表现也不如同组的白人被试。刻板印象的存在对白人被试几乎没有影响。

Intelligence Redefined

这些有影响力的研究导致了一系列关于刻板印象威胁的研究。迄今，由不同研究团队所做的关于刻板印象威胁的研究超过 200 项，跨越广泛的群体（包括非裔美国人和拉美裔美国人被试，以及女性数学被试）和情境（包括申请工作、下棋和驾驶汽车）。[41] 基本上，任何刻板印象与表现相关的情形均可能产生刻板印象威胁效应。

需要明确的是，目前还没有找到任何单一的因素可以完全、可靠地消除黑人和白人在学业成就上的差距。[①] 将来要找到任何的单一因素也不大可能。造成黑人和白人之间成就差距的原因无疑是多层面的，涉及相互交织的

① 在一些个别的研究中，研究人员得以将差距完全消除。瑞安·布朗（Ryan Brown）和埃里克·戴（Eric Anthony Day）发现非裔美国人在高威胁指令下参加瑞文高级推理测验（Raven's Advanced Progressive Matrices Test）时的表现逊于白人。该测验是测量“一般智力”的最佳工具（见第 10 章）。但是在低威胁指令下，差距则完全消失了。参见 R. P. Brown and E. A. Day, “The Difference Isn't Black and White: Stereotype Threat and the Race Gap on Raven's Advanced Progressive Matrices”,（*Journal of Applied Psychology*）91（2006）: 979-985.

诸多社会因素（见第 13 章）。在最近的一个研究回顾中，尼古拉斯·麦金托什（Nicholas Mackintosh）仔细探讨了各种影响差距的因素。在权衡证据之后，他得出的结论是，对于基因的观点没有真正有说服力的证据，但是有“可靠的证据表明各种环境因素导致了平均成绩的差异”。[42]

我认为，关于人类发展的研究最有说服力。研究显示，美国白人和非裔美国人在婴儿时期不存在“信息加工”能力的差异。[43] 到了童年早期，他们的智商出现了显著差异。发展心理学家约瑟夫·费根（Joseph Fagan）在最近一章的《剑桥智力手册》（*The Cambridge Handbook of Intelligence*）中指出，对这些研究结果最为简约的解释是:“不同种族和民族群体间后期智商的差异源自婴儿期之后对信息在文化浸润上的差异，而不是加工信息的基本能力上的族群差异。”[44]

那么这些差异的乘数效应有多强呢？截至 4 岁，美国黑人和白人的平均智商差距扩大到 5 个点，然后随着发展，每年还会持续稳定增长 2.5 个点，截至 24 岁，差距扩大到 17 个点。[45] 尽管 2002 年的这些发现与 1972 年的智商差距相比，情况有了显著改善，但是这些发现依然令人担忧，并表明美国要想达到各族群间机会平等，仍然有很长的路要走，而在这一过程中，刻板印象威胁可以发挥重要的作用。

刻板印象威胁有多重要呢？在最近的一项研究回顾中，阮汉南（Hannah-Hanh Nguyen，音译）和安妮·瑞安（Anne Ryan）梳理了十余年来关于种族和性别刻板印象威胁对测试表现影响的实验研究。[46] 总体而言，他们发现了 0.26 的效应量，符合之前的文献综述结果，这一数值虽小但意义重大。他们还发现，在不同的研究中，这一影响的强度差异巨大。事实上，1/4 的研究表明刻板印象威胁并无任何影响，甚至有积极的影响！

问题的部分原因是，不同的研究在激活刻板印象威胁的方式上不同，同时性别和种族不同也会产生细微的影响。尽管如此，研究人员仍“建议将这一现象当作真实发生的情况来看待（即效应量非零），因为大多数平均效应说明刻板印象威胁是存在的，并且有相当比例的研究数据倾向于与理论相一致”。[47]

从效应量的角度去看，如果一名少数民族学生参加了 SAT 考试，他或她的认知能力达到了全国平均水平，则研究人员估计其在有细微的刻板印象威胁暗示的情况下，成绩可能会下降 50 分。其他研究者也表明，在具有高利害关系的考试中，效应量小至 0.2 的刻板印象威胁可导致 5.9% 的女生在微积分考试中达不到及格分数。[48] 因此，刻板印象威胁是真实存在的现象，会干扰当事群体在现实世界中表达智力的能力。

如果我们真的想要将这些研究结果转化为有意义的干预策略，那我们必须透过表象一窥刻板印象威胁真正的运作方式。刻板印象威胁的真正驱动机制是什么？阿伦森和斯蒂尔在他们最初的论文中就刻板印象威胁如何影响表现提出了大量不同的可能性，包括分心、注意力范围窄化、焦虑、自我怀疑、放弃努力以及过度努力等。作为结论，他们写道：“我们所能做出的最佳判定是刻板印象威胁可导致处理过程的低效性，与其他评价压力带来的低效处理颇为相似。”[49]

在他们做出这一初步推测之后，涌现出了大量关于刻板印象威胁机制的研究。从宏观上看，通向刻板印象威胁的途径似乎是多重的，该现象涉及认知和情感的复杂交互作用。[50] 安妮·克兰德（Anne Krendl）及其同事发现，正在经历刻板印象威胁的女性，其腹侧扣带皮层的激活程度比对照组更大，[51] 这一大脑区域与社会评价和情绪调节相关。玛丽 - 简·拉格（Mary-jane Wraga）及其同事在实验中对女性被试施加了关于女性空间能力的刻板印象威胁，他们发现被试在相同大脑区域产生了激活现象（男女之间的脑激活差异十分显著）。[52]

沿着相似的路线，查德·福布斯（Chad Forbes）、托尼·施玛德（Toni Schmader）和约翰·艾伦（John Allen）研究了刻板印象威胁对 57 名少数民族本科生（其中 46 名为拉丁裔美国人，11 名为非裔美国人）的神经系统的影响。[53] 研究人员将参与者随机分配到控制组和实验组，前者的任务被描述成模式识别任务，后者则被描述成智力诊断任务。然后，他们让参与者完成一项反应时任务，同时记录下他们的大脑活动。他们尤其感兴趣的是参与者在任务中犯错后 50 ~ 100 毫秒时，他们的前扣带皮层（anterior cingulate cortex，简称 ACC）的活动。他们非常关注前扣带皮层，因为之前的研究发现该区域与个体目标冲突环境的监测相关。

大脑的活动模式（更强的错误相关负波或 ERNs）表明，相较对照组而言，当被试相信这是一项智力诊断任务时，那些更加重视成绩表现的参与者（例如“学业表现优秀是我身份认同的重要组成部分”）警惕性会提高，监测会加强，同时会将更多注意力转移到他们在完成任务过程中所犯的错误上。这一点表明那些其身份认同受到威胁的个体产生了更强的想要脱颖而出的动机，如此他们便可驳斥刻板印象。

然而这里产生了一个难题：既然受威胁的个体具备更强的动机，他们难道不应该有更好的表现而非更糟的表现吗？要回答这一问题，我们需要了解刻板印象威胁对工作记忆的影响。明确、有意识的推理需要集中的注意力资源（见第 10 章）。一个人在处理其他信息时，其记忆力只能负荷一定量的信息。

天赋实验 Ungifted

托尼·施玛德和迈克尔·约翰斯（Michael Johns）设计了一系列巧妙的实验，展示了工作记忆和刻板印象威胁之间的联系。[54] 他们选择 SAT 数学分数高于 500 且知晓“女性比男性数学差”这一成见的女性作为被试。在进行工作记忆测试前，一位男性试验者告诉部分女性被试，测试成绩或被用来判定“数量能力”的性别差异。根据回忆词语的数量可以判断，收到以上任务说明的女性被试的工作记忆能力下降，低于被告知该测验的目的仅在于测量工作记忆的女性被试。他们所做的第二项研究针对的是拉丁裔人口，也得到了类似的发现。在第三项实验中他们发现，女性在面临威胁情形时，工作记忆的降低是解释其数学测试成绩降低的关键因素。

刻板印象威胁消耗宝贵的工作记忆资源的方式有很多种。其一是通过反刍与对失败的担忧。正如斯蒂尔、斯宾塞和阿伦森所述，刻板印象威胁可以导致“过于关注别人对自己的看法，怀疑自己的能力，产生有关刻板印象的想法”。[55] 这一观点受到了玛拉·卡蒂努（Mara Cadinu）及其同事的支持。他们发现，被告知“女性在数理逻辑测试中的表现不如男性”的女性在解决一道数学难题时，其测验表现相较不受威胁的女性更糟糕，对自己的期望更低，同时与数学相关的消极想法更多。[56] 这些消极的想法部分解释了为什么她们的成绩更低。

其他研究表明，之所以发生刻板印象威胁是因为人们积极地试图调节由刻板印象触发的消极想法和情感。[57] 因为威胁会激发一种避免刻板印象被证实的目标，而自我怀疑或焦虑通常被解读为失败的标志，所以个体需要付出努力来发现和压制这些消极的想法和感受，并把它们从大脑中清除出去。这种压制需要耗费脑力，其所依赖的工作记忆资源正是解决问题所必需的工作记忆资源。

刻板印象威胁的影响取决于任务，这一点很重要。沙恩·贝洛克（Sian Beilock）与同事对高尔夫推杆这一动作任务进行了研究，结果发现分配过多的注意力到成绩上会影响这一任务的完成，而当工作记忆受到削弱时，任务却不会受到影响。[58] 他们发现，娴熟的高尔夫推杆动作容易受到刻板印象威胁的影响，然而让专业高尔夫球手将注意力从这一动作上分离（如不打球入洞而是让球落在某一目标上），则会消除消极刻板印象被触发所带来的有害影响。

Ungifted

当人们分配过多精力到往往能自动完成的过程上时，其表现会在遭受威胁的情况下降低。对于无须严重依赖工作记忆即可完成的娴熟技能来说，刻板印象威胁可通过诱导个体给予执行过程太多的关注而损害执行的效果。警惕性的提高并非总是好事，尤其当自动执行带来的益处更大时。

Intelligence Redefined

这些结果具有广泛的实际意义。正如研究人员所述，对体育、医疗常规流程（如手术）以及音乐表演等任何高度程序化的技能来说，在受到威胁的情形下将注意力分散到另一项任务的做法可能会避免一些有害的想法和情感。这项研究的结论与贝洛克和同事进行的其他关于“压力导致失常”（choking under pressure）的研究结论是一致的。[59]

综合起来，这些有趣的结果表明，当人们面临威胁时，他们的自信心可能一落千丈,从而使得他们可投入到手头任务的工作记忆资源减少。幸运的是，我们找到了遏制这一威胁的干预措施。

应对刻板印象威胁的一种方法是未雨绸缪，在威胁被触发之前降低其发生的可能性。我们可以用多种方式来实现这一点。研究表明，针对内隐刻板印象进行直接培训可以提升女性的工作记忆，甚至提升她们处于刻板印象威胁之下时的数学成绩。[60]其他研究表明，榜样的力量、强调个体所在群体的其他优良品质、增强在某一领域的归属感、加强个体在某一领域的自信心、公开肯定个体的价值观以及提醒人们注意自我概念的复杂性等因素也能起到作用。[61]此外，乔舒亚·阿伦森、凯瑟琳·古德和同事设计了颇具开创性的干预方案来改变被赋予刻板印象的学生对于威胁情形的回应，并取得了丰硕成果。[①][62]所有

① 在关于智力的信念这一语境下，乔舒亚·阿伦森和同事首次在提出这些干预措施时使用了“心理定向”（mindset）这个术语。在这些研究之前，卡罗尔·德韦克对固定型和成长型“智力理论”做了区分，而没有对固定型和成长型心理定向组做区分。

这些研究均表明，将长期困扰众多青少年的自责、焦虑和表现欠佳等呈现“螺旋式下降”的因素被消灭于萌芽状态是可能的。

克服刻板印象威胁的另外一种方式是采取有效的干预措施，促成可以更高效应对威胁的方法。如我们前面所看到的，有意识地努力抑制消极的情绪和思想不是遏制刻板印象威胁影响的有效方法，它只会消耗更多的工作记忆。更好的方法是从更积极的角度去重新审视消极情绪。研究发现，把数学测验焦虑看作是对挑战的回应而不是对威胁的回应的个体，对测试情境表现出的生理反应（唾液皮质醇的分泌）更强，从而能使他们有更好的成绩。[63] 同样，施玛德和他的同事发现，当人们本身具备很强的自信或者已经形成了以更加积极的方式去重新评估消极情绪的倾向时，焦虑的唤醒预示着更高水平的工作记忆。[64] 贾米森（Jamieson）和他的同事发现，即使只是告诉人们与焦虑相关的生理反应（如心跳加速）对推理能力有益，也能帮助他们提升处于压力条件下的表现。[65]

有时甚至仅仅是让人们意识到焦虑与刻板印象威胁之间的关系也是有作用的。一项研究发现，那些学习了刻板印象威胁对焦虑和表现的影响的女性被试，数学测验的成绩与男性一样好，明显好过被告知她们要接受的是数学能力诊断测验的女性。[66] 由此看来，对焦虑进行重新审视，将其视作对刻板印象威胁的回应而非是对其与生俱来的能力的判定，能够让个体远离消极情绪，并从根本上获得能力的提升。对于刻板印象威胁来说，知识真的就是力量。

研究证明，提高基本的数字和空间能力也可以减少数学焦虑的不利影响。[67] 鉴于此，在焦虑生根发芽、发展壮大之前尽早甄别出存在学习成绩不良风险的学生变得异常重要。学习如何调节和控制消极情绪（甚至早在数学考试开始之前）也可以提升已经患有数学焦虑学生的成绩。在数学考试来临之前，如果患有数学焦虑学生的大脑中与控制消极情绪相关的区域被激活的话，那么他们在难度较大的数学考试中获得的成绩几乎与没有数学焦虑的学生一样好。[68]

调节消极情绪的一种方法是进行表达性写作。在一项研究中，研究人员要求被试自由地书写他们对于一项即将到来的任务的感受。写作将消极情绪置于工作记忆的负担消除了，给人们重新评估压力体验的机会，减少忧虑的必要性。拉米雷斯（Ramirez）和洛克表示，在期末考试前让一些患有严重考试焦虑的高中生自由书写他们的担忧，这使得他们的分数等级从 B− 提升到了 B+，即使考虑到他们此前的成绩，依然如此。[69]

我们从数量如此众多的研究中应当很清晰地认识到，心理定向很重要，对“投入”发挥着关键作用。心理定向对环境期望具有高度的敏感性。更重要的是，在避免消极情绪失控方面，自我调节扮演着关键角色，鉴于自我调节是一项关键的基本技能。所以接下来，我们有必要仔细研究研究它。

08 自我调节

Ungifted

Intelligence Redefined

证明自己的时刻到了

那就是她——资优班的班主任。我从走廊的这一头看着他们班的学生从教室里鱼贯而出，最后一个资优生离开后，教室外只剩下她一个人独自站着。我下定决心，行动的时刻到了，经过多年的努力，我终于克服了学习障碍，挣脱了贴在我身上的“侮辱性”标签，逃离了特殊教育的“折磨”。现在该是我证明自己才华的时刻了。“加油，斯科特！”我在心里为自己打气。

尽管内心紧张得“怦怦”直跳，我还是努力装出一副聪明的表情，昂首挺胸地向她走去。她见了我微微一笑，算是欢迎。“您好，我叫斯科特。我觉得自己应该算得上是天赋优异了。”我忽然脱口而出，说完就后悔了，自己也吓了一跳。怎么突然就这么开口了呢？

“是吗？那你的成绩怎么样？”她问我。我想了想答道：“所有难的课程我都是优秀。”她给了我一个鼓励的微笑，说道:“很好！听起来你确实很优秀……”我听到这里异常激动。太棒了，我成功啦！所有的努力都没有白费！我心中暗想要不要现场来一段霹雳舞庆祝一下。

谁知她接着说道:“如果你要正式加入资优班，必须经过学校心理专家确认智商达到必要的标准。”我惊得心脏病都要犯了，感觉好像身在电影中，张着大嘴以极慢的动作喊:“不——”

高中毕业都是问题?

我冲进学校心理专家的办公室，结果很快就被请了出来。不过我还是和他敲定了一个时间！第二次一见面，心理专家便示意我坐下。好吧，看来我得坐着才能承受接下来的消息。

“嗯，最近呢，我一直在研究你的信息表。”心理专家说，他看上去有点紧张，这样一来我更紧张了。他拿出一张草稿纸和一支笔，然后机械地在上面画了一幅图。“这是你所处的位置。”他边说边抬了抬角质框架眼镜，同时用手指了指图上左边的一点。我发现这张图看上去有点像驼峰。“而这儿呢，”他说着移动手指指向驼峰最右边的角落，“这儿才是天赋优异的学生。”

我向前倾身，耐心地向他解释这可能是我 11 岁时的智商水平，但是 6 年后的今天，情况已经大不相同了。我告诉心理专家我现在门门功课优秀。“这还不算是天赋优异吗？”我平静地询问，努力掩饰内心的紧张，我靠着椅背以平复心情，然后我努力解释自己如何赶上其他的孩子，强调正如我当前的成绩所示,我已经做好进入资优班接受挑战的准备了。心理专家看上去不太感兴趣。我只得深深吸了一口气，礼貌地与他告辞。

我决定换条道试试。放学后我便立刻冲到当地图书馆，找到一本关于人类智力的书。我急切地翻看书页，发现了一张令我惊恐万分的图表。图表最上面是博士的平均智商，我和他们比起来差远了。我小心翼翼地往下看。研究生？差距小一些，但还是相差很多。我的血压不禁一路飙升。半熟练技工？还是妄想。看了好半天，我才终于找到了同类——“能不能高中毕业仍是个问题”，表格上的字清清楚楚。

惊恐之下，我将书远远地扔了出去，嘴里大声骂了句：“我靠！”可惜图书管理员并不待见这种激烈的情绪表达，迅速朝我冲来。

第二天我来到资优班，表情凝重地告诉老师我达不到标准。我们俩都没说话。片刻后，她脸上突然闪现出激动的神情，大声说：“我有办法了！你今年到我们班来旁听，怎么样？”我想了想，旁听资优生？不错！就这么定了！

我要努力证明自己

随着大学申请季的到来，我开始考虑自己的未来。在过去的几年间，我在管弦乐队的地位迅速上升，并且非常热衷于唱诗班和学校音乐剧的活动。我可以想象自己将来从事音乐工作，但同时我也很想学习认知科学，了解更多有关人类智力的知识。

为了帮助我更好地选择大学，父母带我去了一家大学咨询服务中心。指导老师当着我父母和咨询中心主任的面问我想上哪所大学，我毫不犹豫地说出了心中最向往的著名学府：“耶鲁大学。”“耶鲁大学的音乐和认知科学专业一定不差吧？”我问道。指导老师礼节性地点了点头，让我和他到另一间办公室详谈。

我们坐下后，他看着一张纸念起题来：“听好，玛丽在超市买了 27 件物品，但是结账时不小心落下 3 件。那么，最后她车里有多少件物品呢？”我傻傻地盯着他。“不是吧？你真的要现在测试我的智商？”我问道。他眼睛眨都没眨地答道：“是啊。这可以帮助我测算按你的实际水平可以上什么样的大学。”

焦虑感席卷我全身，我感觉仿佛又回到了 11 岁那年，曾经的自我怀疑又再次涌现。“冷静，好好想。”我对自己说。首先，为什么玛丽会将物品遗忘在结账处呢？也许是有原因的。至于最后车里有多少物品，或许收银员发现玛丽落下了几件东西，然后追出去放回她车里呢？所以也许最终所有的物品都在车上。这题肯定有陷阱。还是说我想太多了？

测试结果和往常一样差强人意。另外，正如指导老师估计的那样，我的 SAT 成绩离耶鲁的标准也相去甚远。其实无论哪所名校的标准，我都不够格。某天晚饭时，我向父母提出了自己的想法，那时我已经决定要上卡内基梅隆大学，因为该校的音乐表演和认知科学专业都属世界一流。

“我可以先修卡内基梅隆大学的音乐表演专业，学有所成之后再辅修认知科学。这样如何？”我建议说，“也许仅凭我的音乐特长就可以进卡内基梅隆大学。”我父母觉得这个主意很棒。我的音乐老师也非常支持我的决定。

事实正是如此：我因为音乐表演特长被卡内基梅隆大学音乐学院录取，但是没能被认知科学学院录取。不管怎样，我决心好好努力，证明自己。

棉花糖实验：自控力或许比智商更重要

20 世纪 60 年代末 70 年代初，沃尔特·米歇尔（Walter Mischel）①及其同事开始着手研究在诱惑面前人们如何运用意志力。[1]

天赋实验 Ungifted

米歇尔及其同事将 500 多名学龄前儿童一个个带入斯坦福大学附属幼儿园的一间游戏室里。房间的桌子上零散地放着各类零食，包括棉花糖和曲奇饼。研究员让每个孩子选择一种零食，然后告知其以下两种选择：第一，立刻享用所选的零食；第二，稍等片刻，然后能再

① 棉花糖实验设计者、自控力之父沃尔特·米歇尔的唯一著作《棉花糖实验》详细阐述了实验的来龙去脉，本书中文简体字版已由湛庐文化策划、北京联合出版公司出版。——编者注

得到一种零食。随后研究员离开房间，让孩子独自面对诱惑。如果是你，会怎么做呢？

米歇尔及其同事发现孩子之间的个体差异非常大。有些孩子立刻大吃狂吃起来，而另一些则很有耐心。尽管所有的孩子似乎都有立刻吃掉零食的冲动，但是他们避免诱惑的策略却不尽相同。那些能够成功做到延迟满足的孩子擅长将注意力从零食香甜劲道的口感上转移到零食的形状等不可减少的属性上。

尽管研究原本没有计划追踪这些学龄前儿童的发展，但是研究者们抱着试一试的心理给 10 年后的被试各发了一封信。令研究人员高兴的是，超过 1/3 的被试回信了！于是，研究人员又进行了一系列追踪研究。

进一步研究表明，当年愿意等待以获得更多零食的四五岁儿童在青春期大多取得了更好的 SAT 成绩，[2] 其父母亦认为他们的学习和社交能力较好，口头表达流畅且行为理智、注意力集中、有计划性，并能很好地应对挫折和压力。[3] 对其成年后的进一步追踪研究发现，早期意志力强可以预测个体今后将有更高的教育成就、更大的自我价值、更好的抗压能力以及更少的吸毒情况，有心理适应不良风险的被试更是如此。[4]

尽管那些能够为了更大回报而成功做到延迟满足的人通常智商更高，[5] 但有暗示性证据表明，排除智商的影响，自我调节能力能更好地预测学业成就。安杰拉·达克沃思（Angela Duckworth）和马丁·塞利格曼（Martin Seligman）将八年级学生放入不同情境中，让其体验相互冲突的欲望与冲动。[6] 研究人员发现，自我调节对学业成就大部分指标的预测效果至少是智商预测效果的两倍。研究同时发现，自我调节能够预测学生今后一年学业成绩的提高，而智商则不能。①

近年来研究人员开始逐步理解自我调节背后的运作机制。克兰西·布莱尔（Clancy Blair）和阿黛尔·戴蒙德（Adele Diamond）研究认为，自我调节指“主要受意志力影响的认知和行为过程。在该过程中，个体能够保持一定的情感、动力和认知欲望，而这些欲望有助于个体进行积极的调适，对其社会关系、工作产量、人生成就和自我认知将产生积极的影响”。[7]

自我调节对成功至关重要。正因如此，我们才必须尽早培养儿童的相关技能。布莱尔和戴蒙德指出，入学准备需要儿童大脑的情绪反应区域和认知控制区域协调运作，而非其中某一系统压制另一系统。从这个角度来讲，理想的学校环境应该既能支持儿童积极投入学习，又能促进儿童产生力量感和自我效能感。

假设有这样一个一年级新生，他对不感兴趣的材料难以集中注意力，同时又难以控制自己进行感兴趣活动的冲动，且情况愈加严重，那么由于他一旱认为学校学习很无趣，所以既不主动参与课堂学习，也懒得参加校内活动，导致他的个人兴趣、校外活动影响了正常的在校学习，不仅可能遭到老师的批评，而且成绩也渐渐退步。这就形成了恶性循环。结果该生逐渐将在校表现差当成理所当然，也因此开始逃避具有挑战性的学习任务，反而投入到其他能让他感

① 保罗·萨基特（Paul Sackett）、马修·博恩曼（Matthew Borneman）和布莱恩·康奈利（Brain Connelly）指出，达克沃思和塞利格曼的研究样本有局限性，被试的智商普遍较高。纠正范围限制后，萨基特及其同事发现智商与 GPA（平均绩点）之间的相关系数为 0.49，大于达克沃思和塞利格曼原本所得出的 0.32。尽管更正后的数据仍然低于自我调节与 GPA 的相关系数 0.67，但是萨基特及其同事指出，达克沃思和塞利格曼所得出的结论，即自我调节对 GPA 的预测效果是智商对其预测效果的两倍，已不再成立。萨基特等人对学业成就的其他方面也进行了更正，结果发现，更正后智商与拖延之间的负相关（−0.28）略大于自我调节与拖延之间的负相关（−0.26）。研究人员总结认为：“尽管达克沃思和塞利格曼有力地论证了研究自我调节以将其作为预测学业成就的补充手段的重要价值，但是若要更明确地分析自我调节和智商的相对价值，还需要格外关注范围限定问题。”参见 P. R. Sackett, M. J. Borneman and B. S. Connelly, “High-Stakes Testing in Higher Education and Employment,” *American Psychologist* 63（2008）: 215-227.

到自信的活动中，而这些活动可能涉及犯罪和某些不良行为。

相反，假设一个自我调节能力较强的一年级新生，她能聚精会神地听老师讲课，并且学习刻苦认真。老师自然非常喜欢这样的学生，因而经常表扬她，这反过来又促使她更努力地学习。很快，她就成了所有老师心目中的“尖子生”，并被分到特殊班级接受更多的挑战。从此，她与那些因“行为问题”或“学习障碍”而被分到差班里的学生之间的能力差距也就越来越大，最终印证了老师最初的预期。

以上不仅是单纯的假设，这些分析结果意义重大，因为许多儿童在刚入学时的执行功能及自我调节能力往往较差，与其他学生的差距也与年俱增，[8]结果最后往往是这些自我调节能力较差的孩子越来越落后。[9]这一问题值得关注，因为自我调节能力是儿童启蒙期数学和读写技能的基础，甚至早在学前阶段就是如此。[10]

自我调节的重要性不仅体现于在校的表现。苔莉·莫菲特（Terrie Moffitt）和同事追踪研究了某城市一年内出生的 1 037 名婴儿，搜集分析了被试从出生到 32 岁的大量数据。[11]结果显示，儿童时期自控能力较差的被试在 32 岁时更有可能存在药物依赖问题，包括酗酒和吸毒。即使考虑社会阶层和智商的影响，儿童时期自控能力较差的被试成年后所能达到的社会经济地位和收入水平也相对较低。32 岁时，47% 的被试已为人父母，而儿童时期的自控能力可以预测他们的孩子将成长于单亲家庭还是完整的家庭环境中。

儿童时期自控能力较差的被试往往很少存钱以防患于未然，他们常被认为不擅长管理个人财务，并且在成年后常为经济问题而烦恼。据统计，这些人所面临的金钱管理问题和信贷问题也更多。这同样说明，儿童时期的自控能力比个人成长的社会阶层及智商能更准确地预测个体今后的经济财产状况。就犯罪情况而言，24% 的被试在 32 岁前有过犯罪记录，而儿童时期自控能力较差的被试则存在刑事犯罪记录的可能性更大。

研究者分别搜集了被试13岁、15岁、18岁以及21岁时的相关数据。分析发现，自控能力较差的儿童在青春期时更容易犯错，而“这些错误会导致他们深陷于有害的生活方式之中”。[12] 自控能力较差的儿童往往在15岁前就开始吸烟，很多人没能获得文凭就早早辍学，并且很多在未成年就意外怀孕。事实上，自控能力越差，所经历的“错误”就越多，也就越有可能在成年后变得健康不良、生活贫困以及有犯罪记录。

研究人员进一步思考如果可以进行干预以提高被试的自控能力，结果将会怎样。为了得出结论，研究人员将目光锁定在自儿童时期到成年早期自控能力有所提升的相关被试上。毕竟儿童时期和成年时期自控能力间的相关系数只有0.30——尽管在数据上意义重大，但显然，人一生中自控能力发生改变的空间是很大的。研究发现，即使考虑最初儿童时期的自控能力，那些从儿童时期到成年早期自控能力有所提升的被试在32岁时，人生各方面的结果也往往较好。“干预措施即使只对个人的自控能力产生微弱的改善，也能使个体今后的人生朝着积极的方向发展，并对整个国家的居民健康、财富水平和犯罪率产生巨大的积极影响。”[13]

有必要再次重申，任何干预措施，无论是在儿童早期还是在青春期进行，都能改善公众的健康、财富和公共安全。干预措施只要能减轻青少年犯错所产生的恶劣后果，就有可能帮助他们更好地应对错误。但更重要的是，早期干预或许可以从根本上防止此类情况的发生。

值得庆幸的是，这样行之有效的干预措施确实存在。

早期干预在做些什么

心灵工具课程

“心灵工具课程”（The Tools of the Mind curriculum）由埃琳娜·博德罗娃（Elena Bodrova）和德博拉·莱昂（Deborah Leong）所创立。其理论基础为苏

联发展心理学家利维·维果斯基（Lev Vygotsky）的社会文化观点。[14]课程基本原则认为，当人们主动参与学习过程，并受到挑战和支持时，更有可能取得成功。工具课程强调教师在“支架式”(scaffolding)教学中发挥的重要作用，即指导并支持儿童的学习。

这项课程的核心由40项活动组成，旨在提高儿童的自我调节能力。这40项活动融入到日常教学活动的方方面面，例如其中一项“同伴阅读”活动就有效利用了具体的外部辅助工具。活动中，儿童两两一组结对，轮流看图画书讲故事。教师发给其中一个孩子嘴的图片，发给另一个孩子耳朵的图片，并强调“耳朵不能讲话，耳朵要认真听”，听故事的孩子需要问讲故事的孩子一个相关问题。这一活动可促使儿童抑制讲话的冲动，学习按序轮流，学会倾听。第一个孩子讲完故事后，两人互换角色。几个月之后，儿童便不再需要图片提示就能按序等待，外部辅助工具已经内化。

我们也可以利用成熟的表演游戏进行干预。首先鼓励儿童共同讨论游戏情节，然后，儿童将情节表演出来。教师通过近距离观察儿童游戏及鼓励儿童探讨“接下来将做什么”等形式为其提供指导。通过角色扮演，儿童可以体验维果斯基所说的“边说边想”。此外，活动还能间接促进儿童抑制行为能力的发展，如儿童必须抑制与角色不一致的行为，以及自我调节能力的提高，如儿童必须遵循原本的游戏计划，不可被有趣、但与游戏情节无关的玩具所吸引而盲目行动，也不能冲动地一把抓住身边的伙伴。

2007年，戴蒙德和同事史蒂文·巴尼特（W.Steven Barnett）、杰茜卡·托马斯（Jessica Thomas）和萨拉·芒罗（Sarah Munro）在权威杂志《科学》（*Science*）上发表了对心灵工具课程的评估结果。[15]评估实验的被试为147名来自同一社区的低收入家庭的学龄前儿童（平均年龄为5岁）。这些儿童一部分接受当地的标准文化课程培训，另一部分接受工具课程培训，为期1～2年。两种课程所涵盖的知识教学内容相同，但标准文化课程没有强调学生自我调节能力的发展。所有实验班级均享有同样的资源、教师培训和外部支持。

研究结果令人震惊，以至于在实验第一年结束后，使用工具课程的学校教育者就要求终止实验，让原本接受标准课程的学生也同样可以受益于工具课程！对于涉及认知抑制的任务，接受工具课程的学生明显比接受标准课程的学生完成得更出色。对于需要动用多项“执行功能”（包括工作记忆、抑制控制和认知灵活性）的任务，在正确率达到75%以上的学生中，接受工具课程的人数大约是接受标准课程人数的两倍。

蒙台梭利教育

与工具课程类似的一个项目叫作蒙台梭利教育（Montessori education）。目前，美国有5 000多所学校使用蒙台梭利课程。①这些课程的主要特色包括：混龄班级、学生自选的课程内容、合作学习、取消成绩和考试、一对一或小组学习指导及社会技能指导。研究表明，蒙台梭利项目与工具课程一样，有助于改善儿童的入学准备状况。[16]戴蒙德博士研究发现，工具课程和蒙台梭利项目具有以下共同特征：[17]

1. 帮助儿童锻炼各项执行功能，并不断在更高层次上为儿童执行功能的发展提供挑战；
2. 减少班级内部压力；
3. 很少使儿童感到尴尬、羞愧；
4. 培养儿童愉悦、自豪和自信的情感；
5. 采取积极主动、亲身实践的学习方式；
6. 能很好地满足不同发展速度的儿童的不同需求；
7. 既强调学业发展又重视个性发展；
8. 强调口语的重要性；

① 需要指出的是，当前存在多种蒙台梭利教育衍生课程，而到底哪种才真正符合蒙台梭利教育的理念，争论也十分激烈。

9. 鼓励儿童相互指导、合作学习；

10. 促进儿童社会技能的发展和伙伴关系的形成。

假装游戏有多重要

近年来，很多干预项目专门研究幼儿（通常为 3 ~ 6 岁的儿童）社会情感能力的发展，包括旨在提高学校整体教学效果的一系列干预项目，例如 PATHS 课程 [18]、CSRP 课程 [19] 和 REDI 开端课程 [20]。这些干预项目研究儿童多种技能的发展，包括自我调节、情绪的知觉、情感识别、观点采择、情感的自我监控、情绪管理、自我行为对他人影响的认知以及适应性问题的解决能力等。这些项目不仅能够改善儿童的行为习惯和社会交际，而且对儿童的学业成绩（如语言、读写萌发）有一定的促进作用。

与此同时，心理学家也越来越意识到假装游戏（pretend play）对儿童正常认知发展和社会发展的重要性。系统性研究表明，参与假装游戏能够明显促进两岁半至六七岁儿童的发展。① 研究显示，假装游戏有利于儿童的认知发展，例如能使其更多地运用语言，包括虚拟语气、将来时和形容词。同时，假装游戏对儿童的“心理理论”（theory of mind）这一重要概念的形成也有极大的促进作用。所谓“心理理论”是指认识到个人想法可能有别于他人，并且理解每个人都可能有多种不同观点的意识。[21]

心理学家桑德拉·拉斯（Sandra Russ）辨识出一系列与游戏有关的认知和情感过程。[22] 她对游戏的研究包括幻想、假装、象征、组织、对看似相互独立

---

① 需要指出的是，这里所探讨的假装游戏对儿童的影响，其具体因果关系并不明确。近期，在对假装游戏对儿童发展影响的回顾中，安吉莉·利拉德（Angeline Lillard）和同事指出：“现有证据无法明确证明假装游戏对儿童发展有特殊的重要意义，需要通过更多、更好的研究来阐明假装游戏可能具有的重要意义。”尽管我完全认同需要通过更多的研究来确定游戏的哪些特征对儿童的发展极其重要，但这里所介绍的高质量的研究无疑凸显了假装游戏的重要意义，尽管其具体的因果关系并不十分明确。参见 A. S. Lillard, M. D. Lerner, E. J. Hopkins, R. A. Dore, E. D. Smith and C. M. Palmquist, “The Impact of Pretend Play on Children’s Development: A Review of the Evidence,” *Psychological Bulletin* 139（2013）:1-34.

的内容的认知整合以及发散性思维（即能够想出多种主意、故事主题和符号象征的能力）。假装游戏能够帮助儿童更好地表达积极和消极的情绪，促进儿童有效地调控情感，加强儿童情感与认知整合能力的发展。[23]

另有研究表明，虚构游戏能直接影响儿童自我调节能力的发展，可以帮助减少攻击性行为并增强延迟满足能力。[24] 儿童利用玩具来介绍相关情境或朋友的过程就自然体现了不同的观点和视角。通过扮演不同的角色，儿童能够学到各种社会技能，如文明礼貌、交流沟通、问题解决以及理解同情。[25]

儿童早期的假装游戏还可以强化其认知灵活性的发展，并最终促进创造力的提升（见第 12 章）。例如，桑德拉·拉斯通过纵向研究发现，儿童多年后创造力水平的高低与其早期的假想游戏有关。[26] 米凯莱（Michele）和罗伯特·鲁特 - 伯恩斯坦（Robert Root-Bernstein）对创造性天才的研究（包括诺贝尔奖获得者及麦克阿瑟基金获得者）表明，这类天才在童年早期所进行的假想游戏要比同领域的控制组被试频繁得多。[27]

怎样的环境和互动能够促进儿童更早、更频繁地进行假想游戏呢？研究证明，父母经常与孩子对话，或者向孩子解释某个自然现象或社会问题，或是给孩子讲睡前故事等似乎更能促进儿童假装游戏的发展。[28] 学校环境若能鼓励儿童进行假装游戏，或仅是在课程中及下课时间允许儿童进行假装游戏，都能极大地促进儿童想象力和好奇心的发展，并有利于学龄前儿童及小学低年级学生学习技能的提升。[29] 事实上，一些教育者正尝试通过假装游戏来教授数学和阅读。[30]

文献中出现的一个重要问题是父母和教师接受“引导游戏”（guided play）培训对儿童的读写学习有何影响。多萝西·辛格（Dorothy Singer）及其同事就“玩中学”（Learning Through Play）的有效性进行了一系列研究。这项干预性研究旨在帮助父母及教育工作者学习如何参与到儿童以学习为导向的假想游戏中。[31] 在项目的初始评估中，来自低社会经济地位家庭、但父母参与了干预项目的学前儿童，在学业准备评估中的表现明显优于父母未参加干预项目的儿童。

这些儿童在测试的子项目中也有较好的表现，包括词汇量、对自然的了解、总体信息知识以及文明礼貌等方面。

在孩子们可以共同探索各种各样的思想、情感和观点的日常教学中嵌入“假装游戏休息时间”（pretend play recess）的想法，或许在将来也会像传统但同样重要的休息、游戏形式一样为大众所接受。当然，假装游戏对各个年龄层次的人来说都是一种重要的认知过程。游戏几乎存在于人类活动的各个方面，从电子游戏（学习的游戏化[32]），到绘画，再到音乐表演，甚至到成人的性表达。假装游戏的中心性和重要性远不仅限于童年早期，一些研究者认为，这几乎是各种假想游戏固有的特征。

其他社会情感干预方法

其他社会情感干预方法也被发现对各个年龄阶段的儿童均有帮助。在西班牙进行的一项研究显示，经过为期两年的情感智慧培训，青少年的感知、促进、理解和情感管理等能力都有明显提升。更重要的是，这些效果在试验结束后 6 个月内仍然存在。[33] 另一项由马克·布拉克特（Mark Brackett）及其同事发起的干预项目，其实验对象为来自 15 个班级的五年级和六年级学生，实验内容是为期 30 周的社会情感学习课程。[34] 实验使用 RULER 课程，该课程旨在帮助学生理解情感词汇，即包含人类各种体验的词汇，如激动、羞耻、疏远以及承诺。使用该课程的学生与未参加此项目的学生相比，期末成绩更高，并且在社会、情感能力方面得到了老师更高的评价，其中包括领导力、社交技能、学习技能等。

天赋实验 Ungifted

当下，公众愈加意识到为特殊教育学生提供社会情感学习项目的必要性。接受特殊教育的学生更容易产生情感和人际关系问题，因为他们往往具有各种学习障碍，同时也更有可能被同学排挤。[35] 因此，存在学习障碍的儿童患抑郁甚至自杀的风险也越来越大。[36] 所以，干预措施对这类儿童尤为重要。

到目前为止，相关研究结果令人满意。由金志明（Chi-Ming Kam，音译）、马克·格林伯格（Mark Greenberg）和卡罗尔·库舍（Karol Kusche）开展的一项研究考察了 PATHS 课程对 133 名身患残疾的小学生的影响。[37] 18 间特殊教育教室被随机分配给干预组或对照组。儿童的具体情况如下：53 人患有学习障碍，23 人患有轻微的智力障碍，31 人患有情感行为失常，21 人患有身体残疾或健康损伤（如注意缺陷多动障碍 ADHD），5 人患有多种残疾。其中大多数学生在特殊班级上课。干预组在一学年中接受了 60 节课程，内容涉及自控、情感、问题解决等方面。

研究发现 PATHS 课程十分有效，不仅教师表示学生的外显性行为和内隐性行为有所减少，而且学生自己也表示抑郁程度有所减轻。教师和学生都深刻意识到这些改变，并且实验效果在实验结束后两年内仍然存在。相反，对照组儿童的外显性行为（如攻击性行为）和内隐性行为（如抑郁）仍然持续增加。此外，PATHS 课程还极大地促进了儿童其他各方面的提高，如更好地理解令人舒适或不舒适的情感，更顺畅地解读他人的情感、捕捉他人的暗示信号，更好地以平和的方式解决冲突等，这些都说明了儿童自我控制能力的提升。

Intelligence Redefined

另一项成果显著的干预项目叫作“好主意”项目（Project Bright IDEA）。[38] 该项目由美国教育部贾维茨教育项目（the Javits Education Program）出资，其理论假设前提是各个年龄阶段的儿童都能从资优课程中受益。该项目的主要目标是培养并发展弱势群体儿童的兴趣和能力，帮助包括因英语不流利、文化背景差异、经济困难、教育差距、残疾或其他因素而难以通过传统途径展示自己才华，以进入资优儿童培训计划（Gifted and Talented programs）的弱势儿童群体。

项目的最新阶段（好主意项目 2）立足于从幼儿园到小学二年级的教育（K-2）指示，着眼于一系列“天才而智慧的行为”，以帮助儿童更好地应对“各种难以立刻得出结论的问题、两难局面、自相矛盾的状况以及谜团”。[39] 相关教师接受了大量培训，以学习如何帮助学生养成以下“资优行为”：坚持不懈、理解式倾听 / 同情式倾听、思维灵活性、元认知、质疑和提问、运用所学知识、清楚而精确地思考和交流、创造、想象和创新、负责任地承担风险、幽默感以及对终身学习保持开放的心态。

天赋实验 Ungifted

这项研究在美国北卡罗来纳州进行，为期 5 年，涉及 10 000 名学生、225 名教育工作者和 30 所学校。项目研究成果十分显著（值得一提的是，项目结果完全由外部机构评估）。项目实施前，几乎没有来自弱势群体的儿童能入选资优儿童培训计划。项目实施后，这些学校中所有参与“好主意项目 2”的二年级学生中有近 1/4（24%）成功入选了资优儿童培训计划！即使未能有幸入选的学生，在资优行为方面也得到了较大提升，他们的传统学业成绩也得到了较大提高。一位校长表示，在任何一项学业测评考试中，几乎所有参加“好主意项目 2”、接受 K-2 课堂教育的儿童都比普通班级学生的得分高出了 50%，甚至是 100%！

Intelligence Redefined

更重要的是，研究发现该项目深刻影响了教师关于种族 / 少数民族的观点，以及与家长建立合作伙伴关系的看法。项目帮助教师更好地理解了如何教授幼儿数学知识和复杂的概念，如何提高课程的挑战性以及如何更好地因材施教。当前，项目主任正与北卡罗来纳州 5 大校区的相关负责人协商，以期将该项目扩大到从幼儿园到高中毕业（K-12）范围。他们同时着手准备将此项目引入弗吉尼亚州。“好主意项目”极好地展示了若对所有儿童抱有较高的期望，儿童会有怎样出色的表现。

其他有效提高自我调节能力的干预措施还包括：互动式电脑游戏、有氧运动、音乐训练、传统跆拳道训练（并非具有对抗性的现代武术）、瑜伽以及正念禅修。[40] 尽管这些活动似乎数量太多，但这也正是目的所在。戴蒙德博士指出，最成功的干预项目应关注儿童的全面发展，包括减轻压力、增强抗压能力、提升愉悦感、增强体质、增加社会归属感和支持感、建立自信心、自豪感以及自我效能感。与我们通常所认为的不同，与多数学校的实践也恰恰相反，帮助所有学生取得最佳学业成果的高效且经济适用的方法并非仅仅是关注知识教学的内容，而是关注儿童的全面发展，包括他们的社会、情感以及身体发展。[41]

早期干预的重要性：幼教老师有多值钱

高质量的早期干预不仅仅是能够带来较大的社会收益。美国经济学家拉伊·切蒂（Raj Chetty）和同事考察了20世纪80年代在田纳西州进行的大型教育项目“未来之星”（Project Star），并分析了当年参加实验的近12 000名儿童此后的人生轨迹。[42] 研究发现，尽管高质量的幼儿教学所产生的效果（以测验成绩为测量标准）在学生进入初中后几乎完全消失，但是当研究者分析被试30岁时的情况时，得到了令人惊喜的发现。

与来自相似背景但学前表现不佳的被试相比，学前表现较好的被试更有可能在今后考入大学，并且进入相对更好的学府，其成为单身父母的可能性更小，并且更倾向于存钱养老。一些人认为这些结果比考试成绩更为重要。实践证明，教学质量是影响儿童学前表现的重要因素：幼教老师越有经验，学生在成年后的收入就越高。当然，班级大小和同伴的社会经济地位等因素对儿童的学前表现也有一定的影响，但教学质量能更好地解释不同学前表现产生的原因。研究者之一的埃曼努埃尔·赛斯（Emmanuel Saez）估算，如果将一名优秀幼儿教师帮助全班学生在今后职业生涯中多增加的经济收益考虑进去，那么他的价值可达到每年32万美元。[43] 这个数字甚至还没有包含其所带来的社会收益，比如健康和更少的犯罪。

当然，这些干预措施并非神效，也不能取代高质量课程内容的重要作用。[44] 但是这些措施却能说明，即使是环境的微小改变，也能极大地影响个体的动力、心理定向和自律。我们越重视儿童的全面发展，就越可能看到儿童的茁壮成长。

一切就到此为止了吗？我们已经分析了儿童早期各方面的问题，现在是时候离开校园，看看各种能力在个体步入社会后对其的影响，毕竟没有多少人可以终生待在校园内。接下来我们就谈一谈如何在人生舞台上活出精彩。

第四部分

能力

成功的道路有许许多多条，
赖以成功的能力也有很多很多种

Ungifted

Intelligence Redefined

Ungifted

Intelligence
Redefined

09 刻意练习

Ungifted
Intelligence
Redefined

重燃耶鲁梦

我如饥似渴地翻阅着认知心理学教材。当我读到多元智能的章节时，心头涌上一阵激动。太棒了！这就是我想要学习的！我翻回书的扉页，看到上面写着“耶鲁大学，罗伯特·斯滕伯格”。刹那间我想起高中时我曾跟SAT备考主任说我想上耶鲁大学。他似乎觉得我的想法太不切实际了。不知道现如今情况是否有了变化，当时的梦想还有实现的可能吗？

几天后，我去找了我的认知心理学课程老师安妮·费伊教授。“我很喜欢这门课。我觉得我找到了自己的心之所向。”我对她说。她鼓励我在这个领域继续往前走。她问我需不需要她帮忙。“我特别想去耶鲁大学跟着罗伯特·斯滕伯格研究智力。”我兴奋地说，“您觉得可能吗？”她毫不犹豫地回答说：“当然啦！你是我最棒的学生之一。但我们还是要做好万全的准备。想不想下学期上我的一对一阅读课？我们可以一起想一个计划出来。”她的话让我大吃一惊。

她竟然把我的梦想当真了。

心理学系批准我主修心理学，同时我把音乐表演专业改成了辅修专业。值得庆幸的是，他们看的都是我的大学成绩而不是我高中的 SAT 成绩。在接下来的一个学期里，我认真完成了所有费伊博士布置给我的与智力和专业知识相关的阅读任务。我们每周见一次面讨论阅读内容，同时我们也制定了一个系统的研究计划，让我有机会去耶鲁攻读认知心理学博士学位。

与诺奖大师面对面

“来吧，试一试。”赫伯特·西蒙（Herbert Simon）指着桌子说道。桌上放了 3 个木座，第一个木座上放了 3 个大小不同的圆盘。这个难题叫做汉诺塔问题，我们刚刚在西蒙给研究生上的思维和问题解决课上学到了这个问题，我是听他课的为数不多的本科生之一。在这位著名心理学家所上的每一节课上，我都竭力抓住他所说的每一个字。我们的很多心理学课都讲到了汉诺塔问题，我已经掌握了攻克这个难题的要领。我咧嘴一笑，3 个圆盘不在话下。

我三下五除二，像机器人一样快速移动圆盘，我就是睡着了也能做到。我回头看了看西蒙，他脸上露出了微笑。“非常好。你用了最少的步骤完成了任务。要不要加几个圆盘？”他问道。“今天先不了。”我回答说。我今天来他办公室可不是来摆汉诺塔的，我是来向他讨教建议的。

我们坐了下来，讨论了很多话题。我发现他会拉小提琴，我告诉他我拉大提琴，我们讨论了怎样才能达到专业的最高水准。我问他为什么选择认知心理学，他说这是唯一一个可以集他所有兴趣于一身的专业。我思考了一下他说的话，认定当一名认知心理学家的确是一件很酷的事情。我能够融合我所有的兴趣——音乐、戏剧表演、智力、专业知识等，所有的一切。在整个谈话过程中，我的目光始终没有离开过他的诺贝尔奖章，它低调地静躺在文件柜最上层的架子上。

来他的办公室时，我心里充满了各种好奇。等我离开他的办公室够远时，我从包里掏出电子词典，把刚才谈话中他用过的我不熟悉的单词查了一下。我努力记住了这些新词汇，然后把电子词典放回了包里。我朝着下一节课的教室走去，心里感受到从未有过的鼓舞。

什么能让你成为国际象棋大师

20 世纪 70 年代中期，还在瑞典斯德哥尔摩大学读博士的安德斯·埃里克森（K. Anders Ericsson）被赫伯特·西蒙和艾伦·纽厄尔（Allen Newell）关于问题解决方面的研究深深迷住了。①理由很充分：1972 年，西蒙和纽厄尔在他们的著作《人类问题解决》（*Human Problem Solving*）一书中提出了具有开创性的理论。[1] 西蒙和纽厄尔深受数字计算机隐喻的影响，认为问题解决即信息加工。

他们甚至提出了一个详细的认知框架，包括中央处理器、记忆系统、存储容量限制以及信息加工速度。根据他们的理论，“界定清晰”（well-defined）的问题有明确的起点和最终目标。在问题解决的过程中，问题解决者利用其信息处理能力来搜索“问题空间”（problem space），缩减初始状态和目标状态之间的距离。当问题解决者从可用于解决多种问题的一般问题解决策略（“试探式”，heuristics）中选择“算子”（operator）来解决问题时，两者之间的距离会减小。

天赋实验 Ungifted

以汉诺塔问题为例。问题解决者拿到 3 个木座，若干个大小不一的圆盘套在第一个木座上。最终目标是将第一个木座上的圆盘全部转移到第二个木座上，每次仅可移动一个圆盘，同时大的圆盘不能放在小的上面。对于这样的任务，不论圆盘数量多少均可定义为问题空间，

① 安德斯·埃里克森的历史大部分引自他的手稿“Exceptional Memory and Expert Performance:From Simon and Chase’s Theory of Expertise to Skilled Memory and Beyond”, in *Expertise and Skills Acquisition*,ed. J. Staszewski. 本书已于 2013 年出版（Abingdon, Oxon, Uk:Taylor & Francis）。

圆盘数量越多，问题空间越复杂。图 9-1 显示了 3 个圆盘情形的最有效解决方案。

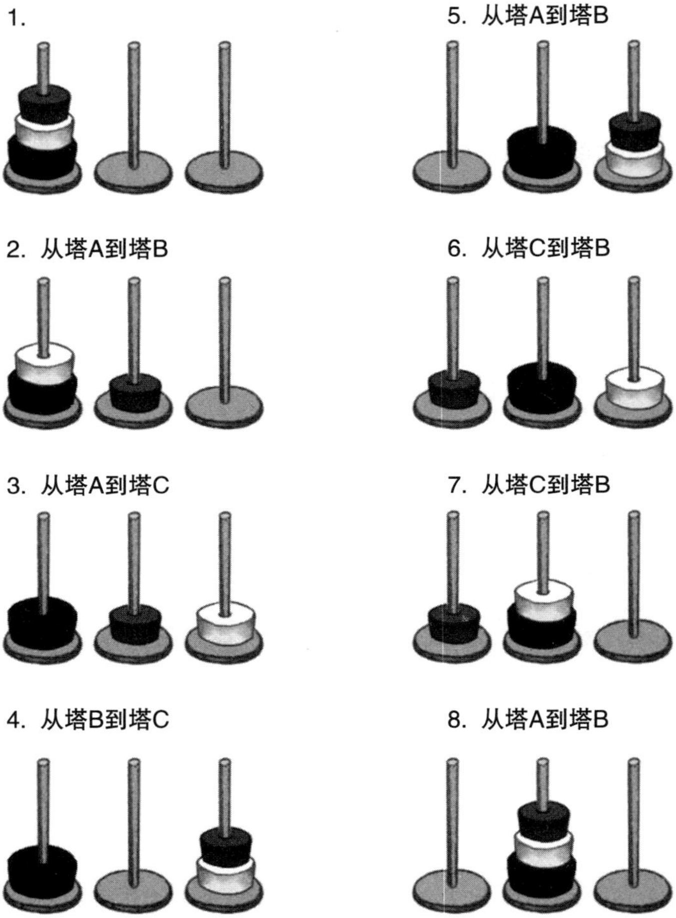

图 9-1 汉诺塔

1959 年，西蒙、纽厄尔和肖（J.C.Shaw）创建了一个电脑程序，叫作一般问题解决器（General Problem Solver，简称 GPS），可以解决这个难题以及其他界定清晰的问题。[2] 虽然按照今天的标准，他们的电脑程序在解决许多现实问题时有很大的局限，但是在当时，这一程序具有里程碑式的意义，并促进了人工智能与认知科学革命序幕的拉开。

在他们的理论中，信息加工面临着一个棘手的瓶颈，即短时记忆。1957年，乔治·米勒（George Miller）提出，我们的短时记忆只能存储7个左右有意义的信息“组块”，[3]他很大胆地将其称为是一个“魔术般的数字”。①但是让米勒的论文载入史册的却不是个精确的数字——如今对这一魔术数字的估值是接近4。[4]重要的是他向我们证明，通过将多个符号按照有意义的方式进行组合，我们可以大大超越人类最基本的记忆容量。

天赋实验 Ungifted

给自己15秒时间记住以下23个字母：

CI AFB IKG BDN ABB C UKC NNU SA

现在请你努力回忆看记住了多少，你可能并没有记住太多。现在，给自己15秒记住下面这串字母：

CIA FBI KGB DNA BBC UK CNN USA

我保证你的记忆表现有了突飞猛进的变化。其实这两组字母完全相同，只是分组方式变了。通过有意义的分组，这个任务不过是小菜一碟，然而随机的分组却会加大短时记忆的负担。

Intelligence Redefined

国际象棋专家深知记忆的此间之道。20世纪30年代，荷兰国际象棋大师

① 米勒指出，他从来都没有想过让大家过于在意他所说的“魔术数字”。当时他正在准备一场讲座，这只是他用来将自己不同的研究项目联系在一起的一个修辞工具。参见“George A. Miller”, in A History of Psychology in Autobiography, ed. G. Lindzey（Stanford: Stanford University Press, 1989）, 8: 391-418.

兼心理学家阿德里安·德格鲁特（Adriaan de Groot）打算通过实验来搞清楚能让最好的棋手在所有棋手中脱颖而出的原因是什么。[5]他观看象棋大师之间的对弈，并从中找出可用于实验的棋局，然后他摆出这些棋局给一批专业水准不同的新棋手看，让他们找出下一步的最佳棋招，并要求他们边思考边说出思考过程。他发现，最好的棋手总是能够选择最好的续招，能够立刻识别出棋局结构和棋子之间有意义的关系。最好的棋手会思考一些其他棋手即使经过深思熟虑也不会考虑的棋招。

但是德格鲁特的工作并未就此停止。他还摆出棋局让棋手观察几秒钟，然后让实验者凭记忆在空棋盘上重摆。初学者只能记住几个细节，而特级大师则几乎可以在短短数秒中记住所有棋子的位置——有时超过 20 个棋子。德格鲁特发现很重要却经常被忽略的一点是，棋艺较差的棋手能够从大师的走棋中获得益处，甚至能在时间充裕（10～15 分钟）的情况下重摆棋局。

这些影响广泛的研究表明，也许象棋大师拥有超强的记忆力。还有什么其他原因能使得他们超越普通人的信息加工能力极限如此之多？ 1973 年，西蒙和比尔·蔡斯（Bill Chase）决定彻底解开这个谜团。[6]他们将棋手带入实验室，摆出棋局让他们看了 5 秒钟。与德格鲁特一样，他们发现专家级棋手能够回忆起棋子的位置，而初学者只能记得大约四五个棋子的位置。还有一点也与德格鲁特的分析相一致，他们发现棋艺更高的棋手可以识别更多的组块，能够立刻看出在之前碰到过的大量棋局中曾出现过的复杂关系。相比之下，初学者更加依赖于各个棋子的独立位置。

他们还添加了一个关键的调整：除了熟悉的棋局之外，他们还向国际象棋专家展示了随机摆放的棋子，此举产生了巨大影响。突然之间，专家级棋手在记忆棋子的位置上和其他棋手相比并没有明显优势。①这表明，特级大师优势的发挥与具体的棋子位置是相关的。那么区分顶级棋手和其他棋手的因素到

① 请注意，他们只研究了三名棋手。后来的研究发现，高水平棋手即使在随机摆位的情形下也存在优势，虽然优势很小。.

底是什么呢？不管是什么，但肯定不是天生的超群的短时记忆能力。

为了解释国际象棋大师所具备的优势，西蒙和蔡斯提出，象棋专长是在该领域内投入多年所习得的组块的积累所形成的。[7]但是总共积累了多少组块呢？他们估计："粗略来讲，大师级棋手大概花 1 万 ~ 5 万个小时盯着棋盘，而一级棋手需要花 1 000 ~ 5 000 个小时。[8]他们声称，这些小时数堪比人们在进入成年时所花在阅读上的总时长。正如一个成人的阅读词汇量大约有 5 万个单词，一个象棋大师的记忆中储存了大约有 5 万个棋局模式，而特级大师的棋局"词汇量"则更大。

他们得出的结论如下：**卓越的国际象棋技能就是一个模式再认的过程，它并不需要特别的一般记忆能力。**那么，储存如此多的组块需要多长时间呢？西蒙和蔡斯认为大概需要 10 年的时间。

Ungifted

"在国际象棋中没有一蹴而就的专家——根本没有一蹴而就的大师或特级大师。在以往所有国际象棋大师的案例中，包括博比·费舍尔（Bobby Fischer），若没有至少 10 年的全情投入，似乎没有人能达到特级大师的水平。"①

Intelligence Redefined

他们的发现在国际象棋试验中得到了反复验证，同样的结论也在其他严重依赖程序性知识（懂得怎么做）的领域中出现，比如篮球、桥牌、围棋等，尽管在其他领域中这些结论的体现不如在国际象棋中明显。[9]然而，蔡斯和西蒙的理论并不完善，他们缺少一种机制来解释专家级棋手如何快速形成信息组

① 尽管他们没有否认才能的作用："显然，练习也与才能发生交互作用，特定基本认知能力的结合或许对国际象棋来说有特别的相关性。"另外，对于"世界冠军水准的特级大师可能在某些方面拥有真正的卓越才能"这一论调，他们并未给出定论。

块。大量研究发现，专家级国际象棋选手能够在寥寥数秒的接触时间内存储大量相关甚至无关的棋子组合，甚至在受到实验人员的干扰或者蒙眼的情况下，也几乎不受影响。他们可以仅通过他人描述走棋顺序在脑海中呈现棋局从而进行比赛，也可以同时下多盘棋并在脑海中记住每一盘棋局。

看来棋艺的提升似乎需要更有效的心理表征编码和操纵方式，以服务于计划的后续走法，这需要长时记忆的提取和操纵。但如果既不单是短时记忆，也不仅是长时记忆，那么到底是一种什么机制呢？接下来，我们需要看看埃里克森的研究。

一口气记住 30 个数字的绝妙方法

1977 年，埃里克森第一次来到卡内基梅隆大学从事博士后研究工作，他大部分时间都泡在图书馆里。他正在寻找一个与他的导师——西蒙和蔡斯的研究相关的研究主题，特别是与短时记忆结构相关，同时能够口头报告（protocol analysis）的研究主题。他开始埋头钻研过去一个世纪的研究。

有一天，他偶然读到 1929 年保利娜·马丁（Pauline Martin）和塞缪尔·费恩伯格（Samuel Fernberger）所做的一项研究，研究表明在接受了 50 次培训之后，两名学生的记忆力有了大幅提升，[10] 其中一名学生能够记忆的数字从 9 个增加到 13 个，另外一名从 11 个增加到 15 个。这表明，人们能够克服容量有限的短时记忆。埃里克森对这项研究十分感兴趣。

他找到他的导师蔡斯，问他是否有兴趣重做这个实验。蔡斯对这一项目非常感兴趣，随即招募了身高 1.92 米的瘦高工读生史蒂夫·法隆（Steve Faloon）作为被试。

天赋实验 Ungifted

史蒂夫是卡内基梅隆大学的本科生，他被描述为“布鲁斯·斯普林斯汀的粉丝、风趣幽默、课外活动达人”，[11] 他也是一名颇有建树的长跑运动员。高中时，他帮助他的田径队赢得市级冠军，之后就读于阿勒格尼县社区学院（Community College of Allegheny County），因为这所学院的马拉松队是全美最好的大学马拉松队之一。最终史蒂夫被卡内基梅隆大学录取，并且进入了该校的田径队。刊登在《匹兹堡新闻邮报》（*Pittsburgh Post-Gazette*）上的一篇文章写道，史蒂夫在卡内基梅隆大学的教练认为“史蒂夫·法隆之所以可以超越很多人，不是因为他有天赋，而是他有强烈的渴望”。[12]

在实验开始之前，埃里克森和蔡斯采访了史蒂夫·法隆（在心理学文献中，史蒂夫被亲切地称为 SF），以确保他是一个没有任何特别认知能力的“典型 CMU（卡内基梅隆大学）学生”。① 1978 年的夏天，训练开始了。埃里克森、蔡斯和史蒂夫·法隆每次聚在一起一小时，每周 3 ~ 5 次，一共持续了 20 个月。在实验室的时间统计超过了 230 个小时！在实验中，埃里克森会以每秒一个数字的速度读出任意一组数字，蔡斯负责检查准确性。然后，史蒂夫·法隆把他在尝试记住数字的过程中大脑里的想法说出来。如果史蒂夫·法隆把所有数字都正确地记住了，那么他们会在下一组数字中增加一位。但是，如果他错了，哪怕只错一个数字，他们也会从中减少一位数字。

最初几次训练的效果稀松平常，史蒂夫·法隆能记住的数字位数不过略高于 7 个而已，没有超出米勒所提出的魔术数字的范围。史蒂夫·法隆最初采用的策略与普通大学生并无二致。到第 4 次测试的时候，他感觉自己已经被逼到了极限，不会有太多提高的空间了。然而在第 5 次测试中，情况发生了变化。史蒂夫·法隆平均可以回忆起大约 10 个数字，这让他一瞬间超越了普通大学

① 尽管我可以向你保证，典型的 CMU 学生绝非典型的大学生！参见“Exceptional Memory and Expert Performance: From Simon and Chase’s Theory of Expertise to Skilled Memory and Beyond”, in *Expertise and Skills Acquisition*, ed. J. Staszewski. 本书已于 2013 年出版（Abingdon, Oxon, Uk: Taylor & Francis）。

生的平均水平。他是如何做到的?

史蒂夫·法隆报告称他第一次注意到，一些数字组让他联想到他所熟悉的各种赛跑的比赛用时，所以他决定将3位和4位数字组编码成赛跑用时。这就是心理学文献中所说的“精细编码”(elaborative encoding)。例如，他看到数字组“3492”,脑海中就会想:“这个接近一英里跑的世界纪录——3分49.2秒。”在训练初期，他只能识别出几个时间，**因此他的学习策略是精细编码和机械复述的结合。**

在训练过程中，埃里克森和蔡斯设计了各种各样的实验来更好地理解史蒂夫·法隆非凡记忆力背后的机制是什么。[13] 如果他们出示的数字不容易转换成跑步时长的话，他的表现便会下降到接近一开始的水平。例如，672很难转换成一英里跑的用时，因为不存在72秒这一说。毫无疑问，史蒂夫·法隆非常聪明，在训练的头4个月里他已经想出了可以更好地转换数字的精细编码方法，比如利用人的年龄和日期，例如893被记忆成89.3岁，一位年龄很大的老人，1944被联想成“临近第二次世界大战结束”的年份。他一旦开始混合使用不同的助记符，便会攻无不克。

他总会遇到各种阻碍，但是他总能制定出更巧妙的策略来克服看似存在的限制。经过一些训练后，他开始采取数字串记忆方式，这一方式是将3位和4位一组的数字编码成跑步用时和年龄等，然后再通过复述记住数字串的最后5位或6位。但是这个方法不总是有效，因为他很容易混淆，或者在回忆的时候把数字组的顺序搞错。此时，他的对策又是什么呢?他创建了一个更加复杂的心理结构。举个例子，假设给他如下所示的30个数字让他记忆:

8 8 7 4 3 3 7 4 3 5 7 4 8 3 7 0 5 5 4 7 1 2 0 4 3 1 0 5 3 7

他会将前16个数字拆分成4个一组(8874 3374 3574 8370),然后将4个组合并成一个“超级组”,包含两个高龄(88,74),一个创纪录的一英里跑(3分37.4秒),另一个创纪录的一英里跑(3分57.4秒),以及另外两个高龄

（83，70）。然后他会将接下来的9个数字拆分成3个数字为一组的3个组（554 712 043），然后合并成另外一个超级组。最后，他会将这两个超级组放在一起构成一个级别更高的分组，用来提示低级别的分组。在回忆过程中，他能够在头脑中将这一结构可视化，立体地看到所有分组的位置。一旦他在脑海中定位了一个超级组，他便能提取该分组下的所有数字组。他通过复述记住最后5个数字（10537），因此他能够立刻回忆这些数字而不需要为它们安排位置。

如果你觉得这一切看起来很复杂，没有关系，因为它本身就是很复杂的。史蒂夫·法隆能够记住如此多的数字非常了不起，更了不起的是他拥有当场组建如此复杂心理结构的能力！我在第10章中还会讲到这一点。埃里克森和蔡斯自始至终都没有教授过他如何提高记忆力："他非常积极主动，不断尝试不同的方法来提高他的记忆容量，可以说是自学成才。"[14] 史蒂夫·法隆全凭一己之力重新发现了从古至今最古老、最有效的记忆技巧之一。

古老的位置记忆法

传说，公元前5世纪的诗人——凯奥斯岛的西摩尼得斯是一次不幸晚宴的唯一幸存者。这天晚上，当站在坍塌的宴会厅前时他突然顿悟。在被问及出席宴会的宾客都是谁时，他闭上了眼睛，根据所坐的位置在脑海中还原了每一位逝去的宾客。他意识到这种技巧可以用来记忆几乎所有的事物。

西摩尼得斯的技巧——"位置记忆法"（method of loci）开始广为流传，演说家用它来背诵演讲，甚至学校也将其作为课程的重要组成部分来教授。在互联网和大众信息消费时代来临之前，人们认为拥有高超的记忆力是最高的美德之一。这项记忆技巧如此风靡，西塞罗甚至认为根本没有必要将其付诸笔端。首次提及该技术的是《修辞学》（*Rhetorica ad Herennium*）一书，该书是用拉丁语撰写的修辞与说服学教科书，著于公元前1世纪90年代，作者匿名。

即使在今天，位置记忆法依然是记忆专家使用的首要技术。在美国和国际记忆锦标赛中，世界各地的记忆大师们汇集在一起，在非常短的时间内记忆各种各样的事物。本质上讲，这就是一个十项全能脑力竞赛，分 10 项赛事，其中包括记忆名字和面孔的赛事，还有记忆一副重新洗过的扑克牌的顺序。记者乔舒亚·福尔（Joshua Foer）在他最近的著作《与爱因斯坦月球漫步》（*Moonwalking with Einstein*）一书中描写了他如何走进记忆大师的内心世界，并通过学习他们的记忆技巧最终成为 2006 年美国记忆锦标赛（USA Memory Championship）的冠军。[15]

天赋实验 Ungifted

你可以使用位置记忆法来记忆几乎所有事物。唯一能真正限制你的只有你的想象力。你越是能将一件事变得非比寻常，那么这件事就越会在你记忆的海洋中显得格外醒目，你便越有可能记得它。整个问题的关键就是让枯燥无味的信息“活”起来，这样当你需要提取记忆的时候，它就能从你的脑海里蹦出来，让一串随机的数字、字母甚至佶屈聱牙的竖行诗句变成动人的歌声。我没有开玩笑，我是说真的，让它们唱出来。如果你想要记得买意大利面，就想象一个真人般大小的意大利面条怪兽在引吭高歌，对你唱道：“抬起你的屁股来，快到商店买意面。”如果你想要记得买一条领带，就想象一条领带把自己扭成了麻花动弹不得然后恼羞成怒、破口大骂。融合不同感官可以增加更多的记忆提取线索，也更有助于记忆。如果再闻一闻领带的气味，想象它闻起来就像烧焦的棉花糖（因为你想象上周你一不小心把棉花糖丢在了篝火上），这样做可以多一层记忆维度，使得你日后记起它的可能性更大。

还有一点也很重要，就是利用一个你非常熟悉的地方，这样你可以在脑海中毫不费力地想象出这个地方的每一处走廊、每一个橱柜和每一方角落，然后将记忆内容填入其中。在我的脑海里，当我穿过大门时，高音意面怪兽向我示意，提醒我要再买些意面。当我走到沙发旁边时，我看到一条垂头丧气、把自己扭成麻花的领带。突然，我闻到一股棉花糖烧焦的气味，想起有一次在篝火旁我差点把自己的领带烧了个精光，此情此景提醒了我列表上的下一个词语——火…… 以此类推。

使用这种技巧加上一个足够大的“记忆宫殿”，你几乎可以记住任何东西。有研究表明，位置记忆法或许是发挥了人类某种与生俱来的能力，也就是通过动用海马，利用空间情境作为获取信息的方式。[16]

史蒂夫·法隆的记忆广度最终达到了 82 位，这让米勒的魔术数字望尘莫及。然而很显然的是，他的“先天”短时记忆并没有改变，他用来帮助记忆的组块中的元素以及每个超级组中的小组个数从未超过 4 个（如前所述，这一数字更接近魔术数字），而数字串结尾通过复述记忆的数字也极少超过 6 位。当埃里克森和蔡斯用字母等其他信息对他进行测试时，他所能记忆的数量不超过 6 个。

尽管如此，史蒂夫·法隆的非凡记忆成果依然令人惊叹。经过 100 小时的练习后，他用来记忆 50 位数字的时间减少了一半，他甚至可以记住实验人员以每秒 5 个数字的速度（实验人员出声朗读的最快速度）读出的 11 位左右的较短数字串。他也能够完成曾经被认为只有天赋过人的记忆大师（比如著名的“实验对象 S”）才能做到的“壮举”。20 世纪 60 年代，神经系统科学家亚历山大·鲁利亚（Alexander Luria）对新闻记者舍雷舍夫斯基（S.V.Shereshevskii，简称 S）的记忆进行了长达 20 年的调查。S 展示出不可思议的记忆能力，能够记住一系列随机的信息，比如无意义的音节、复杂的数学公式和外文诗歌等。鲁利亚在一篇论文中写道，S 仅用 3 分钟的时间便记住了一个由 50 个数字组成的矩阵的全部细节。

很快，埃里克森和他的同事扩大了研究，对其他学生也进行了测试，包括另外一名卡内基梅隆大学的研究生和一名科罗拉多大学的学生。3 名学生的记忆广度最终都达到了 18 位以上。经过四年半的训练，一位名叫“DD”的学生的记忆广度达到了 106 位！他也能够完成 S 所能完成的同样任务。来自其他实验室的研究人员也发现，通过训练，人们能够克服先天记忆的“限制”。

埃里克森及其同事甚至测试了一些记忆大师，包括背诵圆周率的吉尼斯世界纪录保持者吕超（67 890 位）、友寄英哲（40 000 位）和拉詹·马哈德万（31 811 位）。所有 3 人（拉詹·马哈德万可能除外）采用的似乎都是精细编码的方法，他们并没有过人的先天记忆。例如，高桥政信（Masanobu Takahashi）和他的同事估计，友寄英哲投入了大约 9 000 ~ 10 000 个小时的练习才取得了非凡的记忆成果。[17] 这是多么大的付出啊！

在史蒂夫·法隆完成实验从卡内基梅隆大学毕业后，他去了匹兹堡任教，教授高中心理学、社会学和健康课程。他组建了一支男子田径队、一支女子田径队和一支女子篮球队，还开设了一门戏剧课，鼓励从未登台演出的学生来上他的课。1981 年 5 月 14 日，仅在他完成他非凡的记忆壮举数年之后，23 岁的史蒂夫·法隆被一种罕见的骨髓疾病夺去了生命。紧接着在 1983 年，43 岁的比尔·蔡斯在一次跑步中离世。[18] 他们开启了一个全新的时代，让人们相信自己心智蕴含的巨大能量，虽然他们走了，但是人们不会忘记他们。

专家的大脑有何不同

蔡斯和埃里克森用于训练记忆力的研究方法很快风靡科学界，各行各业的研究人员都试图对专家的大脑进行逆向研究。他们调查了许许多多不同形式的专长，包括国际象棋、桥牌、物理科学、计算机编程、打字、杂耍、音乐表演、政治科学、销售、医疗诊断、体育运动、游戏和舞蹈等。在 1991 年编写的《探索专长的通用理论》（*Toward a General Theory of Expertise*）一书中，埃里克森和雅基·史密斯（Jacqui Smith）将众多心理学家的研究成果做了一个汇总。[19] 书中表明，在严格控制的实验环境中研究人类思维和推理的方法同样适用于现实生活中各种形式专长的研究。他们为这种新范式起了一个名称：专业表现研究方法（the expert performance approach）。

天赋实验 Ungifted

专业表现研究的具体方法如下：找到一组一贯擅长某件事的人，无论是最佳国际象棋续招、演奏一曲激动人心的小提琴协奏曲、做准确的医疗诊断，还是预测一名足球运动员的下一步动作，然后设计可以在实验室中实施的具有代表性的任务。将拥有不同专长水平的人带入实验室，使用诸如口语报告、反应时和眼球追踪等各种实验，以尝试找出是何种认知过程造成了专家和新手之间的区别。可以通过对刺激物（不管是一个音符还是一串 30 位的数字）进行操纵来观察专家的反应。

在遵循严格实验流程的基础上，研究人员可以不依赖被试及其导师、家人和朋友的报告，而是提出他们自己关于被试真正思维过程的见解。

Intelligence Redefined

多年的研究表明，专家之所以成为专家不仅是因为他们在各自的专长领域懂得更多，[20] 至关重要的是，他们的知识组织结构更好，有更丰富的知识网络，知识网络之间也有更强的联系。

专家还拥有更加复杂的心理表征，使得他们能够预见下一步动作、控制其表现的必要方面以达到更高水平，以及在进行下一步动作之前快速评估不同的替代方案。这样他们便能够以给定问题作为起点向前推进，而不是从目标出发向后回溯，如同没头苍蝇乱打乱撞。专家能够更快速地识别相关信息，因为他们有许多策略存储在他们错综复杂、紧密连接的信息汪洋里。

1995 年，埃里克森和金西（Kintsch）提出，专家所具备的优势背后的认知机制是长期工作记忆（long-term working memory，简称 LTWM）。[21] 长期工作记忆并非负责信息或组块短暂保持的短时记忆，也不仅是需要对信息进行同步保持和操纵的工作记忆，甚至不是与提取永久记忆有关的长时记忆。相反，长期工作记忆是工作记忆和长时记忆的结合，是指根据长时记忆里储存的知识库对暂存于工作记忆中的信息进行深度编码。专家使用长期工作记忆来预测未来走势并建构更加精细的表征和图式。

多方研究表明，专长具有惊人的影响力，在预测复杂推理上有时可胜过智商。[22] 有研究显示，没有受过教育的贫困儿童在允许他们利用自己的专长时是能够解决问题的，然而当同样的问题以抽象的方式呈现时，他们可能会失败。[23] 在一些成年人身上也有类似发现：他们能够在自己的专长领域内做相当复杂的推理，而当他们对专长领域之外的内容进行操作时却表现很差，不管是需要记忆酒水单的酒保还是长于心算的超市常客，情况皆是如此。[24]

在进行了无数基于现实生活的研究之后，加里·克莱因（Gary Klein）及其同事得出了以下结论：专长与识别以往发生的情形及自动提取与该情形相符的图式相关。[25] 瓦莱丽·雷纳（Valerie Reyna）认为，专家掌握了可以让他们依照知觉做出快速有效决策的知识，而新手则需要耗时耗力地做刻意推理。[26] 蒂莫西·威尔逊（Timothy Wilson）和乔纳森·斯库勒（Jonathan Schooler）也说明了决策过程中自动加工的重要性，他们认为在进行复杂和多属性的决策时，有意避免过分的审慎思考有时反而会带来更好的结果。[27]

然而，专长并非无可指摘。从专业表现理论的视角来看，“专业表现”这个词语有非常确切的科学定义，它指的是可重复的卓越表现。埃里克森和同事一再指出，仅仅给某人主观地冠以“专家”的标签并不会让他成为一个真正的专家。

Ungifted

喜剧演员史蒂夫·马丁曾经说道：“伟大不是难事。每位艺人都会有春风得意的美妙夜晚。这样的夜晚是偶然的，是符合统计学规律的。就像扑克里的幸运牌，只要假以时日，终究能等到它。真正难的是做到‘好’，不论身处的环境多么糟糕都能日复一日，不断坚持。”[28]

Intelligence Redefined

过分依赖专长会使我们变得顽固死板，从而无法做出可靠的决策。因此，专长最重要的一个方面——模式的即时识别，在忽略情境的情况下可能会成为最大的毒瘤。事实上，针对众多行业专家的研究，从心理治疗师到预报员再到品酒师，都未能体现持续的卓越表现。[29] 如克里斯托弗·查布里斯（Christofer Chabris）和丹尼尔·西蒙斯（Daniel Simons）在他们的著作《看不见的大猩猩》（*The Invisible Gorilla*）①一书中所述，当我们对自己的关注能力和快速印象过于自信的时候，现实生活中的各种“错觉”就会误导我们。[30] 他们认为，如果有更充分的时间，即使是专家级的国际象棋选手也可以给出更佳续招。[31] 在书的结尾查布里斯和西蒙斯非常睿智地写道：“我们相信，成功决策的关键在于知道何时应该信任你的知觉，何时应该提防它并且不辞辛劳三思而后行。”[32]

区分单纯的专家和表现卓著者的一个明显特征并非间或体现的深思熟虑，而是能够持续不断地付出一种非常特殊的脑力劳动，这就是刻意练习。

花 1 万小时你就能成为天才吗

埃里克森、拉尔夫·克兰佩（Ralf Krampe）和克莱门斯·特施 - 罗默（Clemens Tesch-Romer）梳理了大量针对精英表现决定因素的研究成果，得

① 心理学史上著名的“大猩猩实验”揭示了包括自信错觉在内的生活中常见的 6 大错觉，实验设计者克里斯托弗·查布里斯和丹尼尔·西蒙斯所著《看不见的大猩猩（经典版）》对该实验做了详细解读，本书中文简体字版已由湛庐文化策划、北京联合出版公司出版。——编者注

出了如下结论：我们试图找出杰出人物身上决定其卓越表现的特点是否有基因基础的尝试大体被证实是不成功的。[33] 他们对精英表现的产生提出了另一种解释：刻意练习。

他们将刻意练习与其他活动如工作和娱乐做了区分。他们指出，刻意练习不是一项活动的简单重复。“研究表明，当实验室训练周期足够长时，仅仅让一个有动机的个体接触一项任务并不能保证他可以达到最佳表现水平。”[34] 相反，刻意练习是一种高度结构化的活动，提升个体的现有表现水平是其明确宗旨。

刻意练习活动有助于让他们去关注影响表现的关键环节，并依照来自导师的结果汇报或表现反馈（或两者兼有）循序渐进地提升自己的表现水平。虽然活动本身就已经十分有趣（事实上这很可能是个体一开始被某项活动吸引的原因），并且最终取得的成就（比如在卡内基音乐厅为成千上万的乐迷表演）可能也会让人觉得非常值得，但是研究人员强调，刻意练习的具体过程并不有趣，需要付出极大的努力和专注。

区分掌握和杰出的因素是什么？埃里克森和同事认为，杰出是在一个领域长达 10 年的循序渐进和持续不断刻意练习的结果。为了支持这个“10 年法则”，埃里克森及其同事引用了关于国际象棋（包括前面讨论过的西蒙和蔡斯的经典研究）、音乐、数学、网球、游泳和长跑的研究结论。他们描述了约翰·海斯（John R.Hayes）对 76 位古典作曲家的职业生涯的调查研究。在该项研究中，海斯通过分析观察发现，这些作曲家的第一首较好作品一般是在他们开始在音乐上获取专长 10 年之后才出现的（更多研究细节后面章节还会提到）。[35] 埃里克森和其同事指出：“由此推断，作家和科学家也需要做长期的准备工作，不过相较而言，作家和科学家的职业生涯起点更难确定。”[36] 10 年法则的观点实际上可以追溯到更早的威廉·布赖恩（William Bryan）和诺布尔·哈特（Noble Harter）的研究。[37] 早在 1897 年 7 月，他们便提出了一个人需要十几年的专业经历才能“成为一个绝对老练的出版调度员”。[38] 他们进一步做出猜测，认为他们的理论也适用于“国际象棋、几何、化学等类似领域”。[39]

天赋实验 Ungifted

为了测试 10 年法则，埃里克森及其同事邀请来自西柏林音乐学院（Music Academy in West Berlin）的小提琴手用日记的方式详细记录了他们一周中的练习情况。他们要在一天结束的时候记录下他们当天的所有活动连同起止时间，并回忆所有活动的完整顺序。埃里克森和其同事将判定为刻意练习的活动挑出来，分析了这些活动的持续时间和规律性，并将有望成为国际独奏家的精英乐手与成就较低的乐手间刻意练习的不同程度做了比较。

在一周当中，所有这些专家级的乐手花在与音乐相关的活动上的总时间大体相同，均为 50 ~ 60 小时。然而单纯的投入并不是最优秀者脱颖而出的真正原因。两个成就最高的小组的专家乐手们一周中花在单独练习上的时间（25 小时）是成就最低小组专家乐手（10 小时）的两倍还要多。最优秀的小提琴手花在单独练习上的时间约为每天 4 小时（包括周末）。他们在日记中写道，单独练习时，他们会将注意力放在音乐老师在上一节课中指出的他们有待完善的地方。

此外，埃里克森和其同事也让所有的小提琴手估计他们自学琴起每一年每一周单独练习的平均小时数。估计结果显示，最精英的小提琴手在 18 岁时累积的刻意练习小时数（约 7 410 小时）与国际级管弦乐团的专业中年小提琴手相当（约 7 336 小时）！截至 20 岁时，成就最高的乐手估计他们花在刻意练习上的时间超过了 10 000 小时，比另外两个成就较低小组的专家乐手分别多出 2 500 小时和 5 000 小时，比同龄业余钢琴手多出 8 000 小时。图 9-2 表明了上述结果。

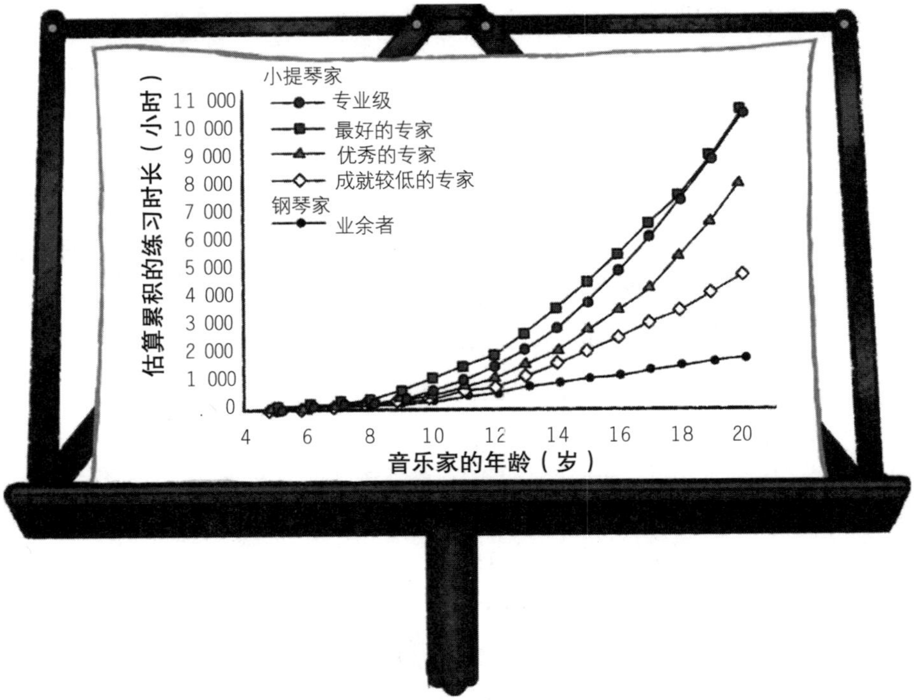

图 9-2　刻意练习在专业表现习得中的作用

资料来源：数据来自 K. A. Ericsson, R. T. Krampe, and C. Tesch-Romer, "The Role of Deliberate Practice in the Acquisition of Expert Performance", *Psychological Review* 100（1993）: 363-406. 图表改编自 K. A. Ericsson, R. A. Roring, and N. Kiruthiga, Giftedness and Evidence for Superior Performance: An Account Based on the Expert Performance Framework", *High Ability Studies* 18（2007）: 3-56.

埃里克森和同事认为这些结果为其理论提供了支持。在他们看来，个体一旦踏上了通向精英的那条蜿蜒曲折的漫漫长路，那么通过刻意练习，便能够习得技能，也能够促使表现水平不断提高。假以时日，这些已经建立起来的结构能够使最大的可能练习时间增加。他们认为，成就最高的人士在早年便开始练习并且一直保持较高强度的日常练习。

埃里克森和同事承认天赋才能有可能会影响表现，因为对于同样的活动，天分高的人付出同样的努力能够有更多的练习，但他们对获取这一可能性的证据不以为然。其一，他们认为一旦个体开始了刻意练习，那么要辨别天赋之才能和习得之品质几乎是不可能的。其二，他们认为刻意练习并不是“多次重复做同样的事情”，而是需要付出努力、全心全意投入到为提升表现而设计的活动中去。

在研究初期，他们并没有完全排除“活跃度”和“情绪性”等人格因素的影响，但是除身高以外，有杰出表现的人士可以在刻意练习中获得几乎所有令他们脱颖而出的品质，同时他们否认先天才能本身在限制成年人的表现中扮演任何重要角色。相反，他们认为“对天赋才能的看法”发挥着至关重要的作用：“我们也认识到，被家长和老师告知他们有才华，就像是说基因赋予了他们不同寻常的礼物，这在很大程度上能增加他们的动力以及自信，并且在跌宕起伏的过程中保护年轻人对抗对最终成功的怀疑。”①[40]

埃里克森和同事很清楚地阐明，虽然他们否认先天能力对获得卓越表现的限制，但是并不意味着卓越表现可以轻松获得。他们指出，许多精英人士克服了多重阻碍，比如投入大量的时间和精力，培养保持关注所必须的动机，设法获取重要资源，从周围环境中获得支持以及避免疲劳、疾病、受伤和失败等。

Ungifted

埃里克森及其同事做了如下总结：“如果我们不再仅仅把专家看作某个领域的专业人员，而是看成保持高强度练习和不断追求提升其表现的专家，那么我们也许会发现关于学习和教育的最佳条件的宝贵信息。”[41]

Intelligence Redefined

近年来，刻意练习方法被用于大量的相关研究项目中。这是一个激动人心的新研究方向，让我们来看一看其中的一些案例。

① 这与成长型心理定向形成了很强烈的对比（见第7章）。

坚毅

安杰拉·达克沃思和她的同事在2007年的一篇论文中提出了一个新的心理学概念——坚毅，[42]这个词立刻火遍了大众媒体。他们将“坚毅”定义为“对长期目标的坚持与激情”，并引用了著名发展心理学家本杰明·布鲁姆针对世界级钢琴家、神经学家、游泳健将、国际象棋大师和雕塑家的发展所做的一项经典研究。[43]在做了大量深度访谈之后布鲁姆得出结论：“在120名参与者中，只有几个人被他们的老师、家长或一些专家认为是天才。”[44]布鲁姆观察到，在每个领域中，最成功的人都对自己的领域有强烈的兴趣，都有在该领域做到顶尖的渴望，也都有付出成功所必需的时间和努力的意愿。成就最高的人就是那些每天都付出努力并坚持至少10年甚至15年的人。

达克沃思及其同事将坚毅同责任感及自控力做了区分。他们认为坚毅的根本特征是“长期耐力而不是短期强度”。他们也把坚毅同成就需要（need for achievement）做了区分。戴维·麦克利兰将成就需要定义为完成能获得即时反馈的可控目标的驱力。[45]成就需要高的人通常不会追求将他们带离舒适区的目标，其需要往往是无意识的。与此相反，坚毅的人会有意设置具有挑战性的长期目标，即使在没有即时回报的情况下也会坚定不移。

为了测试他们对坚毅的独特性的看法，达克沃思与同事制作了一个简短的自我报告问卷，他们称之为“坚毅性量表”（Grit Scale）。该量表可以测量一个人在遭遇挫折时坚持不懈的能力和长期保持兴趣的能力。量表内容如下（测试一下你自己）。

兴趣的一致性：

1. 我通常会设定一个目标，但后来会选择追求另一个目标；
2. 有时候新想法和新项目会让我的注意力从上一个想法和项目上转移；
3. 每过几个月我都会对新的目标产生兴趣；
4. 我的兴趣逐年变化；
5. 我一度对某个想法或项目着迷，但很短一段时间后，我便失去了兴趣；

6. 我很难对持续数月才能完成的项目保持专注。

努力的坚持性：

1. 我实现了一个需要数年付出才能达成的目标；
2. 我克服了挫折，征服了一个重要的挑战；
3. 我总是有始有终；
4. 挫折并不能让我气馁；
5. 我能吃苦；
6. 我很勤奋。

不出所料，达克沃思与同事发现他们的量表与人格特质中的责任感特质高度相关。虽然与其他几种特质的关联性较弱，但是他们也发现，坚毅的人往往更少表现出神经质，通常更具宜人性、外倾性并且对新体验具有更多的开放性。至关重要的是，坚毅性还能够预测许多超越上述人格特质的成就，比如，具有坚毅品质的本科生平均绩点更高（即使 SAT 成绩较低）；具有坚毅品质的西点军校学生选择夏季留校的比率更高，学生素质更高（经由某委员会评估）；具有坚毅品质的全美拼字比赛（Scripps National Spelling Bee）选手拥有更高的排名。

天赋实验 Ungifted

在最近的一次研究中，达克沃思和埃里克森（还有一些其他同事）合作将坚毅性与刻意练习方法做了整合。[46] 他们发现在全美拼字比赛中，投入更多时间进行单词拼写和词源的单独学习（他们对刻意练习的衡量）的选手更有可能取得好成绩，并且单独学习是一个更好的预测标准，优于其他活动如口头休闲活动（例如做单词游戏）和测试准备（例如由他人或电脑程序进行测验）。

他们还发现，坚毅量表得分更高的选手比坚毅性较弱的选手进行了更多的刻意练习，刻意练习的总时数解释了坚毅和拼字成绩表现之间的关联。很有意思的是，他们还发现经验开放性（openness to experience）与拼写成绩之间存在负相关。这表明对于一些需要高度纪律性的活动（譬如学习拼写单词）来说，开放性和好奇心可能会妨碍成功必需的刻意练习。（更多关于经验开放性的内容见第 12 章。）

Intelligence Redefined

虽然有关坚毅的研究项目前景一片看好，但是关于坚毅是否为异于责任感的不同特质依然众说纷纭，坚毅和责任感始终表现出很高的相关性。[47] 关于坚毅性是否比智商更易通过训练获得的问题也同样尚无定论。尽管如此，我依然乐观地相信坚毅性是可以通过训练习得的：我们在前面的章节中已经看到动机和自我调节具有可塑性并且高度依赖于情境，包括我个人研究在内的大量研究正在对坚毅性施加进一步的干预措施，我对这些实验的结果非常期待。

自我调节学习策略

艾伯特·班杜拉（Albert Bandura）写于 20 世纪 60 年代的早期著作中也提到了一些与刻意练习方法具有概念相似性的内容。班杜拉反对"学习是被动的"这一观点。相反，他非常强调积极使用策略的重要性。[48] 作为对这项研究的拓展，巴里·齐默尔曼（Barry Zimmerman）和马丁内斯·庞斯（Martinez Pons）在 1986 年发表了一篇论文，开启了对自我调节学习策略（self-regulated learning strategies，简称 SRL）这一全新领域的研究。[49]

齐默尔曼和庞斯访谈了 40 名成绩较好的十年级学生，将他们的回应与 40 名成绩较差学生的回应进行了比较。他们特别询问了学生在上课、学习和完成作业过程中所采用的学习策略。在访谈过程中，他们归纳了 14 个自我调节学习策略。他们发现，高成绩组的学生与低成绩组的学生的区别在于，他们是否使用了这些策略、使用了多少以及是否持续使用。

过去几十年中涌现了许多以自我调节学习策略方法为基础的研究，近期有研究人员将这一方法与专家行为研究进行了融合。[50] 基鲁提加·南达戈帕尔

（Kiruthiga Nandagopal）和埃里克森在最近的一项研究中调查了生物学专业高年级本科生对自我调节学习策略的使用。[51] 因为这些学生“做出了积极的决定，踏上这条追求生物科学专长的旅途”，他们符合专家行为研究的标准。[52]

他们使用专业表现理论中的一个关键研究方法来分析学生们在 3 周中写下的日记，并对自我调节学习策略的采用与否、使用频率和持续时间（总小时数）进行了估计。他们将这 14 种自我调节学习策略分成了 6 个大类：自我调节（自我评估、目标设定、计划制订等）、组织、搜集信息、记忆、寻求帮助（如寻求同伴、导师和教授的帮助）以及复习（复习以前的问题、笔记和教材等）。然后他们根据学生上课前的平均绩点（GPA）将学生分为三组：高成绩组（GPA＞3.7），一般成绩组（GPA≥3）以及低成绩组（GPA＜3），并对三组学生的日记进行了比较。

他们发现，相比其他学习周，学生在期中考试周使用组织、转化和复习笔记策略的频率更高、时间更长，这一点并不意外。然而通过对不同组学生的日记进行比较，他们发现了真正有价值的结果。高成绩组学生称，他们采用了大量不同的策略。时机也很重要：在期中考试周，与低成绩组学生相比，高成绩组学生更积极地向同伴寻求帮助，花在学习上的时间也更长；相反，与一般成绩组学生相比，低成绩组学生在临近期末时更多地使用这些策略。与一般成绩组和低成绩组学生相比，高成绩组学生总体上较早地开始花费大量时间参与与学习相关的活动，之后差异不大。

尽管 SAT 成绩与 GPA 有很大的相关性，但是一旦引入自我调节学习策略，SAT 分数便无法解释 GPA 的变动。有趣的是，只有采用日记法时，这三个组的差异才会表现出来，在访谈中并未出现类似情况。由于日记评估了每一天的策略使用情况，所以这些结果可以表明策略的有效性高度依赖于情境和过程中的具体时间点。

另一项最近的研究进一步证明了认知策略在预测长期成就中的重要性。古·穆拉亚马（Kou Murayama）及同事选择了一个由五年级到十年级的德国学生组成的样本，研究了动机、认知策略和智商对长期数学成绩提升的同步预测。[53]他们对数学成绩的测试包括算术、代数和几何等能力。在研究初期他们发现，智商、动机和认知策略可以有效预测数学成绩，其中动机和认知策略的预测系数高于智商。

然而当他们考察成绩长期增长的预测标准时，情况发生了变化。纳入人口学因素之后，智商与数学成绩增长的相关性不再。与此相反，知觉控制（perceived control，如“学数学时我越努力，成绩会越好”）、内部动机（intrinsic motivation，如“我为数学付出很多努力是因为我喜欢数学”）和深度学习策略（如“我复习时，会试着把数学中的不同部分联系起来”）依然能够有效预测数学成绩的增长。此外，表层学习策略（如“对于一些数学题目我记住了正确的解题步骤”）则负向预测数学成绩的增长。

Ungifted

研究人员认为这些结果与马太效应有关：越是具备较强内在动机和有效认知策略的个体，越倾向于提升自身能力，而越是不具备这些特质则越倾向于降低能力。久而久之，高能力与低能力者之间的差距日渐增大。这也就是为什么我们应该为人们积极投入学习提供良好的条件，并教授人们掌握成功所需要的策略。

Intelligence Redefined

由此看来，自我调节的学习策略和刻意练习方法的结合也许能够让我们真正理解有效的学习以及长期的成长和发展。

希望

与刻意练习相关的另一个关键概念是“希望”。1991 年，积极心理学家查尔斯·斯奈德（Charles Snyder）和同事提出了“希望理论”。[54]根据他们的理论，希望由意愿（agency）和路径（pathway）两部分组成。拥有希望的人具备实现目标的意愿和决心，以及一组可供他们达成目标的不同策略。简单来说，希望包括实现目标的意愿和达到目标的不同方法。

两者都很重要。生活不易，生活中的障碍不可避免，仅仅拥有目标是不够的，我们还必须不断地向目标靠近，即便面临生活中难免出现的困难和曲折。希望使得人们能够以适合成功的心态和策略来处理问题，以提升实现目标的几率。加布里埃莱·奥丁根（Gabriele Oettingen）、彼得·戈尔维策（Peter Gollwitzer）和同事们进行的系列研究表明，心理对照（mental contrasting）和执行意图（implementation intentions）对实现目标都非常重要。心理对照指的是把对未来的梦想与实现梦想过程中可能遇到的现实障碍做思考比较；执行意图指制订详细的计划，明确你何时、何地以及如何采取实际行动使得你的梦想更有可能实现。[55]

在最近的一项研究中，达克沃思、海迪·霍尔沃森（Heidi Grant Halvorson）、本杰明·勒夫（Benjamin Loew）、奥丁根和戈尔维策请一组正在准备高风险的标准化 SAT 预备测验（Preliminary SAT，简称 PSAT）的高中生完成一项 30 分钟的书面干预任务，这项干预任务既包含心理对照（生动地想象目标并写下可能存在的障碍），也包含执行意图（提出两个障碍出现时的应急方案）。而对照组的任务则是描写一个有影响力的人或一件影响深远的事。他们发现，干预组的学生在 SAT 预备测验中完成的题目数量比对照组的学生高出了 60% 以上。[56]

这些结果表明，正如斯奈德和同事界定的那样，希望不是一种感觉良好的情绪，而是一个动态的认知动机系统。希望理论认为，情绪紧随认知之后，而非相反的方向。与希望相关的认知非常重要，一个人的希望水平决定了他们会选择学习目标还是成绩目标。[57] 根据他们的理论，缺乏希望的人往往会采取成绩目标，即选择无法带来成长挑战或者成长机会的简单任务，当他们失败时，便会放弃。他们表现得渺小无助，感觉对身处的环境缺乏控制，也不相信自己有能力追求他们想要的未来。换句话说，他们没有希望。

科学是站在希望这一边的。斯奈德和他的同事们设计了一种方法来量化希望——不论将其看作个体的稳定特质还是一种任意时候均可选择的状态。他们的“希望量表”已经被翻译成了20多种语言，包含意愿（如“我精神饱满地追求我的目标”）和路径（如“任何问题都有很多解决办法”）两个方面的测量项目。

无论是将希望作为特质还是作为状态来衡量，希望总是与积极的结果相关。曾经，研究人员花费6年时间研究了希望对大学生学业成就的影响。[58]他们发现，即便考虑到被试原先的平均绩点和美国大学入学考试（ACT）成绩，希望依然与6年后较高的平均绩点有关。相对于低希望水平学生而言，高希望水平的学生顺利毕业的可能性更大，因为成绩差而被学校开除的可能性更小。研究人员也考察了希望对运动员的影响。一项研究表明，运动员比非运动员拥有更高的希望水平。[59]通过希望水平也可以预测学生的学期平均绩点、总平均绩点以及总体的自我价值感，在对一组女子越野运动员的研究中发现，希望的状态对竞技成绩的预测系数超过了训练以及运动员的自尊、自信和心境。

在最近的研究中，利兹·戴（Liz Day）和她的同事发现，希望与学业成就的关联系数超越了智商、发散性思维（能够产生大量想法的能力）和责任感。[60]在这一研究中，她们将希望当作一种特质进行了测量。丽贝卡·戈雷斯（Rebecca Gorres）在她最近的本科毕业论文里谈道，情境性希望（situational hope）与发散性思维有关。[61]在她的研究中，与未受指导的被试相比，受到指导进行充满希望的思考的被试（例如“让你追求目标的动机是什么？”“有哪些其他的路径可以让你达成目标？”）能更出色地进行远距离联想，他们能产生更多的想法，并且能够为其想法增添更多的细节。

鉴于发散性思考者擅长提出许多不同的想法（见第12章），而希望包含提出大量不同的策略以实现目标，因此希望和发散性思维之间的关联是合乎情理的。

Ungifted

戈雷斯写道："我们也许可以通过提醒人们他们具备了动机以及追求某一目标的方法，从而在短期内提升他们的表现。这种'情境性希望'也许在未来可以作为提升表现的短期干预手段。在对表现和成就有要求的考试或其他情形到来之前提醒人们，他们已经具备了意愿和方法，能够有很出色的表现。这样，他们便能更好地发挥潜力。"

Intelligence Redefined

希望与自我效能感和乐观等其他心理能力是有区别的。自我效能感指的是你认为自己能够掌握某一领域的信念；乐观指的是一种认为一切都会"好起来"的普遍期望。希望、自我效能感和乐观都是重要的期望形式，都有助于目标的实现。虽然三者均包含对未来的期望，但是三者之间还是存在微妙而重要的差异。拥有自我效能感的人期望他们能够掌握某一领域，而乐观包括对未来结果的积极期望，而不考虑个体对结果的个人控制。

与自我效能感和乐观不同，拥有希望的人同时具备实现目标所需的意愿和策略。那么希望是如何与其他心理能力一争高下的呢？菲利普·马加莱塔（Philip R.Magaletta）和奥利弗（J.M.Oliver）对希望、自我效能感和乐观进行了测量，发现希望的作用远远超越了其他两者。[62] 他们还发现了具体的影响：希望的意愿成分所预测的幸福感独立于自我效能感，而希望的途径成分所预测的幸福感则独立于乐观。在另一项研究中，凯文·兰德（Kevin Rand）和他的同事发现，希望（而非乐观）对法学院研究生成绩的预测系数大大超越了法学院入学考试（LSAT）成绩和本科成绩，[63] 法学院入学考试成绩对学生在法学院的平均绩点却没有显著的预测作用，这一点耐人寻味。看来，在预测学生在法学院就读期间的成绩上，12 个项目组成的希望水平测试也许比标准化的入学考试更有效！此外，希望和乐观均独一无二地预测到了学生们在第一学期末时更高的生活满意度。

看起来希望（包括意愿和路径）似乎是影响刻意练习的一个重要因素。

心理定向、激情、自我调节与刻意练习间的关系

其他近期的研究表明，激情、心理定向、自我调节和刻意练习之间有着非常紧密的联系。热尼·伯内特（Jeni Burnette）和同事在最近的一篇论文中回顾了大量探讨心理定向（固定型心理定向与成长型心理定向）与各种自我调节过程之间关系的文章。[64] 他们在论文里提出了大量有价值的观点，这里列举其中的三个要点：

1. 心理定向对我们设定的目标（目标设定）、尝试用来实现目标的方法（目标操作）以及评估进展的方式（目标监测）来说很重要。
2. 心理定向与这三个自我调节过程[65]之间的关系十分微妙。例如在遭遇挫折之后即自我受到威胁后，心理定向和自我调节之间的联系会变得尤其强。
3. 心理定向对成就最重要的影响体现在监测过程上。具有成长型心理定向的人在面对挫折的时候更善于调节他们的情绪和期望，这有助于他们实现目标。

另外一组近期的研究表明，激情和刻意练习之间存在紧密联系。瓦勒朗及其同事以 143 名参加喜剧艺术专业课的学生为研究对象，调查了激情对他们的作用。[66] 这些学生均有志于从事电视、电影行业的剧场演员和喜剧演员。研究人员发现，和谐型激情和偏执型激情均可正向预测刻意练习的总量，反过来，刻意练习能正向预测教师对成绩表现的评级。然而，只有和谐型激情与生活满意度相关。

研究人员也调查了激情对 130 名参加心理学选修课的本科生的作用。他们发现了从和谐型激情到刻意练习的直接路径：**对学业抱有更多和谐型激情的学生往往更容易投入刻意练习。**他们还发现了从心理定向到刻意练习的直接路径：**掌握型心理定向可直接预测刻意练习，而刻意练习和成绩 - 接近目标的心理定向则可预测成绩表现。成绩 - 回避目标对成绩没有影响。**

但研究人员也发现了间接路径。拥有和谐型激情的学生更有可能以掌握为目标进行学习，而这一成长型心理定向预测了更高水平的刻意练习。相比之下，偏执型激情则相对复杂，因为它可预测所有的三种心理定向：掌握、成绩-接近以及成绩-回避。和谐型激情与主观幸福感呈正相关，而偏执型激情与主观幸福感呈负相关。后续的研究对象涉及高中篮球运动员、花样游泳运动员、水球运动员和古典音乐家，[67] 也得到了类似的结果。

这项研究表明，通向卓越表现的激情路径至少有两种。第一条路径——和谐型激情路径，最直接，在心理上也最健康，其重点是掌握和成长目标，而不是外在形象或者超越他人。这条道路由积极情绪、快乐和活力所驱动。第二条路径——偏执型激情路径，是一条更加曲折的道路。这条路上有可促进表现提升的目标，但同时也有其他可损害表现的目标，比如回避可能带来进一步成长的挑战。此外，这条道路也是由较低水平的主观幸福感所驱动的。

因此，激情影响刻意练习，但并不是所有的激情路径都是由同样的心理定向所驱动的。

“10年法则”只是一个平均值

这些研究令人兴奋，因为它们都证明了激情、成长型心理定向、坚毅和刻意练习对实现目标的重要性。但这是卓越表现的全部内容吗？我们可以就此终止讨论吗？答案是否定的。很少有研究人员质疑刻意练习的重要性，但依然颇具争议的是，刻意练习是否是卓越表现的充分条件。近年来有大量的研究涌现，表明还有一些值得注意的细节问题。其中一个方面就是，人们越来越清晰地认识到“10年法则”并不是一个固定的阈值而是一个平均值，不同个体偏差很大。人们习得专长的速率千差万别。

迪恩-基斯·塞蒙顿指出，海斯以古典作曲家为研究对象针对10年法则的经典研究在研究方法上忽略了一些关键的细节，也犯了一些非常明显的错误。[68]海斯写道："阿尔贝尼兹的第一首杰出作品是在他职业生涯的第72个年头写下的。"[69]但这是不可能的。阿尔贝尼兹的最后一部重要作品《伊比利亚》大约创作于46～49岁，因为阿尔贝尼兹在49岁的时候便去世了，所以很难想象他如何在72岁时创作他的第一部杰作！这使人们对海斯的其他研究分析也产生了怀疑。

因此，塞蒙顿决定亲自做研究。他选择了120名古典音乐作曲家组成了一个大样本，[70]其中的100名作曲家几乎包揽了绝大多数古典音乐的重要作品，由此确保没有一名值得研究的作曲家被遗漏。塞蒙顿找到了可以证明刻意练习重要性的证据：几乎没有作曲家能在职业生涯的起步阶段写出杰出作品，他们需要一定时期的准备。平均来讲，这些作曲家的首部出名作品的创作时间是在他们正式接受古典音乐教育17～22年之后，以及在他们创作首部作品10～14年之后。

但是塞蒙顿并未就此停止。他观察到这些平均数据掩盖了相当大的个体差异。一些作曲家只用了两年时间便创作出经典的古典乐曲，而其他作曲家可能用了几十年。除此之外，快速获得成就的作曲家毕生所创作的名作数量往往更大，他们在创作最后一部重要作品时的年龄也更大，并且在古典音乐界通常拥有更高、更久远的声誉。

在艺术和科学的其他领域还发现了其他偏离"10年法则"的现象，[71]然而并不是所有的领域都表现出了早期优势。詹姆斯·考夫曼（James C. Kaufman）和克劳迪娅·金泰尔（Claudia Gentile）研究了作家首次出版创意写作作品的年龄、生涯产量（创作的作品数量）和成功（获得诺贝尔奖或普利策奖）之间的关系。[72]虽然他们发现作家首次发表诗歌的时间早与其毕生的产量高之间存在显著关系，但是关于事业上的成功，他们并未找到早期优势。此外，小说创作的产量或成功也没有早期优势。

天赋实验
Ungifted

近期我与詹姆斯合作，以 215 名最有成就的当代小说家为样本（由美国 Salan 网络杂志评选），调查他们花了多长时间出版第一部备受推崇的作品。[73] 我们发现，小说家从发表第一部作品到写出最好的作品之间平均间隔了 10.6 年的时间。由此可见，杰出作家的职业生涯也许可以分为两个阶段：第一阶段为准备阶段，直至首次出版作品；第二阶段通向伟大。换言之，10 年也许太短了，不足以让一个人在创意写作上臻于伟大！

但是同塞蒙顿的研究一致的是，我们也发现了很大的偏差。样本中 17% 的作家其处女作便是他们的最佳作品。这些一鸣惊人的作家包括艾伦·古尔加努斯（Allan Gurganus）(《往日情怀》，*Oldest Living Confederate Widow Tells All*）、威廉·吉布森（William Gibson）(《神经漫游者》，*Neuromancer*）和约瑟夫·海勒（《第 22 条军规》）。但是这样的一炮走红并不是必要的，个案随处可见。事实上，大多数作家（53%）都是在发表处女作之后 8 年甚至更久才写出了他们的代表作。例如，诺曼·梅勒（Norman Mailer）花了 11 年才创作出他最好的作品，约翰·欧文（John Irving）花了 16 年时间，而唐·德里罗（Don DeLillo）则花了 26 年，有一位作家甚至花了 45 年时间！显然，大器晚成完全可能。

Intelligence Redefined

不同领域的状况是千差万别的

另外一个角度的研究为刻意练习途径增添了新的细微差别，这些研究着眼于认知能力与不同形式知识的习得之间的关系。专业表现研究方法通常被诟病的一点是范围局限：因为被关注的对象是获得承认、彼此类似的专家，所以无法找到对他们的发展至关重要的全部特质。

然而即使范围有局限性，认知能力依然可能与专长的习得显著相关。埃里克森和他的同事调查了大量不同的领域，这些领域对程序性知识（procedural knowledge，如何做某事的知识）和陈述性知识（declarative knowledge，存储在长时记忆中的事实信息）的要求不同。某些特征对陈述性知识习得的贡献可能大于对程序性知识的习得。[74] 这一点很关键，因为埃里克森所关注的是刻意练习的一般情况，所以他很可能遗漏了区分各行各业专家的重要特征。

菲利普·阿克曼（Phillip Ackerman）的研究表明，认知能力、兴趣和个性是同步发展的。在一篇令人印象深刻的文献综述里，菲利普·阿克曼和埃里克·赫格斯塔德（Eric Heggestad）整合了众多视角的研究，表明认知、情感（如焦虑和动机）和意动（conative，如自我控制和有针对性的努力）特质之间存在大量的重叠内容。[75]

他们发现，神经质和考试焦虑普遍与能力存在负相关，而外倾性则与能力普遍存在正相关。这与我们在第 7 章中看到的内容高度一致——积极情绪能提升个体对任务的投入水平，而消极情绪则对投入有阻碍作用。此外，研究人员还归纳了 4 个特质集群（“特质联合体”）：

- 社会性集群：社会性的和富于进取的兴趣、外倾性、领导性（影响他人的能力）和幸福感。能力测验得分与该集群无关；
- 事务 / 习俗集群：知觉速度能力、传统兴趣、责任感和传统主义；
- 科学 / 数学集群：数学推理能力、空间能力以及现实和调查兴趣；
- 智力 / 文化集群：言语推理能力、构思流畅性、吸收、典型智力活动参与（一个人在日常生活中参与智力活动的典型水平）、经验开放性以及艺术和调查兴趣。

这些集群可以提供丰富的信息，有助于我们理解不同领域内能力、兴趣和个性之间千丝万缕的联系。但是这些特质与这些领域内陈述性知识的实际习得之间有什么关系呢？在最近的研究中，阿克曼调查了 18 个人类成就领域中知识与能力、个性、兴趣之间的关系，研究对象为 228 名 21 ~ 62 岁受过教育的成年人。[76] 阿克曼采用非言语流体推理测验来测量“流体智力”（fluid intelligence）和词汇以及一般文化知识，采用言语流体推理测验来测量“晶体智力”（crystallized intelligence）。（在第 10 章中你可以看到我给这两个术语加引号的原因。）他的发现见表 9-1。

表 9-1　　各领域与流体智力和晶体智力的关系

知识领域	与流体智力的相关性	与晶体智力的相关性	与年龄的相关性
化学	0.516	0.385	–0.240
物理	0.568	0.515	–0.136
生物学	0.409	0.397	–0.202
心理学	0.361	0.391	–0.099
商业 / 管理	0.352	0.395	0.083
天文学	0.440	0.518	0.014
电子学	0.347	0.451	0.200
技术	0.410	0.510	0.030
经济学	0.397	0.501	0.082
法律	0.188	0.379	0.189
地理	0.320	0.525	0.150
音乐	0.269	0.527	0.297
美国政治	0.317	0.583	0.218
艺术	0.168	0.468	0.224
世界文学	0.253	0.600	0.248
美国历史	0.226	0.582	0.345
西方文明	0.232	0.588	0.277
美国文学	0.156	0.574	0.357
流体智力		0.589	–0.388
晶体智力	0.589		0.143

以上数据中一个值得注意的地方是年龄趋势。与许多先前的研究结论一致，流体智力随着年龄增长而降低，晶体智力则随着年龄增长而升高。[77] 诚然，

随着年龄的增长，流体推理能力的下降会对我们专长的获得带来一定影响，要说有什么具体影响的话，流体智力的下降会使得我们更难想出解决新问题的对策（见第 10 章）。保罗·巴尔特斯（Paul Baltes）和赖因霍尔德·克利格尔（Reinhold Kliegl）发现，经过多次培训后，在使用位置记忆法辅助解码和提取新单词列表的能力上，与年轻的被试相比，年长的被试表现出了巨大的能力差距。[78] 他们认为，随着年龄的增长，我们产生和使用心智想象的能力逐渐丧失，而这一能力对大脑的运作是不可或缺的。

但是先不要急着放弃成年人。阿克曼还发现，除科学以外，其他领域的特定知识往往随着年龄的增长而增长。阿克曼对“作为过程的智力”（intelligence-as-process）和“作为知识的智力”（intelligence-as-knowledge）做了区分，前者主要由流体推理测验测量，后者则由我们一生习得的重要专长构成。[79]

Ungifted

如阿克曼所述，许多现实世界的智力活动需要大量的陈述性知识和程序性技能。在他的框架下，“知识并不能弥补成人智力的下降，知识本身就是智力”！ [80]

Intelligence Redefined

这并不意味着在人的一生中，认知能力的个别差异无关紧要。从前面的表格中可以看到，对整个样本来说，流体智力和晶体智力的测验分数对所有知识领域的影响无处不在。但是也存在重要的模式，各个领域的专门知识与晶体智力的关联度比流体智力更强。科学领域是一个重要的例外：流体智力是化学、物理和生物知识尤其有力的预测因子。相比之下，社会科学与流体智力和晶体智力之间的关联度则大体相当。较流体智力而言，艺术、人文科学和公民学与晶体智力的关联最强。此外，流体智力和晶体智力也是相互关联的，关联度为 0.589，这表明在对认知能力的不同考量中，也许有某些技能是相同的。（更多内容详见第 10 章。)

然而，流体智力和晶体智力最多可以解释这 18 个知识领域之间差异的 50%，对其中一些领域，这一数值更低。例如，流体智力和晶体智力仅能解释商业知识和法律知识之间 23.5% 的差异。个性和兴趣具有额外的预测价值。除商业和法律之外，典型的智力参与活动对每个知识领域均有预测作用。调查兴趣与科学知识紧密相关,而艺术兴趣与人文科学知识紧密相关。有意思的是，具备进取性、社会性和传统兴趣的人往往具备更少的科学知识和更低的流体智力和晶体智力测验分数。然而我们能否就此认为这些人智力逊色呢？

综合来看，这些结果表明个人特征（包括认知技能、个性和兴趣）与各种形式专长的获得显著相关，尽管其相关性远非完美，仍然有大量的偏差没有得到解释，但是其中一些是合理的。一方面是对埃里克森理论的支持：认知能力不能决定专长的获得,在这些相关性中存在大量的错误空间。然而另一方面，这些关联的确给了我们重要的启示，告诉我们哪种心智会被特定领域的知识吸引，以及能力、个性和兴趣是如何同步发展的。

依我之见，虽然近年来人们已经对成功的众多驱动因素（如激情、心理定向、自我调节、坚毅、希望、刻意练习等）做了大量重要的整合，但是依然有众多成熟的研究领域有待整合。在接下来的几章中，让我们做进一步的整合，更加深入地理解心理学家所谓的“一般智力”“才能”和“创造力”。

我们不仅会看到刻意练习更加微妙的呈现，也许我们还能逐渐对人类的智力有一个更加完整的认知。

10 一般智力因素

Ungifted
Intelligence
Redefined

剑桥：我要解开智力的谜团

“我要给他发邮件。”我对朋友说。她惊讶地看着我，像看着一个疯子。这种反应我已经见怪不怪了。“斯科特，你怎么能随随便便给剑桥大学心理系主任发邮件呢？任谁也不会这么做的！”我坐下来琢磨这事儿。我真的很想一探剑桥这个“虎穴”，到那儿将智力领域研究个透。我需要一位导师。而且我当时挺害怕待在美国，因为不久前发生了恐怖袭击。所以我就在网上搜索了英格兰的智力研究专家。我找到一位智商和人类智力研究的专家——尼古拉斯·麦金托什教授。他当时在剑桥大学，我自然地联想到了尖塔、常春藤以及彩色玻璃窗，这让我回想起当年没录取我的预备学校的种种画面。“发个邮件也没有坏处。”我对朋友说道。

麦金托什教授的回应超乎我的意料，他很欢迎我与他共事。卡内基梅隆大学准我离校一个学期，也就是6个月。为了商讨细节问题，我专程飞往英格兰与麦金托什教授见了一面。当我坐在那儿等着见这位剑桥大学实验心理系主任时，感觉就像做梦一般。我心跳加速，内心很激动。要是我太驽钝，无法胜任可怎么办？这可是剑桥啊！他们要是测我智商怎么办？我正想着，门开了。

“你是考夫曼先生？”我站起身来，面前是一位仪表堂堂的长者。他的微笑让我的紧张感顿时消失了。“进来吧。”我走进他的办公室，四下看了看，里面有不少关于智力的书。我心里一震，我终于可以解开智力的谜团了吗？这些谜团曾给孩提时期的我带来如此多的痛苦和焦虑。

他一边挠着银发一边问道：“你想从美国的大学腾出半年时间向我学习有关智力的所有知识？”我点点头。这时，进来了一位高挑的中年女士。“这是希拉。”他说道，示意她坐在我旁边，“她在一所地方第六级学院任教，相当于美国的高中。我们在进行一项关于空间智力的研究，很欢迎你加入，不知道你是否愿意参加这样的工作？”

我当时激动不已，只感觉屋子里天旋地转。他接着说：“你在剑桥期间，我们可以安排你在国王学院做访问学者，你可以参加学院里的社交活动。那里很不错的，今天晚些时候我带你参观一下。”

那时我已经激动得喘不上气来了。剑桥大学有31个学院，学生在这里生活、工作。国王学院是历史最悠久的学院之一（建于1441年），可以说也是最漂亮的学院，以其雄伟的哥特式教堂最为著名。我抬头看了看麦金托什教授，又回头看了看希拉。我已激动得天旋地转，重新振作起力量回复道：“我愿意加入。”

就这样，我踏上了掌握智力科学的道路。我正竭力学习关于智力测量的一切，并对自己的过去绝口不提。这时我有了不少惊奇的发现，而最令我吃惊的是，对智商的实际应用感兴趣的临床医生与对理解人类智力本质感兴趣的科学家之间并没有交集。在过去的100年时间里，研究智力的大部分科学家对智商本身并不感兴趣。对他们来说，智商只是一般智力因素（general intelligence factor，简称 g）的代名词，而一般智力因素在很多科学家眼中是人类智力的本质。其实在首个智商测验出现的前一年，首份关于一般智力因素的科学研究成果就发表了。

我意识到，要想真正理解现代智商测验得以建立与应用的理论依据，我必须攻克一般智力因素。

为什么一门考得好就门门考得好

在进入 20 世纪时，英国心理学家查尔斯·斯皮尔曼（Charles Spearman）有了一项惊人的发现。他去邻近村庄的地方学校里搜集学生等级、教师评价以及感觉辨别测试得分等资料，然后按这些数据对每个孩子的表现进行排名，并手工计算出这些数据彼此间的相关度。表 10-1 是他得到的 6 门功课成绩之间的相关度。

表 10-1　　6 门功课成绩间的相关度

古典文学	法语	英语	数学	音高辨别	音乐
古典文学	—				
法语	0.83	—			
英语	0.78	0.67	—		
数学	0.70	0.67	0.64	—	
音高辨别	0.66	0.65	0.54	0.45	—
音乐	0.63	0.57	0.51	0.51	0.40

表 10-1 中，每个数字都代表着每两个科目之间的相关度，从 0.40 到 0.83 不等，斯皮尔曼对这一结果感到吃惊。有的科目间的相关性很说得通，比如古典文学和法语，相关度为 0.83，毕竟这两者都牵涉语言能力。但是有的科目之间的相关度就不那么好解释了，比如数学和音高辨别，音高辨别属于音乐领域，但与数学的相关度也达到了 0.45。

Ungifted

最令人吃惊的是，各科目之间的联系都呈正相关。一般认为，学生在某一门科目上花费的时间增多，其他科目的表现可能会退步，但事实并非如此。往往一门科目出色的学生，其他科目的表现也很出色。斯皮尔曼将这种现象称为正向复写（positive manifold）。

Intelligence Redefined

以学生成绩为基础，斯皮尔曼从单一维度对所有学生进行排名，他把这一维度称作一般智力因素，其在不同程度上影响着每个学生的成绩。比如古典文学与一般智力因素的相关度达 0.95，远高于音乐与一般智力因素的相关度 0.65，但是所有科目与一般智力因素都呈正相关。斯皮尔曼还表示，每门科目都有自己的一组独特的技能（例如，古典文学要求学习拉丁语动词变化），并将这种技能称作特殊智力因素。1904 年，他发表了一篇开创性的论文，题为《客观确定和测量的“一般智力”》（*Genral Intelligence, Objectively Determined and Measured*）。他在论文中提出，一般智力因素的根源是一般认知能力，即“一般智力”（general intelligence）。[1]

一般智力因素是各科目成绩不同的主要原因，斯皮尔曼假定一般智力因素代表着他所谓的“一般智力”。但是要知道，将这种因素称作“一般智力”只是斯皮尔曼的个人做法。要推知一般智力因素，斯皮尔曼使用了一种叫作要素分析的统计方法，这种潜在有用的方法通过数据来说明问题。通过找到常见的变异来源，这种方法简化了大量的相关性。通过要素分析，要素的数量有限，从而可以进行操作，不然我们就要面对测试获得的庞大数据。

如果斯皮尔曼真想以事实为基础的话，他应该把一般智力因素称作“一般测试能力”，或者“迅速选出心理学家设置的正确答案的能力”。但是，这种标题作为论文的题目太乏味了，而且听起来也不够科学，毕竟斯皮尔曼很骄傲自己“客观地”发现了“一般智力”，就像他发现了一项人性的规律，并且这项规律如同其他自然物理规律一样。

根据这种说法，经常有人指责斯皮尔曼并歪曲他的立场。已故的哈佛古生物学家斯蒂芬·古尔德（Stephen Jay Gould）在《人的误测》（*The Mismeasure of Man*）一书中指责斯皮尔曼将一般智力因素具体化了（将一般智力因素当做真实存在的东西[2]）。尽管这种针对当代智力科学家（见第 13 章）的指责并非不公，但仔细阅读斯皮尔曼的书我们会发现他说得更在理。他明白一般智力因素和“一般智力”之间的区别，他认为“一般智力”是使得一般智力因素得以产生的心理能力。

斯皮尔曼发现了正向复写，但他的变量彼此呈正相关：既非必须如此也绝非意料之中。正向复写才真正需要阐释：**为什么在一种认知测验中表现出色的人在所有其他测验中的表现也同样出色呢？**斯皮尔曼主张一般智力是一种先天的一般的“心理能量”，在所有的认知测验中普遍地起作用。这只是一种假设，斯皮尔曼知道这种假设需要进一步的测验来证实。

智力可以分三级

斯皮尔曼的一般智力理论受到过挑战。[3]美国心理计量学家路易斯·瑟斯顿（Louis Turstone）表示他的成套测验建立了明确的能力集群。[4]例如，他的空间测验与空间测验之间的相关度比空间测验与言语测验之间的相关度更高。他采用的要素分析方法与斯皮尔曼的不同，并认为一般智力因素并不存在。相反，他认为人们的智力差异体现在 7 个独立的基本心理能力上：语文理解、语词流畅、数字运算、空间关系、联想记忆、知觉速度、一般推理。

对于那个时代最紧迫的问题，斯皮尔曼和瑟斯顿采取的不同立场深刻地影响了他们各自的理论。斯皮尔曼避免“官能”心理学，因为官能心理学试图将人的心智分解为彼此区分的官能。瑟斯顿则接受了对人类心智的划分，并坚信人类智力来自多个独立的部分。

孰是孰非？斯皮尔曼竭力无视瑟斯顿的基本心理能力理论，但只要他对大规模群集测验进行细致分析，就无法绕过这些基本心理能力。同时，瑟斯顿也在竭力通过自己独特的要素分析方法——“简单结构旋转法”（rotation to simple structure）消除一般智力因素，但结果发现各个认知能力之间还是呈正相关。[5]

这样一个事实再次被一些批评家忽略。古尔德认为，一般智力因素存在与否取决于所采用的要素分析方法。这是个错误的观点。现在借助一些方程式，可以用数学的方式对不同要素分析方法计算出来的一般智力因素进行转换。[6]其实，这是一个在每代人中都被反复叙说的故事。20 世纪 60 年代，雷蒙·卡泰尔（Raymond Cattel）及其学生约翰·霍恩认为“流体智力”和“晶体智力”是彼此独立的能力。[7]他们声称“流体智力”受生物层面上的影响，不受教育与经验的影响，而“晶体智力”受到学习与经验的影响，并牵涉知识积累和技能方面。然而他们很快发现，他们所做的所有测验都呈正相关。到 20 世纪 90 年代，他们的智力模型包括了 9 ~ 10 个互相呈正相关的不同的认知能力。[8]

最后，终于实现了调和。1993 年，约翰·卡罗尔发表了对 50 多年来要素分析研究的分析，具有里程碑意义。[9]他分析了 400 多份数据，包括斯皮尔曼和瑟斯顿曾使用过的一些。他着眼的认知能力测验范围很广（当然并非全部涵盖），包括语言、推理、记忆、学习、视觉知觉、听觉知觉、创造力、认知速度和心理运动能力。有的测验不包括学校中明确教导的认知能力，有的测验并没有限时，还有一些测验采用的不是传统笔答形式。尽管这些认知能力测验的内容和形式很多元，却依旧证明了一般智力因素的存在。

基于认真的分析，卡罗尔认为智力是一种层级模型，他称作“三层级理论”（Three Straturn Theory）。最高层级（第三层级）是一般智力因素——所有不同测验中的普遍因素，这一层级最为抽象，而且不代表任何实际的认知能力。一般智力因素脱离每种测验的特性，只代表它们的共性。“第二层级”由 8 种宽域能力组成，每种能力与一般智力因素的关系都极为不同。这些能力分别是：流体智力、晶体智力、一般记忆和学习、视觉知觉、听觉知觉、记忆提取、认知速度、决策速度。

最底部是“第一层级”，是组成 8 个宽域能力的窄域能力，共 69 个。例如，“流体智力”由非言语能力、言语演绎能力、定量流体推理能力组成，而“晶体智力”由阅读理解能力、根据上下文推断特定词义的能力、阅读解码能力、阅读速度、拼写能力、写作能力、词汇知识、听力、语言编码能力等。正如我们在第 2 章中所见，卡罗尔的认知能力模型深刻影响了认知能力的 CHC 理论，而 CHC 理论指导了当代无数智商测验的结构。

毫无疑问，卡罗尔的大规模综合研究成果赢得了同行们的无限尊崇。霍恩称卡罗尔的书为“集大成之力作”，其功堪比“门德列夫首创化学元素周期表”。[10] 能获得同行们的如此赞誉，对大多数人来说是可望而不可即的！

问题似乎都解决了。智力领域终于有了一幅路线图——在范围广阔（依旧有限）的认知能力集合中有了协变模式的分类。虽然关于层级理论的精确结构至今还有争议，但是更新、更精密的统计方法已证实这种层级结构能达到最佳的数据拟合。[11] 而且，要对顶层不是一般智力因素的诸多认知能力的个体差异进行分类，无疑是有很大困难的。

但现在的问题是，一般智力因素的普遍性有多大呢？

看似无处不在的“一般智力因素”到底在哪

阿尔弗雷德·比奈成功地设计了一种测验，与学习表现高度相关：一般智力因素与同时期的学术成就高度相关，而且在通过数据预测学业表现方面也发挥了很好的作用。伊恩·迪尔瑞和同事搜集了 7 万多名学生参加认知能力测试（Cognitive Abilities Test，简称 CAT）的数据，该测试测量言语的、定量的以及非言语的流体推理能力。[12] 他们发现，学生在 11 岁时测得的一般智力因素与 16 岁时 25 门功课的标准考试成绩之间呈正相关，尽管相关程度并不相同。

相关度最高的三门科目是数学（0.77）、科学（0.68）和英语（0.67），相关度最低的科目是艺术与设计（0.43）。不过，所有的相关度都在中高等，连体育（0.55）、戏剧（0.47）、宗教教育（0.52）、商科（0.56）等都与一般智力因素有中度的相关。从实际来看，一般智力因素导致总体学习成绩 65% 的总变差，剩下 35% 的学习成绩差异原因还不清楚。一些学习科目，如艺术和设计，则有超过 80% 的差异无法找到原因，这便给了学生很大的空间去获得更好的成绩，超过根据一般智力因素排名所做的成绩预测，这也为其他影响学习成绩的因素留下了余地，如特殊认知能力、动力、心理定向、自我调节、环境支持等。然而科学地看，这些相关性是很惊人的，它的确表明一般智力因素对学习各类知识有影响。

一方面，一般智力因素在各门科目的学习中起普遍作用，另一方面，许多标准化测验可以对一般智力因素进行测量，或者说起码是对很近似于一般智力因素的东西进行测量。温迪·约翰逊（Wendy Johnson）和同事发现，两个不同的智商测验所测得的一般智力因素几乎完全相关。[13] 此外，如果我们对美国学术能力评估测试（SAT）和美国大学入学考试（ACT）的可靠性进行校正，这两个测试与一般智力因素的相关度高达 0.91，而这两种测试之间几乎完全关联。[14]

近来，我与马修·雷诺兹（Matthew Reynolds）、刘鑫（Xin Liu，音译）、艾伦·考夫曼以及凯文·麦格鲁合作，探究智商测验得出的一般智力因素与标准学术测试得出的一般智力因素是否相同。[15] 为了一探究竟，我研究了两个大型的、国家级的具代表性的数据集，参与者总数超过 7 000 人，此外还研究了两个独立的个体管理的成套测验集。通过使用 CHC 领域的智商测验组合，可以测量认知一般智力因素，而学术成绩的一般智力因素是通过标准化的读写和定量知识来测量的。我们发现，认知一般智力因素和学术成绩的一般智力因素并不相同（大量差异有待解释），但是两者间的关系十分紧密。这种相关性一般会随着年龄的增长而加强，各年龄段人群（4 ~ 19 岁）的相关度系数范围是 0.77 ~ 0.94，平均为 0.83。

一般智力因素的影响还普遍存在于非学校科目内容的推理中。我曾和科林·德扬（Colin DeYoung）、戴德丽·科拉里克（Deidre Colarick）以及我的博士生导师杰里米·格雷（Jeremy Gray）探究一般智力因素在多元内容推理中的作用。[16]我们特地将演绎推理融入研究背景来进行探究，包括真实情况中的假定推理。我们研究了三种类型的问题：社会交换问题、预防性问题、武断问题。社会交换问题关心的是个体之间物品或服务的交换，并牵涉到检测一方是否会不劳而获，例如“如果你借了我的自行车，那么你就得帮我洗车”。预防性问题关心的是如何避免物理伤害，例如“如果你冲浪时水很凉，那么你必须穿上防寒泳衣”。最后，武断问题指的是融入现实场景的规则，但这种规则是武断的，例如“如果汽水是无糖的，那么它的包装一定是紫色的”。

我们发现预防性和社会交换推理问题解决起来比武断推理问题更快，也更普遍。这表明，融入背景的真实环境有助于推理。不过，在探究过演绎推理的个体差异之后我们发现，不管内容如何，70个问题都呈高度正相关，信度达0.88。此外，这种演绎推理的一般因素与著名的言语、空间和流体推理的一般智力因素也呈高度正相关，相关度达0.45。这表明，在这些形式的推理上，人与人之间存在的协变并非彼此独立，尽管这三种形式的推理融入了现实情境，并牵涉到内容不同的推理。

近来，有人提到了多元智能理论，一般智力因素在这种理论中是如何发展的呢？有没有理论罢黜一般智力因素呢？想想霍华德·加德纳的多元智能理论吧。加德纳详细地阐明了他的8种智能是彼此独立的。他认为学校易于过度重视逻辑数学智能和语言智能，从而忽略了空间智能、身体动觉智能、音乐智能、人际智能、内省智能和自然主义智能。

贝丝·维瑟（Beth Visser）、迈克尔·阿什顿（Michael Ashton）和菲利普·弗农（Philip Vernon）在论文《超越一般智力因素》（*Beyond g*）中，构建了一个测试来测量加德纳的8种智能，他们为每种智能选取了两个纸笔测试。[17]你看，一种正向复写出现了，因为所有的测试都是彼此呈正相关的。但是同样，每个测试与一般智力因素的相关度并不相同。语言、空间和逻辑数学的推理测试大多数与一般智力因素高度相关。不过，就连人际智能和自然主义智能（对自身所处环境进行分类的能力）都与一般智力因素呈中度相关。

但也有一些测试与一般智力因素的关联程度要小得多，如身体动觉智能、与音调和节奏相关的音乐智能以及自省准确度（认识自身）等，这几项是与一般智力因素相关度最小的。维瑟和同事指出，一些测试与一般智力因素相关度比较小，可能是因为测试的信度不高。他们还认为这些发现总体上是有意义的，因为他们认为这些测试本质上是“认知的”。

加德纳对此回应道：“虽然想法是值得表扬的，但这实际上恰恰重建了我原本试图推翻的条件。”[18] 虽然加德纳承认“只要进行成套测试”，一般智力因素“就会周期性地出现”，但是他认为我们对于正向复写的本质依然知之甚少。[19] 加德纳继续支持使用“智力公平测试”，通过纸笔测试以外的方法来评估他的多元智能理论，并尽可能消除语言或逻辑的成分。

加德纳举例以示如何通过观察人们在陌生地带寻找方向的方式来测量空间智能，或是如何通过研究现实生活中人们的谈判来测量人际智能。这些观点当然值得考虑，但是要进一步检验则会很麻烦。事实上，要建立起能够完全孤立一种认知过程并完全不使用逻辑或语言的任务是很困难的。同时，尽管加德纳没有提到，但卡罗尔确实发现了在陌生地带寻找方向的能力与一般智力因素高度相关。所以，加德纳提出，创造更迅速的测验，并使得人们能充分表达自己的思想这一建议虽然有价值，但是正向复写依旧存在。科学地说，正向复写为什么存在还有待解释。

其他试图超越一般智力因素的智力理论又如何呢？同样的故事又出现了。如果你仔细审视这些研究便会发现，斯滕伯格所谓的三种智力，即分析智力、创造智力和应用智力的测试彼此之间呈中度相关，三种智力与传统智力测量也呈中度相关。[20] 情绪智力也一样。“情绪智力”有四个分支，即情绪知觉能力、情绪整合能力、情绪理解能力和情绪管理能力。这四个方面的测试彼此中度相关，与传统的智力测量也呈中度相关。[21] 虽然公平地说，无论是斯滕伯格还是最初提出情绪智力的彼得·沙洛维（Peter Salovey）和约翰·迈耶（John

Mayer)，都不曾主张情绪智力是完全独立于一般智力因素的观点。只有加德纳强烈主张这一观点。

这些发现都不意味着试图超越一般智力因素的努力没有成果。相反，这些发现突出了人类智力的多元与丰富。每个新生的智力形式都值得认可，因为这预示着大于一般智力因素的重要的人生成果。[22]

Ungifted

关于认知能力的研究有成百上千项，这些研究都在实验室环境中采用了简洁可靠的测试对认知能力进行测量，但是很难找到一个完全脱离正向复写的测试。在有关认知能力的多种测试中，正向复写是一项十分有成效的发现，心理学家克里斯托弗·查布里斯称之为“一般智力法则”。[23]

Intelligence Redefined

毫无疑问，斯皮尔曼如果还在世，一定很欣喜自己的最初研究成果被奉为法则！100多年前斯皮尔曼提出，认知成套测试的具体组成并不重要，将之称为“指标的冷漠”(indifference of the indicator)。他认为，即便将认知测试彼此替换，成套测试依旧会呈正相关。斯皮尔曼认为，关键在于成套测试要有一定的多元性，从而消除任意测试的独特性。曾与斯皮尔曼共事过几个月的戴维·韦克斯勒就是这样在他的测验中建立了总体智商分数的概念(参见第2章)。尽管韦克斯勒创造了“言语”和“操作”分量表，但是他认为所有“分测验都是对智力的不同测量，而非对不同智力进行的测量”。[24]

但是，什么才是看似无处不在、却又难觅踪迹的一般智力因素的真面目呢？所谓的“一般智力”，它真的代表了人类变异的一种来源吗？加德纳说我们对于正向复写出现的原由依旧一无所知，他说对了吗？过去的100多年里，许多人试图推翻正向复写的存在，我们又将他们一一推翻，而现在是弄清一般智力因素真相的时候了。

工作记忆：破解一般智力因素的重要一环

在《人的误测》中，古尔德准确地指出了相关性的局限。在高度相关的两个测验中，例如心理旋转和词汇，测试的并不一定是相同的心理过程。对于正向复写，有着很多各异的解释。一方面，词汇量大的人可能善于心理旋转，不是因为这两种测验测试了相同的心理过程，而仅仅是因为我们所处的社会环境推动了词汇和空间能力的发展（学校里开设英语课和地理课）。

另一方面，同为英国人的戈弗雷·汤姆森（Godfrey Thomson）在1916年向斯皮尔曼指出了另一种可能。[25]靠着精密的数学证明，汤姆森表示，从理论上来说，一般智力因素是通过基本心理过程之间的大量"联结"发生的。我们假设人的心智由500个基本心理过程组成，如果两项任务各自取决于其中250个心理过程，那么很可能有一半，也就是125个心理过程，会与两者都发生联系，所产生的相关度达0.50，是比较高的。据此，所有测验中所共有的单个心理过程并非产生一般智力因素的必要条件，所需要的不过是不同测验中共同采用的部分心理过程。

天赋实验
Ungifted

例如一个修建房子的任务。在这个任务中，造一张床、一面墙、一间花园棚屋等都是不同的任务，但是都要用到量尺，其中有两项要用到榔头。所以，要孤立地研究一项认知过程（"榔头"）几乎是不可能的，因为无论你进行什么样的任务（例如造一间棚屋）都要用到其他任务所共需的某些能力（例如手要稳），尽管这些任务的目的各不相同。

Intelligence Redefined

汤姆森的观点还是站得住脚的。2009年，戴维·巴塞洛缪（David Bartholomew）、伊恩·迪尔瑞和马丁·朗（Martin Lawn）在一篇论文中表示，没有一种统计方法可以确定斯皮尔曼和汤姆森孰是孰非。[26]那么我们如何才能获晓真相呢？为了解开这一谜团，我们将从多层次的分析来研究，包括行为、生物和文化三个层次。

要弄明白一般智力因素十分困难，先得研究与一般智力因素相关度最高的认知测试的特点，并且弄明白这些测试共同的任务要求是什么。想象一系列认知测试呈圆形分布。测试越靠近圆心，其对一般智力因素的测量就越准确。测试越靠近圆周，与一般智力因素的关联就越小。图 10-1 是一项研究中这种方法的体现。[27]

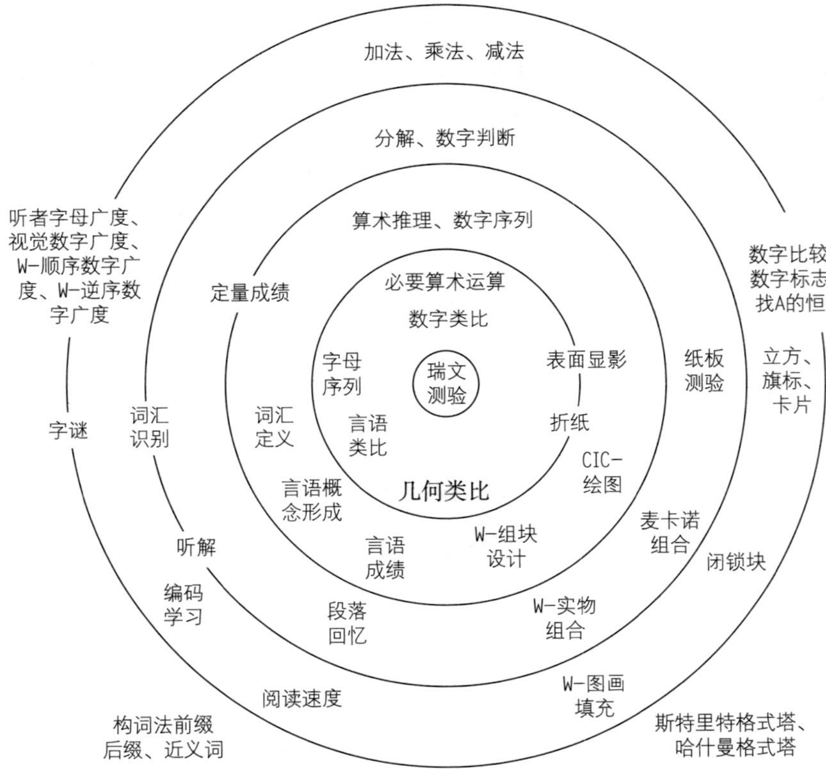

注：“W”代表韦氏成人智力量表的子测验。

图 10-1　认知测试的圆形分布

资料来源：R. E. Snow and D. F. Lohman, “Implications of Cognitive Psychology for Educational Measurement”, in *Educational Measurement*, ed. R. Linn, 3rd ed., 263-332 (New York: American Council on Edncation/ Macmillan, 1987). 经许可使用。

我们从中获得了什么发现呢？我们发现关于加工速度的测试都位于圆周上。在一般智力因素的框架中，如果想要理解一般智力因素，单靠基础信息加工速度是没有用的。[28] 仔细看，圆心四周的各种测试都是不同的，每个测试的内容都不一样：言语的、定量的和空间的。有的涉及图形旋转的想象，有的涉及头脑数学运算，还有一些涉及概念推理。还可以看到，有不少测试涉及不同内容的类比推理，如数字、字词、几何图形等。这些看似差异很大的测试所拥有的唯一共同点似乎在于：它们本身都是智商测验而已！

我们将这个圆放大，观察它的中心，去探索一般智力因素的核心。在圆心我们发现了瑞文推理测验（Raven’s Progressive Matrices Test）。瑞文推理测验的每个问题里，都有一个三阶矩阵，被试必须填充空缺的部分来使整个矩阵完整，如图 10-2 所示。

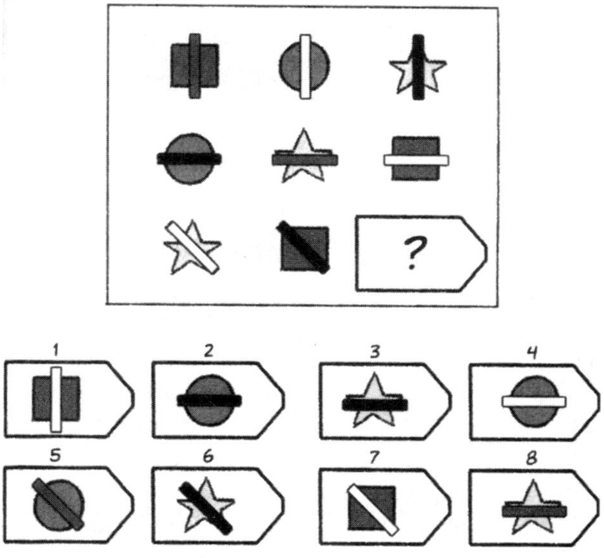

图 10-2　瑞文推理测验

这种测验考察了何种能力呢？事实证明，解决这种测验里的难题所需要的方法并不多。有的问题很简单，只需使用一种方法就可以，比如加上或减去一个标志（如横线）。但是有的问题比较难，需要将几种方法组合，使用多种标志（如形状、大小和颜色）的加减。这种测验的难点在于被试必须将相关的标志和不相关的标志区分开来，同时还得考虑该使用哪些方法。一种方法走不通时，你要懂得放弃并从头开始。这种测验要求被试有能力发现新鲜事物的抽象关系，所以适合对非言语流体推理能力进行测量。

请注意我说的是流体推理，而不是流体智力。近几年，温迪·约翰逊和托马斯·布沙尔表示，“流体”和“晶体”智力之间的传统区别受到了误导。经过严格的统计测试，他们发现能力认知测试易于共变，且取决于测试形式是言语的还是非言语的，①而不是取决于受文化影响的程度。[29]正如第4章所提到的，这对测量天赋具有重要的启示意义。如果认为采用了非言语流体推理就能以“最纯粹”的形式测量智力，可以脱离经验和文化的影响，那就错了。同样的，一项测试如果测量的是词汇或者常识，也并不意味着对流体推理能力没有要求。词汇测试通常考查低频词汇的正确义项，这其中涉及一定的推理和演绎。认知能力的言语测试和非言语测试都涉及流体推理，而流体推理技巧反过来又受到基因和文化的影响。[30]

然而，并非所有的推理都是流体推理，具有条理清晰的知识库的任务对流体推理的要求比较小。流体推理需要用在最小量证据的基础上推断出基本模式。这需要专心、会计划、将任务分割成数个小任务并在工作记忆中管理这些问题解决的目标。[31]

人类的工作记忆容量平均为4个组块。在任意时间，人能够将4个有意

---

① 严格来说，约翰逊和布沙尔认为“言语”和“知觉”能力有所区别。因为“非言语推理”这个术语对读者来说更为直观，所以我决定用“非言语”来代替“知觉”。同样，如科林·德扬所言，如果约翰逊和布沙尔确定的知觉因素中包含非言语记忆和知觉流体推理任务，那么“非言语”毫无疑问就是这种知觉因素的标签。也应当指出，约翰逊和布沙尔还发现了一个小的因素，第三个因素，来代表心理旋转技巧。参见 C. G. De Young, “Intelligence and Personality”, in The Cambridge Handbook of Intelligence, ed. R. J. Stern berg and S.B.Kaufman 711-737（New York: Cambridge University Press, 2011）.

义的零碎信息保存在意识中。人们的工作记忆容量有差异，但是通常在2～6个组块之间。[32]即便在这样一个有限的范围里，工作记忆的变化与流体推理表现的变化也是呈高度相关的。有一个广泛使用的工作记忆测试叫做阅读广度测试，该测试如下：

说明：下面5个句子将依次出现。阅读每句话并记住每句话的最后一个词。当你看到“回忆”两个字出现时，你要回想所有句子的最后一个字。

（1）猎人追赶骑马的人。

（2）过了片刻，记者四下望了望。

（3）孩子们用勺子吃蛋糕。

（4）海伦觉得明天会不好过。

（5）飞船发出一声巨响，飞入了太空。

回忆

答案：人、望、糕、过、空

大多数人做了5句就开始头疼了。达纳曼（Daneman）和卡彭特（Carpenter）发现这项任务和SAT言语分数的相关度高达0.50，与阅读理解测试的相关度更高。[33]他们还发现流体推理与仅要求记忆词语的测试相关度要低得多。

因为在理解整个句子的同时还要记住句子的最后一个字，所以这个测试才算得上是工作记忆测试。普鲁斯特有段精彩的文字，能够很好地说明这一点。

离开圣卢后打第一个电话的时候，我根据德诺波斯先生的要求付了德维尔帕里西夫人钱，我发现她在一个挂着黄色丝绸的画室里，画室里的长靠椅和精致的扶手椅都铺上了博韦的织锦，其颜色犹如成熟了的覆盆子的紫红色……德维尔帕里西夫人戴着旧式黑蕾丝软帽（她留下这顶软帽是因为一个布列塔尼地区的掌柜有精明的直觉，能察觉到当地和历史的色彩，无论他的顾客是多么的巴黎化，他总认为更巧妙的做法是让女侍们戴头巾，穿宽袖子的衣服），坐在一个小桌前，桌上有她的画笔和画板以及一幅未完成的水彩花卉画，这些花有的插在玻璃花瓶里，有的搁在浅碟里，有的插在杯子里，其中有百叶蔷薇、百日草、铁线蕨，因为有大量的访客到来，她停止了作画，因而这些花看上去像是以 18 世纪金属版印刷法制作出来的一样。[34]

要是读完了这段话你的脑袋还没有短路，请试着回答关于这段话的几个问题：为什么德维尔帕里西夫人要戴黑色的帽子？为什么旅馆掌柜让女服务员戴头巾并穿宽袖子的衣服？为什么德维尔帕里西夫人停止作画？

这段文字一共只有两句话。阅读这一类复杂的文章是相当困难的，因为在读到新句子的同时还得记住前一句话的要点，然后还得把整个句子的意思进行整合，从而构成一个连贯的叙述。要读的句子越多、越长，工作记忆的负担就越重。同时，还要抛却和任务无关的信息，比如散热器的响声、想到周六有个盛大的聚会之类的。

因为这一点，心理学家将短时记忆与工作记忆进行了重要的区分。[35] 一些研究者称工作记忆与流体推理彼此高度相关的理由是它们都涉及对注意力的控制。① 现在已有广泛的证据表明，尽管工作记忆和流体推理不是一回事，但工作记忆确实是破解一般智力因素之谜的重要环节，这一看法获得了智力科学家的普遍认可。[36]

① 应当承认，如果流体推理与测试内容相匹配，那么工作记忆测试与流体推理之间的相关度就会更高。（例如，空间工作记忆与空间推理相关度更高，言语工作记忆与言语推理相关度更高。）参 见 P. Shah and A. Miyake, “The Separability of Working Memory Resources for Spatial Thinking and Language Processing: An Individual Differences Approach,” *Journal of Experimental Psychology: General* 125（1996）: 4-27; N. J. Mackintosh and E. S. Bennett, “The Fractionation of Working Memory Maps onto Different Components of Intelligence,” *Intelligence* 31（2003）: 519-531; S. B. Kaufman. “Sex Differences in Mental Rotation and Spatial Visualization Ability: Can They Be Accounted for by Differences in Working Memory Capacity?,” *Intelligence* 35（2007）: 211-223.

神经科学的助力解读

认知心理学家通过行为测试取得了进展，但是一旦有了新的神经科学技术，他们便会期待与认知表现相关的是何种脑功能区。当然，任何人的智商分数都是多种认知过程的结果。人类大脑是高度互结的，有许多特殊区域共同参与完成某个单项的认知任务，即便是最简单的任务，比如将字母和标志配对，也需要多个大脑区域的协作，包括负责注意力、视觉、感觉运动技能和提取语义等的区域。关键问题在于，哪些大脑区域与多元认知测试中的差异表现保持着一贯的联系呢?

最早有一项关于一般智力因素的神经科学研究，约翰·邓肯（John Duncan）及其同事发现，空间、言语以及感知运动等与一般智力因素高度相关的任务都发挥了外侧前额叶（位于额头后部，为大脑的最外缘部分）的作用，而在与一般智力因素相关度较低的任务中，外侧前额叶发挥的作用要小得多。[37] 这项研究意义重大，因为这是最早将前额叶（尤其是外侧区）与流体推理相联系的研究之一。

当然，单靠外侧前额叶是不能实现流体推理的。这一大脑区域与左右脑其他皮层和皮层下结构紧密相连，而且根据任务内容的不同（言语、空间等）和任务要求（维数、干扰项的数量）来使用这些大脑区域。不过，对人类和猴子的进一步研究显示，外侧前额叶皮层细胞对保持工作记忆中的不同内容起到了关键作用。[38]

天赋实验 Ungifted

看看杰里米·格雷、克里斯托弗·查布里斯和托德·布拉韦尔（Todd Braver）的一项研究。[39] 他们让 48 名大学生参加了瑞文测验，同时这也是一种工作记忆的测量，叫作 n-back 范式工作记忆测试。n-back 范式任务要求被试观看每 2.36 秒出现一次的一组项目，并判断间隔几组的两个项目是否相同。在 1-back 测试中，你需要做的只是判断当下的项目与相邻的前一个项目是否相同，很简单，但是很快就会变得难了。3-back 测试便要求回想 3 个项目，这样听起来似乎还是很容易的，但是这种测试真的很难，做这种测试要在记忆中进行迅速持续的更新。

格雷和同事在两个独立的 3-back 任务中使用了单词和人脸。他们甚至加入了“诱惑物”来增加测试的难度，也就是与最近展示的刺激相同的刺激，但这些刺激并非是向前数 3 个所出现的刺激，即并非 3-back 那一组出现的。这些“诱惑物”可能是 2-back、4-back、5-back 时出现的。这种起干扰作用的“诱惑物”对注意机制的要求更高。图 10-3 是 3-back 任务的不同测试，采用了人脸作为刺激。

他们发现在瑞文推理测验中得分最高的被试在工作记忆任务中表现更佳，在外侧前额叶和顶叶区域（位于头部后上方）有更多的神经活动，而这两个区域和感觉统合相关。此外，引诱试验中，这些区域的大脑活动差异最为显著，因为引诱试验中干扰很大，注意力是尤为重要的。这份研究表明流体推理任务使用外侧前额叶和顶叶区域来保持对一件事物的专注，并排除干扰，使流体推理能够快速更新工作记忆中的内容。①

Intelligence Redefined

① 这些不是外侧前额叶皮层的全部作用。外侧前额叶背侧区域的活化作用与多种认知过程有关，如痛觉调节、咀嚼（咀嚼硬树胶），不过，这不是在用流体推理否定这种关系。罗吉尔·基维特（Rogier Kievit）表示：“功能异质性不应该被当作认知神经科学的失败，而应该看作大脑功能和组织的内在特性。”这句话的意思是我们不应该将外侧前额叶看作大脑的流体推理区域，也不应该试图以外侧前额叶作为流体推理表现的测量标准。参见 R. A. Kiveit, J. -W. Romeijn, L. J. Waldorp, J. M. Wicherts, H. S. Scholte and D. Borsboom, “Mind the Gap: A Psychometric Approach to the Reduction Problem,” *Psychological Inquiry* 22（2011）: 67-87; J. Lorenz, S. Minoshima, and K. L. Casey, “Keeping Pain Out of Mind: The Role of the Dorsolateral Prefrontal Cortex in Pain Modulation,” *Brain* 126（2003）: 1079-1091; T. Takahashi, T. Miyamoto, A. Terao and A. Yokoyama, “Cerebral Activation Related to the Control of Mastication during Changes in Food Hardness,” *Neuroscience* 145（2007）: 791-794.

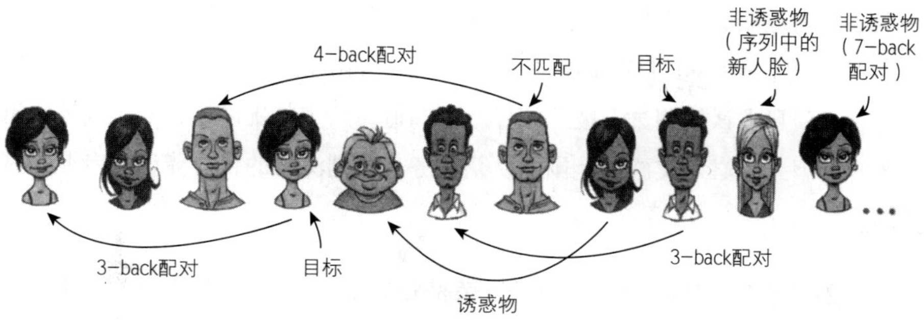

图 10-3　n-back 范式工作记忆测试

到 2007 年，已经有了许多关于认知能力的神经科学研究。雷克斯·荣格（Rex Jung）和理查德·海尔（Richard Haier）回顾了当时可获得的 37 个神经影像研究，采用了一系列方法（功能代谢显像、功能性磁共振成像、磁共振波谱成像、结构磁共振成像），并推断大脑区域的一个特殊网络结构对不同内容的认知测试表现起关键作用。[40] 根据他们的顶 - 额综合理论（Parieto-Fronatal Integration Theory of Intelligence，简称 P-FIT），在信息加工的不同阶段，发挥作用的大脑区域各不相同。

在最初几个阶段，大脑颞叶区（位于双耳后方）和枕叶区（位于头后部）加工基本感觉信息，而顶叶皮层对信息进行整合。接下来的“假设检验”阶段涉及更高程度的抽象化，而且需要额叶与顶叶之间有高效率的信息流，同时白质可靠地帮助信息在额叶顶叶网络中传递。（白质由轴突组成，轴突周围包裹着厚厚的髓磷脂，这种髓磷脂有助于不同的灰质区域之间进行交流。前额叶皮层和顶叶皮层都是灰质。）一旦确定最佳解决方法，前扣带回就会启动适当的回应并抑制其他回应。

也不乏批评顶 - 额综合理论的声音。一种批评意见认为，荣格和海尔将他们的理论建立在个体差异之上，并含有多层次的分析，包括大脑结构、功能、任务比较（如低一般智力因素和高一般智力因素任务之间的差异）。尽管这些问题都很有趣，但是这些问题并不相同，而且一个层次的结果不一定对另一个层次也适用。[41] 还有一种批评意见是关于大脑区域的一致性问题：只有部分大脑区域显示出超过 50% 的研究所发现的活化作用。[42] 问题之一是，被回顾的研究项目在认知测试上彼此相异。要知道，斯皮尔曼说过，要正确地测试一般智力因素，必须实施大范围的认知任务，否则测试的很可能还是专业领域技能。

虽然这些批评有根有据，但是自荣格和海尔 2007 年的论文发表以来，无数研究一致表明外侧前额叶和顶叶靠后区域之间的沟通与多元任务的认知测试表现差异有关。[43] 最令人震惊的发现来自于日渐增多的关于大规模病变的研究，这些研究暗指顶叶是流体推理的关键。[44]

天赋实验 Ungifted

阿伦·巴比（Aron Barbey）和同事在一份大规模脑损伤研究中获得了 182 名越南老兵的样本，这些老兵因为遭受穿透性头部伤害，都患有高度局部脑损伤。[45] 他们的发现与顶 - 额综合理论相一致，外侧前额叶和顶叶区域的伤害损害了整个大脑神经系统分布模式的控制与整合。他们发现，一般智力因素的测试以及前额叶和顶叶区域的伤害影响最大的执行功能牵涉言语理解、工作记忆、心理灵活性以及注意力控制。研究者认为，前额叶顶叶网络结构（prefrontal parietal network）是大脑中一个支持目标导向行为的“理想区域”，因为该区域与知觉与运动表现有着紧密的联系和广泛的接入。

他们发现前额叶顶叶网络结构中的一个重要因素是位于双眼上方的额极。大脑区域存在着进化意义，与其他物种相比，人类的大脑不是最大的，抹香鲸和大象的大脑都大过人类大脑。然而与恒河猴和类人猿相比，人类有着更大的额极和下顶叶。[46] 有意思的是，最近一份关于阿尔伯特·爱因斯坦的大脑的分析显示，尽管他的大脑总体形状和大小没有什么异常，但是他的前额叶和顶叶不同寻常（其他区域也有异常之处），额极居然位于前额叶皮层之内。[47]

那么额极的功能是什么呢？搞清这个问题，我们也许就能更好地理解大脑负责人类智力特殊区域的一些问题。但是事情没有这么简单。根据认知神经科学家保罗·伯吉斯（Paul Burgess）和同事的看法，额极功能的研究是“向认知神经科学提出了极其困难的问题”。[48] 额极与多种认知过程相关，包括流体推理、关系复杂性（工作记忆中必须同时处理的独立项目的数量）、类比推理中的抽象整合、创造性类比推理中的语义远程定位、创造性想法的演变、记忆获取、道德决定、“真实监控”（判断事物是想象的还是真实发生的能力）和元认知（对自己的认知进行思考的能力）。[49]

因为一般智力因素、真实监控和元认知至少是造成人类差异的部分原因，因而额极的功能不仅仅是流体推理。[50] 那么额极的普通理论是什么？哪怕只有一个这样的理论。越来越多的研究表明前额叶皮层中有一个层级结构监控意识中当下的内容，以确保维持优先目标，并且帮助整合认知过程中的优先阶段，而额极处在这一层级结构的最顶端。[51] 大脑的这一方面十分有趣，当然还需要更多的研究，但是越来越清晰的是，额极在前额叶顶叶网络结构中起着关键作用。

巴比和同事在脑损伤研究结果及对一般智力因素和执行功能进行测试的基础上，提出了一个一般智力和执行功能的综合结构，该结构对陌生目标导向问题的解决十分关键。与荣格及海尔提出的顶 - 额综合理论相一致，这一结构牵涉到外侧前额叶与后顶叶特殊区域之间的密切沟通。图 10-4 展示了这一神经结构所牵涉到的大脑关键区域,并将这些区域联结成一个相互协调的白质纤维束。① 注意，虽然这些区域分布在前额叶顶叶网络结构中，但是其分布并非无处不在。正如研究者们所言：“尽管有分布特性，但一般智力因素和执行功能的神经基质是高度受限的，主要集中在白质的中心并形成了一个狭窄的亚单位。”[52]

① 严格说来，这种特殊的白质痕迹叫作上纵肌 / 弓状束。这名词够拗口的。

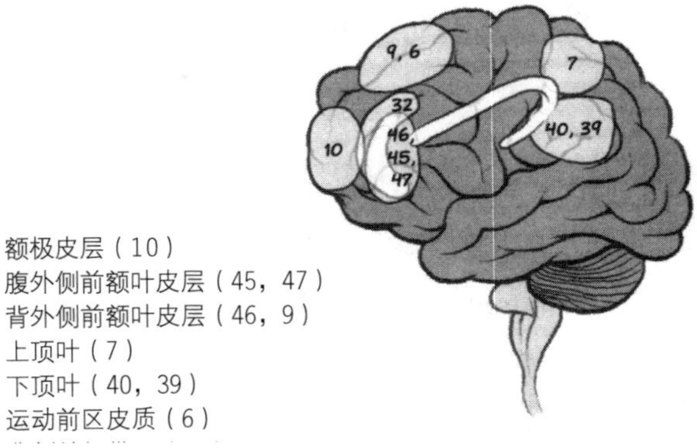

图 10-4[①] **一般智力和执行功能的综合结构**

资料来源：A. K. Barbey, R. Colom, J. Solomon, F. Krueger, C. Forbes, and J. Grafman, "An Integrative Architecture for General Intelligence and Executive Function Revealed by Lesion Mapping," Brain 135（2012）: 1154-1164. 经许可使用。

这一点很重要。一方面，一般智力因素不应该与整个前额叶皮层等同起来。前额叶包括数十亿个彼此相连的神经细胞，联结神经细胞的突触以万亿计。前额叶皮层的所有区域都彼此紧密联结（也与大脑许多其他区域相联结），但是一般智力因素似乎主要与外侧前额叶区域的活动有关，而外侧前额叶位于大脑的最外沿。巴比及其同事没有测量情绪的自律、有奖励价值的学习、空想、即兴创作、情绪智力或是社会推理。如果他们测量了这些内容，那么很可能会发现前额叶区（位于大脑中心）的中部区域发挥着更大的作用，而且会发现负责情绪功能的大脑皮层下区域之间有更多的联系（见第 12 章）。[53]

同样，一般智力因素与各项执行功能之间的关系不是同等的。人类的执行功能多种多样，包括工作记忆、心理灵活性以及抑制等方面。尽管这些执行功能彼此高度相关，但它们在功能上有很大差异。[54] 在分析的发展水平上可以找到有力证明，内奥米·弗里德曼（Naomi Friedman）和同事发现，在人类行为控制发展变得更佳的 4 个阶段（14 个月、20 个月、24 个月和 36 个月），心

① 该图编号按照布罗德曼分区（Brodmann area）方式。——编者注

理灵活性却下降了。[55] 在整个执行功能中，一般智力因素似乎与和工作记忆有关的功能最为相关。[56]

不过，前额叶顶叶网络结构的发现让我们得以观察对陌生目标导向问题的解决十分关键的信息加工过程。巴比及其同事认为，前额叶顶叶网络结构的一个重要功能就是神经活动分布模式的操纵、整合和控制，这种活动遍及整个大脑，包括低层次感官和运动模块。我们已经讨论过一部分前额叶顶叶网络结构功能（如目标维护、注意力控制、工作记忆信息更新、忽略干扰、关系复杂度），但是我认为前额叶顶叶网络结构最重要的功能之一——理解一般智力因素却常常被忽略。

认知策略也在发挥作用

丹尼尔·博尔（Daniel Bor）最近写了一本书——《贪婪的大脑》（*The Ravenous Brain*），书中提出，意识是信息加工的一种形式。[57] 博尔特别表示，意识加工的信息都是有用的，与具体目标有关并且捕捉到了一些世界的模式。为了让自己的观点令人信服，博尔将前额叶顶叶网络结构、相关的工作记忆以及注意力控制功能与意识相连。尽管注意力和意识不是一回事，但是博尔认为，作为一种选择内容和参与刺激的方法，注意力是意识所必需的一个方面。

博尔的探索还在继续。他引用了许多研究，这些研究表明意元集组强烈地活化了前额叶顶叶网络结构，有时候作用大于工作记忆。[58]

天赋实验 Ungifted

看看博尔和阿德里安·欧文（Adrian Owen）所做的一项精彩研究。[59] 他们要求被试记住一些非言语的双位数字序列。关键在于，这些信息不是随机安排的。例如，“57、68、79、90”这组数字是有意安排的，因为相邻的两个数字都相差 11，但是“31、24、89、65”

就不是有意安排的数字序列了，因为这样做你便不能使用意元集组轻松地记住这个序列。他们还有一个帮助记忆的条件，在这个条件下，被试可以使用早些时候记下来的电话分机号码。研究结果是什么呢？

果不其然，加工经过安排的信息时，被试的成绩要比加工随机信息时更好，因为被试可以将信息分割成更容易记忆的形式。同时，与之前的研究相一致，在经过安排的以及可使用助记条件的状况下，前额叶顶叶网络结构（主要以背外侧前额叶皮层和后顶叶之间的交流组成）比起完全随机不能使用意元集组时要更加活跃。[①] 最有趣的是，与处理完全随机及使用助记条件的数字序列相比，处理经过安排的数列时，前额叶顶叶网络结构总是最活跃的。

Intelligence Redefined

这很有趣，因为比起经过设计的测验，未经安排的序列更难记忆，而且对工作记忆的要求更高。博尔认为，这些发现表明“前额叶顶叶网络结构会因为许多复杂任务而激活，但是当主体积极搜索并完全处于寻找新模式的状态下时，它会进入最为兴奋的状态”。[60]

Ungifted

博尔提出了一种非常有趣的可能，即意元集组是前额叶顶叶网络结构的大部分中心功能之一，而且也许是为复杂陌生问题提供创新性解决方案而进化出来的。

Intelligence Redefined

① 此外，比起被试不能使用意元集组而表现出相等的心算能力的环境下，经过安排的数字序列能使前额叶顶叶网络结构更加活跃。与同等层次但不能使用意元集组的记忆回想相比，可使用助记条件的数列一样能够使该网络结构更加活跃。因此，看来前额叶顶叶活化不是因为心算或回忆，而是因为意元集组。

即便博尔没有细致地阐述其中的联系，我也认为他的理论能帮助我们更好地理解一般智力因素。或许，那些在一般智力因素测试上获得高分的人的基本特征之一便是：当有一个具体目标的时候，他们能够迅速专注于任务相关的方面，忽略不相关的方面并找到有效途径来组织工作记忆里的信息，以便将更多的资源用于流体推理。斯皮尔曼假设认为，测试一般智力因素的最好方法需要测量到领会事物间的关系、推断规则、锁定相似点和不同点，以及脱离复杂模式中的相互关系。流体推理任务看起来确实是在测量这些技巧，但是流体推理对工作记忆造成了较大的压力，因为你必须不借助于外部的帮助完全在头脑中进行推理，而时间往往是很紧迫的。有些人具有更好的认知策略，从而可以减少认知负担，他们在测试环境下有着显著的认知优势。如果这是真的，我认为这些研究会使一般智力因素的科学研究（强调认知效率）和专业技能表现框架（强调高效的意元集组策略）之间结合得更为紧密。

我在做自己的博士论文研究时，首先注意到了认知策略的重要性。[61] 为了测量一般智力因素，我做了三个高度相关的认知能力测试：瑞文推理测验、言语类比推理以及心理旋转。我发现，工作记忆、加工速度以及有复杂联系的刻意学习都各自独立地与一般智力因素高度相关。在这个实验结尾的采访中，一些被试告诉我，他们努力使用记忆术策略来记住联想测试中的单词。我只是把这当作一个有趣的现象记住了。

最近，我偶然发现了一项研究，研究者是其基鲁提加·南达戈帕尔、罗伊·罗林（Roy Roring）、安德斯·埃里克松（K. Anders Ericsson）和珍妮特·泰勒（Jeanette Taylor）。在测试时，他们让一些双胞胎边想边说。这些测试包括联想学习、工作记忆以及加工速度，这些也是我的研究中所测试的技能。[62] 他们发现，这三项认知测试都受到策略的严重影响。最具说服力的是，联想学习任务（这种任务最经得起策略使用的考验）中策略使用的不同，解释了测试表现中大量的基因影响。这项研究结果首次证明了认知测试中所呈现的遗传性部分是因为具体认知策略的使用。

提升测试表现的策略的使用与将一般智力因素与神经效率相联系的研究保持了一致。认知消耗了大脑中的大量葡萄糖，随着任务变得越来越自动化，我们所需要的认知资源也就越来越少。大量研究表明，智商测验分数高的人能够更快地将正确的大脑资源运用到正确的任务上。

天赋实验 Ungifted

来看一下海尔及其同事早期使用 PET 进行的一项研究。他们让 8 名参与者玩了 50 天的俄罗斯方块。[63] 研究开始时，俄罗斯方块刚刚被引进美国，所以参与者对这款游戏并不熟悉。研究者们发现，瑞文推理测验得分最高的参与者在玩这款游戏时大脑活动下降最多，前额叶和扣带皮层区域的活动减少尤为明显。

Intelligence Redefined

最近，使用功能性磁共振成像的新研究一般支持这样一个观点：在认知测试中成绩优秀的人解决陌生且复杂的问题时所消耗的大脑资源比较少。① 尽管这些发现一般被说成是“聪明的人”拥有更多的“有效才智”，但我认为更精确的表述应该是“善于流体推理”的人“能够更快速地通过有效认知策略的使用，以挪出更多宝贵的大脑资源”。我承认这种定义很拗口，但是我觉得这么说才更准确。

重要的是，不同的人可以使用不同的策略来解决同一个问题。[64] 比如说，一些人可能更依赖他们的言语能力来解决言语和空间问题，而其他人可能会全盘地使用空间策略。有证据表明，事实就是如此。在一项言语加工速度测试中，埃里克·赖希勒（Erik Reichle）和同事发现，言语策略的使用在与语言有关的大脑皮层区域（如布洛卡区）会带来更多的脑部活动，而视觉 - 空间策略

① 假设任务足够困难，但是不至于难到智商测验得分高的人需要动用所有脑力，也不至于让智商测验得分低的人退出测验。参见 I. J. Deary, L. Penke, and W. Johnson, “The Neuroscience of Human Intelligence Differences”, *Nature Reviews Neuroscience* 11（2010）: 201-211.

的使用则在视觉 - 空间区域（如顶叶皮层区域）带来更多的活动。[65]

Ungifted

拥有更优秀的言语工作记忆技巧的人使用言语策略时，在语言相关区域显示的活动比较少，而拥有更优秀的心理旋转技巧的人在使用视觉 - 空间策略时，在大脑视觉 - 空间区域显示的活动比较少。于是，研究者得出结论：认知策略之所以有用，是因为认知策略能够将认知负担最小化。

Intelligence Redefined

如果人们可以使用不同的大脑区域来解决相同的陌生且复杂的问题，也许“一般智力因素在大脑中的什么地方”这样的问题就失去意义了。[66] 罗吉尔·基维特（Rogier Kievit）和同事最近的一项研究体现了这个观点。[67] 他们进行测试的项目包括言语理解、知觉组织、工作记忆以及加工速度。他们还对参与者做了磁共振成像扫描并估计了他们的白质水平、灰质密度和 8 个大脑兴趣区的容量。之前的研究显示，这 8 个大脑兴趣区与一般智力因素相关。他们发现，即便被试的神经构成很不相同，他们依旧可以拥有相近的一般智力因素得分。这些发现十分重要，因为它们表明这些测试掩盖了一个事实，即通过不同的神经途径，每个人都可以获得一样的一般智力因素得分。[68]

此外，基维特和同事还发现，大脑结构的个体差异决定了一般智力因素的个体差异。换句话说，一般智力因素与意识一样，是大脑自然发生的属性，而不是一种单一的特征。这一发现与近期的一些研究相一致，这些研究发现，正向复写在很大程度上是多种专门大脑区域重叠的自然发生的结果。[69] 正如克里斯蒂娜·拉巴利亚（Christina Rabaglia，目前正在与加里·马库斯和肖恩·莱恩［Sean Lane］合作，就这个课题展开研究）对我所说：“个体认知任务都需要从大脑的共有资源中（这种共有资源可在各种任务中重复使用）获得一套特定的独特的神经资源。同样，这些任务中所表现出的个体差异也是相关的，即便特定的神经资源也有其规定的功能。”

尽管这些发现并没有否定正向复写（从数据上看，智商测验优秀的人更可能在其他项目上发挥优秀）的存在，但是这些发现表明，如果要测试一般智力因素，最好测试多元的认知技巧，而不是观察任何个体的大脑并试图估计其一般智力因素等级（或是智商测验的得分）。

这些发现都与安·范德马斯（Han van der Maas）和同事最近的一项研究相一致。[70] 根据他们的智力动态模型，一般智力因素是多个独立心理过程自然发展的属性，这些心理过程在整个发展过程中有益互动并相互增强。这一研究振奋人心，因为它把我们的认识层次从对个体差异的理解转移到对个体终身智力技能发展的差异上来了。

不要忽略大脑的可塑性

在儿童时期和青春期，大脑的成熟很容易受到可塑性和变化的影响。与成人时期相比，儿童时期大脑的体积和智商的关系更小，而智商与大脑发展的关系很复杂。一项研究跟踪调查了 300 名儿童直至成年，[71]7 岁时，智商更高（IQ>120）的儿童的大脑皮层厚度较薄，然而很快，高智商儿童的皮层厚度迅速增加，超过其他儿童并在 11 ~ 12 岁达到顶峰，然后再慢慢下降到一般水平。

> Ungifted
>
> 研究者们得出结论：“任何年龄的‘聪明’儿童都并非是仅仅凭借灰质的多或少而变得聪明的。而应该说，智力与大脑皮层成熟的动态属性有关。”
>
> Intelligence Redefined

毫无疑问，基因在很大程度上影响了大脑结构的发展，[72] 但是基因和大脑皮层成熟之间的联系并不一定是直接的。由于前额叶顶叶的大脑连接，高智商的儿童可能会有不一样的表现，并且会引起别人的不同反应，这些反应反过来又塑造了他们的大脑。多种领域的许多项研究表明，大脑中灰质和白质结构都很重要。[73]

天赋实验 Ungifted

一些人学习杂耍长达 3 个月，他们大脑中与视觉运动协调、抓取动作相关的区域的灰质量就明显增多。[74] 事实上，学习杂耍 7 天就可以观察到学习者大脑灰质变得更加可塑。学习杂耍 3 个月，就可以观察到其潜在的白质路径组织发生变化。同样，对专职驾驶员的研究发现，这些驾驶员有着更大、更靠后的海马区，这块区域对于空间导航十分关键，而且据研究，正念冥想训练也能改变向内的注意力的皮层代表区。[75]

研究表明，从事音乐的人的大脑具有很强的可塑性。[76] 专业音乐家拥有更多的灰质，他们的听觉、躯体感觉以及运动皮层的厚度也更大，这些是多年从事音乐工作产生的结果。另外，早期能力也发挥着重要的作用。有研究表明，在熟练的弦乐器演奏者的大脑中，代表左手的皮层显示出更多的神经差异，而这些差异与他们初次演奏这种乐器的年龄高度相关。[77] 这种年龄产生的作用似乎可以很具体：萨拉·本特松（Sara Bengtsson）、弗雷德里克·乌伦（Fredrik Ullen）和同事确定了一些大脑区域，在这些区域，白质与青少年特定时期的钢琴练习量直接相关。[78] 与此类似，克里斯塔·海德（Krista Hyde）及其同事发现，连续一年每周进行半小时的键盘打字练习，5 ~ 6 岁儿童的大脑结构发生了许多变化。[79]

近来的研究还发现了与认知能力相联系的大脑可塑性。光竹内（Hikaru Takeuchi）及其同事发现，工作记忆训练能导致大脑结构性连接出现可测的变化。而这种结构性连接对工作记忆的表现十分关键，出现这种变化的区域包括顶叶区域和胼胝体主体的前部。[80] 在最近的一项研究中，阿利森·麦基（Allyson Mackey）、克里斯蒂·惠特克（Kristie Whitaker）和西尔维娅·邦奇（Silvia Bunge）对一些参加法学院入学考试课程的参与者进行了推理训练，仅过了 3 个月，他们便发现参与者的大脑额叶和顶叶结构的白质具有了可塑性。[81]

除了大脑的变化，工作记忆训练也能使行为发生变化。多项研究表明，工作记忆训练项目会使工作记忆能力产生可靠的短期提高，而且越来越多的证据表明，流体推理训练可以短期提高流体推理技能。最强有力的证据来自 Cogmed 电脑训练和互动游戏。[82]

然而，迁移效果似乎是有限的。训练儿童的工作记忆能力会提升其他工作记忆任务的表现，但是否能够提升流体推理，证据还不清楚。①[83] 反之亦然，有证据表明流体推理训练可以提升尚未经过训练的流体推理表现，但是似乎无法提升工作记忆或加工速度。同样，意料之中的是，考虑到一般智力因素反映了多种认知技能，几乎没有证据表明工作记忆训练能够改变人们一般智力因素的等级。[84]

很明显，目前的情况是一团糟，所以我们将不得不等待更多的研究来弄明白这些问题。同时，我有几点建议，或许能帮助人们找到问题所在。我认为要记住一点，工作记忆可通过多种形式（言语、非言语、心理旋转等）服务于流体推理的领域无关功能，但是肯定不会是情绪无关的。正如贯穿本书始终的，压力、焦虑、典型威胁都会在很大程度上影响工作记忆，并且会导致人们

---

① 有趣的是，一些工作记忆任务，如 n-back 测试，似乎比其他工作记忆测量法能更可靠地迁移到流体推理，尽管 n-back 测试的训练并不一定会使儿童在其他工作记忆任务中表现得更优秀，哪怕流体推理能力确实得到了提高。

的前额叶顶叶网络结构瘫痪（见第 7 章）。这或许能部分地解释为什么同时考验人们多个方面的训练方法能给大脑训练带来最大的收益，这些训练方法包括传统武术训练和丰富的学校课程。[85]

一个相关的思考是训练效果的个体差异。最近一项研究发现，多巴胺转移编码的基因变异与进行训练的学龄前儿童的工作记忆和流体推理的提升有关。[86] 尽管研究结果需要重复（样本规模小，多重比较进行校正之后，效果并不显著），但结果确实显示多巴胺在认知表现和大脑可塑性上起到了重要作用。（要了解动机和认知的作用见第 6 章和第 12 章）。

另一项近期的研究发现了人格对认知训练的作用。[87] 认真的参与者在工作记忆训练上更加优秀，但是他们在工作记忆上的提升并没有迁移到流体推理的测量上。神经过敏（焦虑的代名词）指数高的参与者在另一项困难的工作记忆任务上得分下降，但是在比较容易的任务上得分更高。似乎在比较容易的任务中，更高水平的情绪可能是一种优势，使得参与者得以保持专注、警觉，然而在更困难的任务中，参与者们便束手无策了。因此，在思考认知训练时应当考虑到人格特质。

还有一点要注意，最需要训练的人也是最有可能受益的人。[88] 最近，我与神经学家西尔维娅·邦奇进行了一些讨论，她表示大多数推理测验的完成只需要在工作记忆中保持和操纵少量信息的能力。所以，对已经达到了解决任务所需最低工作记忆要求的人来说，训练工作记忆不会提高他们的推理表现。工作记忆水平低，难以记住一些事项，综合、比较或排序有困难的人更可能通过训练来获得提高，因为对他们来说，工作记忆是一个瓶颈。这就是为什么一定要让人们意识到运用策略来减轻大脑负担的重要性。

菲利普·约翰逊 - 莱尔德（Philip Johnson-Laird）和同事认为，通过构建心理模型可以解决三段论（一种演绎推理），心理模型是前提的内在表现。[89] 你的心理模型中的多个任务给你的工作记忆带来了很大负担，所以，你必须明智地选择你的心理模型。例如，约翰逊 - 莱尔德和马克·斯蒂德曼（Mark

Steedman）要求参与者用以下的三段论来形容他们的心理模型：[90]

所有的艺术家都是养蜂人。

部分养蜂人是聪明的。

艺术家都聪明吗？

一个参与者说："我想到屋子里都是……艺术家，而且想象他们都戴着帽子。"[91] 你所依赖的心理模型可能完全不同。然而，你描述这个问题的方式在很大程度上决定了你是否能很好地使用信息来进行推理。如果你开始的描述不准确，你的工作记忆可能因此超载，得出的结果也就不准确，不管你进行三段论推理的水平有多高。

人们可以通过学会使用图标来描绘问题，提高推理能力。[92] 盲人都可以创造出空间心理模型。[93] 肯尼思·吉尔胡利（Kenneth Gilhooley）和同事曾口头描绘了一个三段论，这对工作记忆提出的要求更高了，因为参与者必须将前提记在脑子里。[94] 但是当用投影仪展示前提时，参与者的表现更好了，因为这样他们可以从工作记忆里将前提释放出去，从而解放有限的资源来构建有效的心理模型。

在过去的10年中，约翰·斯威勒（John Sweller）和同事设计了一些指导性的方法用来减缓学生工作记忆的负担，以此激励学习、激发兴趣。[95] 借助专业知识和工作记忆文献，他们把学习环境的复杂性与学习者进行配对，试图减少不必要的工作记忆负担，这种多余的记忆负担可能会干扰推理和学习。这样一来，认知过程便最大程度上与学习联系了起来。

最后，要考虑训练的时长。最近，在《纽约时报》登出了一篇题为《智商分数低价销售》（*IQ Scores For Sale, Cheap*）的文章。作者戴维·哈姆布里克（David Z.Hambrick）表达了他的怀疑，他怀疑几个小时的工作记忆训练能否让智商得到永久性且有意义的提升，[96] 他认为没有实质的资源投入，要实现这种提高是不太可能的。哈姆布里克指出，一些幼儿园在课后培训有实质性的扩展和辅导，但是并没有带来儿童智商得分的提高，就算有了提高也不能持久。[97]

如果决定智商测验能力的发展原则与其他能力一样，我们为什么还要指望通过那些时长不会超过 60 小时的扩展训练来大幅提高这种能力呢？更何况那些只有数小时的工作记忆训练？

Ungifted

正如迈克尔·豪（Michael Howe）在他的《成问题的智力》（*Intelligence In Question*）一书中所说：“如果我们一开始假定决定智商得分的技能是平常的且是可习得的，而且获得这些技巧的过程与获得其他专长近似，那么对获得那些需要通过学习才能获得的技能要花多少时间的探索就是有意义的。”[98]

Intelligence Redefined

豪表示，训练要花费的时间不会少于在其他领域获得高层次能力所花费的时间，如音乐、国际象棋和运动等。毕竟，智商测验是以多种形式的专业知识为样本的。因此，要想建立起高水平的心理专业知识以获得智商测验的高分，需要花费的时间将达数千小时。

这并不意味着没有生物方面的因素促成认知专业知识的获得（见第 11 章）。一些很小的孩子，由于他们的前额叶顶叶大脑连接，在流体推理中获得了更大的奖励，所以更加有动力进行考验智力的活动，而所有这些连续不断的智力活动会积少成多。近年来，一些心理学家，包括罗伯特·斯滕伯格和戴维·洛曼，开始在任何时间点上将智商测验分数看作是一种发展专业知识或能力的措施。[99]

以这种观点来看，干预终止以后智商的提高不能持久没有什么可惊讶的。我们当然不指望从事音乐、下国际象棋或讲西班牙语的人在停止接触这些东西以后还能永远保持原有的水平。重复练习以及挑战才是至关重要的。[100]

但是智商测验分数的提高并非“干预”带来的最具现实意义的结果。正如我们在第 8 章里看到的，成功的干预提高了自律能力的许多方面，这些方面的技能对人们今后目标的达成更为重要。

不过，对一般智力因素的概念认识从“心理能量”转变为认知专长的多种形式，满足了一种现实意义的目的。因为这种转变，人们不再关注人们为什么在考验工作记忆的测试中有差异，而是专注于机会成熟时人们能够取得怎样的成就。对此，我们这一代还没有找到一个真正有力的证明。

费林效应：智商分数随时间的显著提高

20 世纪见证了智商得分的显著提高，平均每 10 年提高 3 个百分点。这种现象被叫做“费林效应”（The Flynn effect）。[101] 然而并非所有的智商测验得分都有同样的提高。正如我们之前所看到的，所有对认知能力的测试都会牵涉流体推理和已有的知识，但是有一些测试是更为理想的流体推理测试。21 世纪，对流体推理要求最高的测试的得分提高最显著，词汇测试、短时记忆测试以及一般知识测试的提高则小得多。到底是什么导致了这些测验分数的提高呢？

在《智力是什么——超越费林效应》（*What Is Intelligence? Beyond Flynn Effect*）这本书中，詹姆斯·费林（James Flynn）对流体推理的提升提出了令人信服的解释。[102]

> **Ungifted**
>
> 费林认为，我们的祖先看待世界的方式与我们十分不同。由于工业革命，科学抽象思维方式变得突出，但在那之前的人们不可能获得我们今天所接受的科学指导。工业革命带来了一套不同的要求，抽象思维充斥于所有课程，而且普通人也变得更倾向于假设性思维，做抽象概括。
>
> Intelligence Redefined

今天，接受科学思维教育的机会越来越多，更多的人有机会很好地发展抽象推理能力。费林认为，许多人已经变得聪明了，而且很可能可以回答出需要运用抽象概括能力的智商测试题，但是以往的人可能会觉得这些智商题很陌生、很荒谬，所以他们会以一种习惯性的思维去对待，从而得不到高分。

天赋实验 Ungifted

以 20 世纪早期的一个真实的智商测验为例。

智商测试官： 总是有雪的地方，所有的熊都是白的；新地岛总是有雪；新地岛的熊是什么颜色的？

苏联农民： 我只见过黑熊，没见过的我就不知道了。

智商测试官： 但是，从我说的话里可以推测出什么？

苏联农民： 要是一个没去过那地方的人说的，听了这些话我也还是什么都不知道。如果有个阅历丰富的老人见过白熊而且把这事告诉了我，我才相信他的话。

这位农民来自苏联的偏远地区，接受了亚历山大·卢里亚（Alexander Luria）的采访。这位农民的思维方式在当时是很普遍的。这种思维方式牵涉基于个人经验的推理和对外物有根据的、功能性的参考。正如费林所说："你不应该纠结于我们怎么使用某种东西或是拥有了这种东西会有怎样的好处。"[103]

Intelligence Redefined

最近，有一篇论文支持这样一种观点，即抽象推理在生长于科技发达国家中的人身上会更自然地出现。马克·福克斯（Mark Fox）和安斯利·米彻姆（Ainsley Mitchum）对瑞文推理测验中不同类型的被试解决问题的方式做了分析。[104]正如之前所看到的，瑞文推理测验的表现牵涉高水平的联系抽象能力。这个测验重要的一面不在于数字本身，而在于这些数字彼此之间有着怎样的联系。要确认这种模式，必须将数字的多种属性整合到工作记忆中去。

福克斯和米彻姆按照联系抽象的数量对瑞文推理测验的项目进行了分类，发现1961年的被试与2006年的相比，以高水平的联系抽象对目标进行映射的可能性比较小。并非1961年的被试没有能力解决这些问题，只是他们不习惯这样的思维方式。他们只关注图片的表面，而没有想到使用更多的抽象策略。研究者们认为，今天的被试有一种本质上不同的策略来应对测试内容：当起初的理解不能让他们自动采取这种策略时，他们知道如何在信息之间寻找类比联系。

费林效应引起了许多重大的议题。其中一个就是，费林效应支持行为和生物层面一般智力因素的发现，即一般智力因素包括多元的、互动的、认知的机制。费林效应清楚地显示出构成一般智力因素的多种认知能力能够跨越几代人“分化”。

费林效应还强调，文化对特殊形式认知专长的发展具有重要影响，例如体育运动。有证据表明，当今世界的运动记录比一个世纪以前的记录高出了至少50%。[105] 在马拉松和游泳比赛的成绩大幅提高的今天，早期奥运会的游泳冠军只能勉强挤进高中游泳校队。[106] 1908年，官员禁止在跳水比赛中空翻两周，因为他们觉得这么做太危险。但今天，空翻三周是优秀跳水运动员的标准技能之一！但是，如果你在同代人的高中体操队中去测量队员在多种体质测试中的表现，很可能会发现某一个一般的体质因素。[107]

同样的，在一代人中，一种认知能力测试成绩好的人在其他需要发挥一般智力因素的测试中也会取得好成绩。但是跨越几代后，对流体推理要求高的测试提升最为显著，因为文化更强调这种思维方式，相对于短时记忆、词汇和一般知识测试而言，这些测试跨越几代后的提升远不及流体推理测试的提升。

Ungifted

费林认为，今天的我们必须面对先人不曾遇到过的问题。现在我们认为这是理所当然的，但并不一定意味着我们比前人更聪明。

Intelligence Redefined

费林对费林效应的解释只是众多解释流体推理提升的“社会乘数”（social multiplier）之一。迪肯斯（Dickens）和费林认为，社会乘数是一种可以跨越几代人增加并产生巨大影响的社会因素。[108] 除了越来越多的科学进步，其他因素无疑也发挥了作用，包括更好的营养、更高的识字率、更高的测试熟悉度、视频游戏、电视节目和电影情节的复杂程度、现代化、更少的传染病和寄生虫等。[109]

漫长探索之后

我们攻克一般智力因素了吗？虽然很多问题没有解决并且需要进一步的研究，但我认为我们至少可以从这个方面充实一下我们的大脑。在汤姆森时代，他们甚至没有讨论认知过程的术语。这就是为什么汤姆森不得不依赖于他抽象理论上的概念“关系”（bonds）。但是现代认知科学认为，真相介于斯皮尔曼和汤姆森的极端观点之间。在任何认知任务中似乎都有数量可控的可使用的认知过程，每一个认知测试都有一个不同的但是又部分重叠的人类认知的子集。这些过程彼此相关，也都与一般智力因素相关，但是没有理由证明它们是相同的心理“能量”。

这些发现的一个重大意义是，尽管一般智力因素是一个真实的统计现象，当我们对大量被试进行大范围认知能力测试的成绩进行审视时，都会发现一般智力因素的存在，但是任何个体身上都没有一般智力因素。智商测验得分最好还是看作对有限但是重要的专业知识认知形式的一个总结，牵涉流体推理、抽象整合、工作记忆、短时记忆、认知策略、心理旋转、言语理解、词汇和加工速度。当然，要对这些技能的哪一个子集进行测量取决于智商成套测验（参见第 3 章和第 4 章）。

重要的是，并非所有测试项目都能够平等地测量一般智力因素。多方研究表明，当进行一个足够大、足够多元的认知成套测验时，一般智力因素的最佳测量可能会牵涉到大量的现场操纵、整合以及工作记忆中认知过程的控制（尽管一般智力因素所有的指标都在某种程度上需要技能）。当任务对工作记忆的要求如此之高时，大脑前额叶顶叶区域会发挥重要的作用，来帮助我们找到有效的认知策略，把材料分成组块，从而减少心理负担。但是人们可以使用不同的策略来获得相同的一般智力得分，而且越来越多的证据显示，与一般智力因素最为相关的技能——工作记忆和流体推理能力，可以进行训练。尽管对于迁移的证据还不清晰，但我还是强调需要长期的认知训练干预，从而同时锁定多种认知机制以及社会和情绪功能。

尽管一般智力因素描绘了认知能力测试中个体的普遍差异，但它不能完全体现人类智力的丰富性。事实上，越来越多的证据表示，智商测验得分更高的人，正向复写开始出现问题，分散的认知描述变得更加突出。1925 年，斯皮尔曼发表了一篇论文，将 78 个“正常的”儿童和 22 个“有缺陷的”儿童的 12 个认知成套测验成绩进行了比较。[110] 他发现，“正常”儿童测验里的正相关度远高于“有缺陷”儿童的那一组。他把这一发现称作“效果递减法则”（the Law of Diminishing Returns）。现代科学家证实了斯皮尔曼的最初发现，但是将它称作人格分化假设（differentiation hypothesis），因为认知能力可能会随着一般智力因素的增加而更趋于差异化。[111]

在这一点上，我们最后可能会找到一些共同的根据。漫长探索的结尾，我想用两位智力科学家的观点来作结，这两位科学家所处年代相隔甚远，而且他们对于人类智力的看法不一，他们是查尔斯·斯皮尔曼和霍华德·加德纳。

首先，是斯皮尔曼在 1925 年的一篇论文中的观点：

在人类智力分布的两极之间，将会有一些表现体现出一个人天才的一面，但同时也体现出其愚蠢的一面。每个正常的男人、女人、儿童都在某些方面是天才，在另一些方面是蠢才。不管怎么说，关于天才还有什么有待发现的呢？

接下来是加德纳的话，摘自1995年他与丹尼尔·戈尔曼的谈话：

是时候开拓我们对各种才能的认识了。教育给孩子的发展带来的最大益处是帮助他向他的天赋才能适合的领域发展……我们应该少花时间给孩子们排名次，而应该多花时间帮助他们认识自己的先天才能和禀赋，并加以培养。成功的道路有许许多多条，我们赖以成功的能力也有很多很多种。[112]

也许他们二位的观点也没有那么不同。

11

天赋异禀

Ungifted

Intelligence Redefined

天差地别的两份 GRE 成绩

盯着电脑，看着屏幕上倒数的一秒秒，我感觉汗水从眉毛上滴了下来。环顾房间，每个人都是一脸的沮丧。好吧，斯科特，集中注意力，你再好好想想，分析一下，你可以做到的，你也不希望因为这么一场考试就毁掉你这些年来的努力吧？想着想着，我又找回了决心和勇气，把屏幕上的这道 GRE 难题又看了一遍。

> 6 个人围坐成一圈，其中有一位是秃顶，坐在他左边的人体重超标，坐在他右边的人身上散发着臭味。身上发臭的那人右边坐着的人显得无精打采，而再往右的那人很是兴奋。秃顶的那人戴上了帽子，大家的注目让他感觉不舒服。身上发臭的那个人往左空两位，

坐在这个位置上的人，下列哪一个词是对这个人的准确描述？①

（a）秃顶

（b）体重超标

（c）无精打采

（d）发臭

（e）无法确定

我试图在脑海里想象这一整圈身上发臭、体重超标的人，但很快，我的脑子就走神了，各种别的想法把我淹没了。我不由自主地想着迈克尔·乔丹对篮球事业的低调回归；想着自从1993年后，费城人队的处境是多么的艰难，不复从前；在人机交互课上见到的那个女孩儿，我在想她是否知道我的存在？还没找到这个问题的答案，时间就到了。

我拿到了自己的成绩，惊讶地发现，分析论证部分几乎没有得到分数。我知道自己做得很糟，但没想到居然那么糟！这场考试，让我的耶鲁梦又坠入重重疑云之中，但几周之后，奇迹发生了：大学委员会把分析论证部分换成了分析写作。我重新参加了考试，那一刻我真的感觉从黑夜步入了光明。在写作部分，我尽情地挥洒着自我，用思辨和分析来权衡争论。我感觉自己好像变成了一个全然不同的人，而我的分数也近乎完美。

我坐在那儿，两份成绩摆在眼前，我开始思考自己是个怎样的存在。哪份成绩才代表了我？我到底是史上最不善于分析思维的人，还是说我的分析思维能力其实还挺不错的？大学委员会称这两份测试考核的是同样的分析技能。我无所谓了，反正耶鲁大学只需了解最后的那一次成绩。谢天谢地！我不用和任何人提起之前的那次成绩！

① 注意：这里的问题并不是当年GRE分析性论证部分的原题，而是我尽量根据自己的回忆举出的例子，用以说明GRE的分析性部分里，你经常会遇到的问题。分析性部分后来被分析性写作取代。

耶鲁：梦想成真的一刻

“我看上去怎样？”参加盖茨剑桥奖学金的面试之前，我问我的家人。这项奖学金为在剑桥大学读研的学生提供全额的学费。奶奶帮我调了一下领带结，“去吧，让他们对你刮目相看！”我深吸了一口气，推开了门。

门里有一张很大的桌子，三个英国人模样的人坐在桌子的一侧。右边的面试官穿着整套的律师服，配着灰色的假发、黑色的长袍和平整的白色衣领。他们用手示意我单独坐到桌子的对面一侧。桌上只有一杯水，能给我些许的安慰。

“我们已经看过你的简历了。”他们说。我注意到他们面前的一个活页夹上标着“斯科特·考夫曼”这几个字，于是我深吸了几口气。“麦金托什教授和我们说，你的学术能力很不错。”坐在左边的考官开了口。右边那位穿着律师服的考官接下了话说：“但盖茨剑桥奖学金的评定并不只基于学术成绩，我们寻求的是有潜质改善他人生活的人。”啊，这位是唱黑脸的啊！我懂了。“你准备怎样改变世界呢？”律师模样的面试官问道。

我使劲吸了口气，发出的声音足能听到：“呃——我想我一个人是无法改变这个世界的，但我很希望能有这个机会与别人一道为此而努力。”中间的那位面试官在我的活页夹里不知道写了些什么，我也不清楚他们对我的答案是否满意。那位坐在中间的面试官把注意力集中到我身上，抛给了我下面一个问题：“你说你想提出关于人类智力的新理论，为什么？”他的语气里透着一丝怀疑。我一边思索这个问题的答案，一边扫了一眼三位面试官。我决定实话实说：“嗯，因为我觉得目前的各种理论都不完善。”

接下来的数个月漫长而又痛苦，终于，录取通知开始向我飞来。我被哈佛大学教育学研究生院的博士研究项目录取，得以与科特·费舍尔还有霍华德·加德纳一起工作。我也获得了盖茨剑桥奖学金，得以在麦金托什教授的指导下攻读硕士学位。但是，耶鲁却没有任何消息。日子一天天地挨过去，耶鲁梦似乎也越来越遥远。

有一天，我打开邮箱，看到了一封来自罗伯特·斯滕伯格的邮件。我仰起头祈祷了一番，才去点开邮件。邮件里，斯滕伯格开门见山地说，他想在官方的信函发来之前就把这个消息告诉我。他提醒我说：之前考虑到我的GRE成绩不突出，委员会对于我是否有能力应对耶鲁大学的研究生生活还存有争议。接着他又告诉我，他成功地向委员会举例证明我有这样的能力，这得益于几年前的一个夏季，在一次实习过程中我曾和他一起工作过，我的成绩让他认为我是有能力的。最后，他告诉我结果：耶鲁大学委员会决定录取我攻读博士学位课程。我惊得差点从椅子上跌下来，跑到走廊里狂喜不止，大喊着："太好了！"眼中热泪盈眶。

神童未必智商高

天才的小提琴手让我们惊叹不已，他们能用出神入化的琴艺弹出绝妙的旋律，就如同先知的棋手走出精彩的棋路、高超的画家画出生动的画作。就算他们40岁时才达到如此境界，也已经足够让我们印象深刻了。但天才们基本上都在还不到10岁时就已经达到了成年人才能达到的水平。YouTube上的THNKR TV的新剧《神童》（*Prodingies*）就为我们展现了天才儿童现象的一个样本（见图11-1）。[1]

我们很容易把这样的例子看成是野心勃勃的父亲逼着自己的孩子走向优秀的故事而不予理睬。但这样的话，许多以同样方式体验这个世界的天才儿童就会受到忽略，古往今来一直都有这样的天才儿童。历史上的例子包括《圣经》上记载的大卫王、耶稣、圣女贞德、克里斯蒂安·海内肯（Christian Frederich Heineken）、布莱斯·帕斯卡尔（Blaise Pascal）还有莫扎特。

维多利亚和佐耶·因两姐妹都是天才儿童，11岁的佐耶在1岁时就开始作画，她的妈妈说她的画“富有激情”“具有现代感”且“非常欢快”。按佐耶的估计，她迄今已经卖出了20张画作。15岁的维多利亚先是被现在的经纪人发现，10岁时，她举办了自己的首次国际画展。她的画作售价达3万美元。维多利亚的父亲声称，她的画比她妹妹的更加“合理”和“精准”。她惊人的绘画天赋让人想起了法国画家马蒂斯。佐耶表示：“被称作‘天才’真是件让人骄傲的事，因为刚开始画画的时候，我们只是觉得好玩。”

加文·乔治，9岁，钢琴天才，他可以弹奏许多难度极高的钢琴曲目。他的钢琴老师称：“每天的时间就那么多，而他总想学得更多。”加文的母亲称：“加文从小就对音乐充满了激情。音乐一直在他的脑子里，就是他的一部分！他就是音乐。”有一年圣诞节，加文还非常小，父母送给他一张音乐DVD，他立即一把抓到手里，跳到沙发上手舞足蹈起来。半年以后，他正式开始了钢琴训练。加文的钢琴老师称，当她接手加文的时候，他只有5岁。那时他已经“弹得很不错了。但他的进步神速，每个月都好像进步了一年”。她还表示，加文具有“惊人的记忆力”，他差不多只要一晚上就能学会那些曲谱。加文本人也肯定了这一点，并说：“每当我记住一首歌，这首歌就刻在了我脑子里。我知道，它就刻在我的脑子里。我不用去记它的每一个音符。”加文的妈妈具有天才教育的硕士学位，一看到儿子在学习上如此早熟，她立即放弃了自己的工作。她表示：“孩子还很小的时候，就已经具备了非常敏锐的感觉。我想，他对情绪的感受要比很多人更加深刻。我真的认为，弹钢琴让他能够表达自己的这些感受。”加文说：“我喜欢弹钢琴的一个原因，就是它能让我快乐。后来我还明白了，它也能使别人快乐。”他补充说：“我很想能够在音乐会上弹奏钢琴。我想这个梦想会实现的。音乐是送给所有人的特别礼物。”

图 11-1　神童

资料来源：THNKR, “Prodigies” series on YouTube, http: //www. youtube. com/playlist?list=PLB1860C67A2998C0B.

全世界被研究过的天才儿童已有50位，其中一个引人注目之处在于他们所选择的领域。很多天才儿童都倾向于高度组织化和规则化的知识领域，包括口语、阅读、宗教、数学、生物、物理，象棋、现实及图示艺术、音乐创作及表演、网球、桥牌、体操、滑冰和游泳。[2]在创造性写作（如诗歌、科幻小说等）方面也发现了天才儿童，尽管这样的发现稍晚一些。

Ungifted

天才儿童往往早熟，他们能很快地在学习中进步。埃伦·温纳（Ellen Winner）认为，早熟的孩子趋向于“跟随自己的舞步”，他们不需要很多明确的提示，而是自学知识领域内的规则。他们还趋向于表现出对所选知识领域的天生的浓厚兴趣。当他们沉浸其中时，他们的注意力就如同激光射线一般集中起来，进入心理学上的“心流”状态——这是一种注意力集中的状态，毫不费力而又令人愉悦，在这种状态下，时间的流逝不再被注意到。

Intelligence Redefined

天才们的表现很难从刻意练习这个单一的角度去理解。一方面，天才们经常会体验到的这种心流状态似乎与刻意练习的概念相互矛盾，这个概念包括了大量的练习，如埃里克森所认为的那样，和“玩”的状态也有很大的不同。还有，虽然天才也需要支持，需要资源，需要父母和教练的鼓励，但这种支持正是他们身上所表现出的这种对学习的强烈渴求而引发的典型结果，正如一位父亲在谈及自己的天才儿子的早熟问题时所描述的那样。[3] 为什么天才们能在自己的领域里乐此不疲地进行着刻意练习，进而在自己所选的符号系统里很快取得进步？这些问题都需要进一步解释。

传统上，天才问题都倾向于用超自然力量、预言、巫术和占星术来解释。心理学的出现为这个问题的解释提供了一个更为系统的视角。1909—1930 年，比奈和其他一些心理学家对一些天才儿童进行了研究。但不知为何，这样的研究从 1930 年后直到 1986 年，基本都处于停滞状态。1986 年，随着戴维·费尔德曼和林恩·戈德史密斯（Lynn Goldsmith）出版了他们的著作《大自然的开场白》（*Nature's Gambit*），天才儿童的研究才开始复苏。[4] 两人对 6 名天才儿童进行了细致的分析，所涉及的领域包括象棋、小提琴、写作、数学 / 科学。（他们还研究了一名“全能型”的天才儿童。）

在对天才儿童及其家人做了细致的访问之后，费尔德曼和戈德史密斯得出结论，天才儿童的现象是有特定领域的，不能以总体的智商分数或任何单一的因素来表示，与此相反，天才儿童现象是各种因素幸运“组合”的结果，包括以下一些因素：与天才儿童的性格气质、兴趣爱好极为匹配的知识领域，在所在地获取某一领域知识的可能，健康的社会或情感发展，家庭因素（包括出生顺序和性别），教育和职业准备（正式和非正式的），文化支持，领域内成就认同，可以获得的培训资源，家庭成员的物质支持，父母至少一方为天才儿童的发展所做的完全彻底的奉献，有利于天才儿童发展的家庭传统，以及历史力量、事件和趋势等。[5]

费尔德曼表示，虽然天才儿童们的表现相对于他们的年龄来说已是惊人，但有关他们的解释不必游离于自然和科学范围之外。天才儿童与我们拥有一样的性征，只是某些性征相对于普通人而言，显得特别突出，如天赋、个人品质、家庭传统以及这些因素的相互协调等。这一点在那些具有重要文化意义的知识领域中，只需要很短的时间就能表现得淋漓尽致。“在天才儿童身上，我们看到了自然、传统和文化三种力量极为成功的一次合作。”[6]

天赋实验 Ungifted

近几年，研究人员对天才儿童的心智做了大量研究。心理学家乔安妮·鲁兹萨斯（Joanne Ruthsatz）和小提琴演奏家乔丹·乌尔巴赫（Jourdan Urbach）利用最新版本的斯坦福-比奈测验，对 8 名天才儿童进行了智商测验，这 8 名儿童已经是国内外许多电视节目的主角了，[7] 他们中绝大多数人还没到 10 岁时就已经在各自的领域里达到了职业人士的水平，而他们的所选领域大多是基于规则的。这 8 名儿童中，有 1 名艺术天才，1 名数学天才，4 名音乐天才，1 名由音乐转向了厨艺，1 名由音乐转向了艺术。

研究人员发现了一些显著的规律。这些孩子的智商差别很大，从 108 ~ 147，而费尔德曼和戈德史密斯和玛莎·莫洛克（Martha Morelock）之前的工作也显示出这样的结果。这说明是否成为天才与智商的高低并无必然的联系。[8] 而更为显著的结果体现在子测验的得分上。每位被试的认知特性差别很大，并不是平衡的。事实上，其中一位天才儿童的智商总分达到了 108，但其视觉空间智商只有 71，低于 97% 的普通人群。但这并未阻止他依靠自己天才的琴技获得声誉卓著的大奖，成为在林肯中心与温顿·马沙利斯同台演出的最年轻的演奏家。此外，他还曾在从未受过正规音乐训练的情况下为三部电影谱过曲。这些发现和之前的研究结果相符，平衡的认知特性，无论是在学习型天才还是在音乐和艺术型天才中，更多的都只是例外而不是规律。[9]

尽管这些天才儿童在各自的能力上都表现出很大的差异，但他们之间还是存在着惊人的共同点。他们每个人的工作记忆得分都超过了最高标准，高过了 99% 的普通人群。实际上，这 8 个天才儿童中，有 6 个人的分数达到了 99.9%，这也许可以解释为什么他们能够心无旁骛地坚持练习更长的时间了。无独有偶，戴维·汉布瑞克和他的同事们发现，工作记忆与一系列“复杂的任务”相关联，包括钢琴视奏训练。尽管刻意练习更多的是在描述表现的效果，而非工作记忆，但工作记忆的表现还是与这些任务相互关联。这一点甚至在对某一领域具有较高水平的特殊体验以及丰富知识的个体间也是一样的。[10]

极佳的工作记忆只是天才儿童的一个方面。在美国，88 个孩子里就会有一个被诊断为自闭症患者。[11] 而在这次的样本中，8 个孩子里就有 4 个孩子的家人或者一级 / 二级亲属被诊断为自闭症患者。此外，有 3 个孩子已经确诊患有自闭症。这 3 个孩子作为一个小组，比全部由普通人组成的控制组表现出了更多的自闭症特征。（但他们的得分只比高功能自闭症患者稍微高了一点点。）

这些患有自闭症的天才儿童有一个特别突出的特征，即注意细节。这些结果十分有趣，它们表明，更深入地了解自闭症，也许就能弄清什么是天赋，甚至就能知道人类的一些影响深远的伟大成就到底从何而来。

自闭症是否与天才有关

自闭症谱系障碍（Autism spectrum disorder，以下简称 ASD）所包含的范围很广泛，从有严重残疾，到高功能自闭症或者阿斯伯格综合征（Asperger's syndrome, 简称 AS）的患者都包含在内。事实上，每个人都或近或远地身处在这一谱系当中，而自闭症还有许多子类型。尽管如此，被确诊为自闭症谱系障碍的人还是具备了一些自闭症的典型特征，如早期语言迟缓、不合规则的社会行为、对单一对象的强迫性兴趣狭窄、重复刻板行为等。

我们首先分析一下社会行为。无法否认，ASD 患者的社会行为与别人不同，他们的典型表现包括缺乏眼神交流，不会自然地与人打招呼或道别，手势和面部表情也比较有限，语言单一呆板，节奏异常，常被形容为是“机械的”。[12]ASD 患者对参加社交活动兴趣不高，而且也少有愉快的体验，也很少关注并管理自己的社会形象。[13] 有研究显示，尽管 ASD 患者很有可能会像对照组一样自发地对内心的想法大笑不止，但他们不大可能会和其他人一起大笑，以加强彼此之间的社会联系，这在社交场合里看起来并不合适。[14]

我们应该怎样理解这些发现呢？有些研究人员把注意力集中到患者所受的损伤上。他们认为，ASD 患者的非典型性社会行为是由于缺乏社会动机、移情缺失以及无法从心理上理解别人（心理理论）。[15] 但我认为这些解释还不完善，仍有未解释清楚的地方。多年前，澳大利亚心理学家汉斯·阿斯伯格（Hans Asperger）在 ASD 患者身上注意到了一个现象，即他们“对他人的观察细致精确，令人惊讶”。[16] 新近的研究确认，ASD 患者在对别人的情绪做出反应时，其情绪反应强度与正常发展的个体没有什么不同，比如，当他们看到图片里坐在病房中焦虑不安的女人时。[17] 研究还表明，ASD 患者和正常发展的个体一样有能力辨识基本的面部表情，并对社会信息作出判断。[18]

多份来自高功能自闭症患者的报告揭示了自闭症患者的孤独和结交朋友

的强烈渴求。[19] 这些患者中有许多人做着需要具有高度同情心并进行较多社会接触的工作，如职业治疗、护理、普通医药实践、教学以及看护等。[20] 尽管 ASD 患者缺少足够的兴趣参与肤浅的社会活动，但他们的依恋模式和性欲都未受到损伤。[21] 最近的一项研究表明，具有“类似自闭症特点”的大学生比起高功能自闭症患者，对短期性关系的兴趣要低（见第 12 章），与此不同的是，这些学生常把更多的精力投入到与具体对象建立长期关系上，对长期恋爱关系表现出忠诚。[22]

对于自闭症谱系障碍中的“障碍”部分，似乎事情并不仅仅是我们所看到的那样。

从一个不同的角度来看，自闭症不过是用不同的方式来处理所获得的信息，[23] 这样一种看法最近数年来获得了大量研究的支持。ASD 患者对细节更为敏感，他们倾向于使用一种自下而上的认知策略。他们先理解对象的某些部分，然后再扩大至整个对象。[24] 正像尤塔·弗里思（Uta Frith）所说的那样，患有自闭症的人“见树不见林”，他们看到了很多细节，却看不到整体。神经学证据表明，ASD 患者之所以有如此独特的心智特征，部分是由于前额叶皮层（该部分控制对细节的注意力）区域充斥着过量的、零散的局部关联，同时长距离、总体性的关联数量较少，而这些长距离、总体性的关联对整合来自大脑不同区域、广泛传播的各种信息具有必要的作用。[25] 由此，患有高功能自闭症的人很难从对局部的注意中跳出，看到事物的整体。[26]

在社交场合中，这种对局部的过度注意有时会完全展现出来。ASD 患者把注意力集中在多数人认为无关紧要的种种细节上，这会导致一些令人尴尬的社交冲突。当 ASD 患者看到含有社交信息的图片，如朋友交谈的照片或肥皂剧的剪辑图片时，他们的注意力会大量地集中在图片的背景上，如灯的开关之类的，而对图片中人们的面部表情、眼神等投入的注意力会少很多。[27] 幼儿对社会话语注意的差异性能够很好地预测是否患有 ASD，而学前阶段的社会注意差异会导致心理理论有所不足。[28] 这很重要，如果正在发育的儿童在早期缺乏对社会信息的注意，那他们有可能会被剥夺发展社会认知能力所必需的社会输入及学习机会。[29]ASD 患者在成长过程中如果遇到过很多无意义的社会互动，那么他们很有可能会认为社会互动没有意义，继而更进一步地封闭自我。

凯特·奥康纳（Kate O'Connor）和伊恩·柯克（Ian Kirk）认为，ASD 患者的非典型性社会行为很有可能只是理解上的差异所造成的，而不是社交能力的不足，这些行为会过滤掉过多的感官信息。[30] 确实，ASD 患者在社交过程中经常会有情感的困惑，他们把别人的表情、手势以及肢体语言所表达出来的意思理解成别的，甚至是完全相反的意思。[31] 许多 ASD 患者表示，眼部尤其让他们感到“困惑”和“恐惧”。[32]

确实，眼睛极其复杂，很短的时间里就能传达出大量的信息。眼睛不断地在运动（眨眼、眯眼以及眼球的急速转动等），而且在连续的快速运动中，眼睛还能表示出各种不同的情感。有可能在与他人的大量互动中，ASD 患者接收了来自环境的其他感官信息，从而减少了与他人目光的接触。[33]ASD 患者的注意力经常受环境中一些感官信息的影响，如背景杂声、荧光灯、闪光物、肢体动作和气味等。[34]

一个令人激动的消息是，最近的研究表明，通过给予明确的指示、引导其注意他人的社交信息、提高社交信息的关联度并不断激起和强化他们注意社交信息的动机，ASD 患者的社交能力能得到显著的改善。[35] 康普勒·格朗丹（Temple Grandin）教授在动物学方面取得了很高的成就，她自己就是一位 ASD 患者。① 在与记者肖恩·巴龙（Sean Barron）合著的《社会关系的潜规则》（*The Unwritten Rules of Social Relationships*）一书中，她与肖恩表示 ASD 患者

---

① 珍妮特·莱恩哈特（Janet Lainhart）、贾森·库珀里德（Jason R. Coperrider）和犹他大学的同事们一起对康普勒·格朗丹的大脑进行了研究，却惊人地发现，她的左脑室比右脑室大了许多，这样的不平衡在对照组里非常少见。左脑室的扩容表明她在成长过程中可能遭受过一些创伤，这些创伤造成了脑容量的恶性扩张。而右脑弥补了左脑丧失的功能，这可能是她具备出众能力的一个主要原因。格朗丹在空间推理、拼写和阅读三项上都得了高分。瑞文推理测验她得了满分，这是一种很准确的非言语流体推理测试（见第 10 章）。但她在言语工作记忆测试中的得分却很低。

是有可能学会适用于大多数社交场合的许多社交策略的。[36] 他们提出了下列10条社交场合中的“潜规则”：

1. 规则不是绝对的，而应根据不同的场合和不同的人进行调整；
2. 并非每件事情都同样重要；
3. 谁都会犯错，不要因为犯了错误而把一天都毁掉；
4. 诚实不是一种交际的手段；
5. 任何场合下都应该有礼貌；
6. 对我好的人不一定是我的朋友；
7. 公共场合中人们的行为不同于私下里；
8. 知道什么时候的你会让别人感到厌烦；
9. 适应环境常意味着你须设法让自己看上去、听上去都与环境和谐一致；
10. 人们都要对自己的行为负责。

甚至有证据表明（尽管不确定性很高），神经递质催产素的控制能够有效地促进 ASD 患者在应对大量不同认知任务时的表现。[37] 正如科拉莉·谢瓦利尔（Coralie Chevallier）和同事所指出的那样，潜藏的应对社会刺激的能力也许比我们之前认为的要发挥得更少，而非典型性行为的产生也许是由于自发注意的方式有所差异。[38]

特别兴趣领域具有巨大威力

近些年来，研究人员已建立起了新的以特长为基础的自闭症谱系障碍模型，以支持传统模型并补充传统模型的不足。[39] 两种模型都很重要。ASD 患者有权利获得必需的资源来过上幸福的生活，也同样有权利因自己的种种特长而受到赞誉。一项强有力的研究显示，ASD 患者的感官知觉较普通人更为敏锐，[40] 他们更有可能在包括非言语流体推理、全新视觉设计的分割和重组等内容的智商测验分项中表现得比普通人更好。[41] 他们在镶嵌图形测验里的表现也要优于对照组。镶嵌图形测验要求被试快速地从复杂的图案中找出目标，[42]ASD 患者倾向于将图像看成是由许多细节构成的集合，而不是一个整体，这种倾向能帮助患者将视觉信息进行分割，分成一个个的小块，并释放出视觉工作记忆资源，使得他们能够处理比普通人更高的知觉负载。[43]

这种对细节更为强化的注意力也表现在患者狭窄的兴趣上。托尼·阿特伍德（Tony Attwood）对单一事物的强烈而特别的兴趣是自闭症患者的一个“突出症状”，约 90% 的儿童及成人阿斯伯格综合征患者都有这样的症状。[44]虽然很多人不明白，为什么他们会对一样东西如此地着迷，如黄色的铅笔、弹子机、塑料袋、地球仪和地图、工业电扇、鞋子上的纽扣等。特别兴趣领域会对 ASD 患者在情感上产生巨大的影响，并形成其自我认知的核心。碰巧的是，ASD 患者常常发现自己所处的环境对他们强烈而特别的兴趣不是非常的认同。就如弗里思所指出的那样，一个孩子如果不断地只是谈论电塔，那么人们可能就会认为他很奇怪。而如果孩子聊些英雄人物或哪支足球队什么的，则被视为是正常的。[45]

天赋实验 Ungifted

玛丽·温特 - 梅西埃（Mary Ann Winter-Messiers）研究了特别兴趣领域（special interest areas, 简称 SIAs）对患有阿斯伯格综合征的孩子的影响。[46]她把特别兴趣领域定义为“占据了阿斯伯格综合征患者的心灵、心智、时间和注意力的激情”，它影响了阿斯伯格综合征患者看待这个世界的方式。[47]她的研究团队询问了年龄在 7 ~ 21 岁的两个女孩和 21 个男孩关于特别兴趣的问题，他们都患有阿斯伯格综合征。他们每个人都眉飞色舞、非常详尽地叙述了自己的特别兴趣领域，表现出对这些领域广博而专业的知识水平，如果只看他们的年龄，很难想象他们会具有这样的水平。询问的话题主要包括交通、音乐、动物、单人的体育项目（如游泳）、电子游戏（如角色扮演）、科幻电影（如星球大战、吸血鬼电影）、木工以及艺术（动画片、漫画、雕刻）等。很多孩子用电子游戏来加强与具有类似兴趣者的社会联系。

正如研究人员在对询问进行总结时所指出的，阿斯伯格综合征患者的特别兴趣领域不可避免地与他们的自我印象联系在了一起。虽然参与被询问的孩子都表示，在其他领域他们的自我印象都是负面的，但当他们沉浸于自己的特别兴趣领域时，他们还是感受到了积极的情绪，包括激情、骄傲和愉悦。此外，他们还感觉自己比以前更有能力，更能掌控自己，也更有信心了。但与此同时，由于害怕被拒绝，孩子们都有些犹豫，不大愿意与人分享自己的特别兴趣领域。很多参与研究的孩子还表示，被人误解的感觉令人沮丧。一位参与者说："呃——如果他们对飞机不感兴趣，那我就什么也不说了。但愿他们会觉得飞机很酷。"[48]

研究人员还注意到，当话题由任意方面转向他们的兴趣点时，这些孩子的言语模式会发生很明显的变化，非常显著的一点是，他们做出了更复杂的反应，使用了更加高级的词汇、更复杂的语序和语法。例如一个叫查理的参与者在回答一般问题时，用的都是"呃——我不这么想，管他呢"等这样一些低级词汇，但当问及其最感兴趣的事物时，他顿时就像是"活"了过来："我最喜欢的是一款叫'游戏之王'的纸牌游戏，玩牌的时候，我喜欢把三条蓝眼的白龙用融合魔法卡融合起来，这样这三条龙就变成了一条三个头的巨龙了！"[49]

事实上，研究人员不断地观察到，参与者受到的所谓"损伤"在他们谈论自己的特别兴趣领域时大片地消失了，包括压力明显减小、自我刺激明显减轻、注意力明显集中、身体动作也减少了很多。这时参与者对社会线索、眼神交流以及具有意义的手势都非常敏感。例如，有一位参与者在回答一般问题时重复地使用单音节词，而当询问人员告诉他自己对火车感兴趣时，他忽然与询问人员开始进行直接的目光接触，人也活跃了起来。询问人员记录下了他的状态："他是如此兴奋，语速欢快而又滔滔不绝，你都很难听懂他在说些什么。”[50]

还有，尽管很多孩子被认为受到了大量感官刺激的挑战，但他们还是能够一次几小时地将注意力保持在他们所关注的事物上，如航模黏合胶、雕塑黏土、马粪、山羊的羊骚味、锯木屑或是脏污的手、鼓点声以及亮光、快速运动的物体以及电子游戏发出的惊悚和响亮的声音等。

温特 - 梅西埃总结说，父母及教育界人士应当更多地支持和鼓励孩子的特别兴趣领域，因为这是阿斯伯格综合征患者儿童时期自我印象和动机的非常重要的组成部分。

Ungifted

学生投入到特别兴趣领域中时，可以从中获益，从而更好地应对消极情绪的影响，减少焦虑，在充满压力的环境中平静下来。温特 - 梅西埃号召教育界人士重视特别兴趣领域，将它们看作是“帮助孩子进步的金山银山，让孩子们能够朝着他们的学术、社会、交流、情感和行为目标前行”。[51]

Intelligence Redefined

温特 - 梅西埃和她的同事们认为，要想提高孩子的投入度，第一步便是让教师找到孩子擅长的学术领域，并考虑如何针对孩子的特别兴趣领域调整课程安排。例如，对数学这门课而言，这一点很容易做到，可以让孩子们在活页纸上贴上标签，或者把他们的兴趣点融入应用题中。研究人员认为：“如果孩子得到了适当的鼓励，发挥出他们在特别兴趣领域里的特长来追求更高的学术目标和社会目标，那么没有什么会挡在他们面前限制他们取得成功。”[52]

Ungifted

阿斯伯格综合征患者也是家里、社区和工作大军中的主力。对于这一点，阿斯伯格（Asperger）远远地把与他同时代的人甩在了身后。他指出："从患有自闭症的孩子身上，我们可以看得比一般孩子清楚得多，他们从小就已经被上天注定，具备某种专业的潜质。他们的特殊能力，让他们自然而然地变得很适合于从事某一行业的工作。"[53]

Intelligence Redefined

康普勒·格朗丹和凯特·达菲（Kate Duffy）很认同这一观点。她们认为："如果 ASD 患者不出去工作，或者不能为社会做出其他各种不同的贡献，那就是社会的损失。"[54]

研究结果清楚地显示，表面上的缺陷会由能力来弥补。事实上，那些似乎伴有严重缺陷的人所表现出的水平往往最高。这一点在学者症候群患者身上体现得最突出了。科学家艾伦·斯奈德（Allan Snyder）就曾经告诉我："学者症候群是最为纯粹的一种自闭症类型，不连带任何其他的障碍症状。"[55]

如何获得学者症候群那样的天才技能

1988 年上映了一部电影名叫《雨人》（*Rain Man*），其中有一幕，雷蒙德·巴比特（Raymond Babbitt）背出了女招待员的电话号码。这名女招待员自然是一脸的惊讶。这不是心灵感应在起作用，而是因为雷蒙德背下了整本电话号码簿，一眼就认出了工牌上她的名字。

达斯廷·霍夫曼（Dustin Hoffman）饰演的这个人物与一位叫金·皮克（Kim Peek）的人有着很深的渊源。这是一位真正的记忆大师，最近刚去世。皮克出生时就没有胼胝体—— 一种连接大脑左右半球的纤维束，他的小脑也有部分缺失，而小脑对于运动控制及学习复杂的、需要不断练习的动作具有重要的作用。①由于他的大脑患有严重的残疾，皮克9个月大的时候，医生建议他去收容所。[56] 6岁以前，他已经背下了8册家庭百科全书，当时又有一位医生建议他去做前脑叶白质切除术。14岁时，皮克完成了初中学业。

皮克为自己异常的大脑回路付出了代价。虽然他能够立即将短时记忆变为长时记忆，但在这个过程中，记忆并未经过多少加工。他的流体推理能力和言语理解能力只相当于5岁的儿童，他也很难理解谚语和比喻。此外，他的自理能力也很差，为此他也遇到了很多困难：无法独立地穿衣或者刷牙，必须有人帮助。

然而，皮克的记忆能力补偿了他所缺乏的大脑连接以及概念认知功能，而且还不止如此。皮克有着非凡的记忆能力，能在很短的时间里记住任何文本。把两页书放在他面前，他有一种神奇的能力，左眼和右眼可以同时分别关注不同的页面。他记住了很多东西，包括《圣经》《莎士比亚全集》、全美区号及邮编，以及大约1.2万种其他书籍。他曾经阻止过演员和乐手的表演，因为他们在表演中犯了错误。不论何年何月，他都能准确地告诉你，你的生日将在这一年的哪一周的哪一天来临。直到晚年，皮克还在人际关系方面取得了显著的进步，他还弹起了钢琴，说起了俏皮话，甚至具备了更多的自我意识。一次在哈佛大学演讲时，一位女士问他幸福不幸福，他俏皮地回答说："看着你，我就很幸福。"[57]

---

① 趣味花边：有学者表达了这样的观点，在过去数百万年的人类进化过程中，前额叶皮层与大脑的支持系统（如小脑）共同进化，以存储、执行和协调各种经过检验的程式和解决方案。如果是这样的话，我们那负担过重的工作记忆就能够轻松不少。有的学者甚至认为，在过去一万年的时间里，我们对文化业已提高的要求给我们的工作记忆增添了极大的负担，故而相对于新皮层而言，我们的工作记忆扩大了小脑的容量。参见 J. H. Balsters, E. Cussans, et al., "Evolution of the Cerebellar Cortex: The Selective Expansion of Prefrontal-Projecting Cerebellar Lobules," *NeuroImage* 49（2010）: 2045-2052; L. R. Vanderbelt, "The Appearance of the Child Prodigy 10,000 Years Ago: An Evolutionary and Developmental Explanation," *Journal of Mind and Behavior* 30（2009）: 15-32; L. Vandervert, "The Evolution of Language: The Cerebro-Cerebellar Blending of Visual-Spatial Working Memory with Vocalizations," *Journal of Mind and Behavior* 32（2011）: 317-332.

记忆和理解的不兼容是很多学者症候群患者共有的症状，记忆的目的是使经历变得没那么复杂。[58] 我们的记忆发生进化不是为了记得更精确，而是因为我们只要可以，就会去提取记忆中所含的意义，这样我们就能组合出各种经历的共同规律，为未来类似的经历做好准备。

而如果无法理解意义，那么学者症候群患者会把注意力投注于对文字的回忆上。他们中很多人都患有高读症，这和失读症相反。[59] 他们都是早熟的读者，但他们对自己阅读的内容并不理解。

天赋实验
Ungifted

最早关于学者症候群的描述出现于 1789 年。到 1887 年，英国医生兰登·唐（J.Langdon Down, 他也发现了唐氏综合征）对 10 位患有学者症候群的患者进行了描述，并创造出“白痴天才”这个术语（这个术语含有冒犯之义，已经不再使用了）。今天，每 10 位自闭症患者中就有一位患有学者症候群，尽管有案可查的学者症候群患者中，只有 50% 患有自闭症。其余的人，都有某种其他类型的发展障碍。

Intelligence Redefined

男性患学者症候群的比例远远高于女性，患者的男女比例约为 5：1，而且患者的智商普遍都在 40 ~ 70。 和 ASD 患者一样，相较于言语项目而言，患有学者症候群的人参加智商测验时倾向于在非言语项目上取得更高的分数。正像世界著名的学者症候群专家达罗·特雷费特（Darold Treffert）观察到的那样：“在我与学者症候群患者的接触中发现，许多构成普通人总体智力的独立元素及能力对学者症候群患者来说，难以通过智商充分地表述和反映出来。”[60]

学者症候群患者与其他具有自闭症症状的人一样表现出狭窄的兴趣技能，这些兴趣技能都比较结构化，以规则为基础，并且是非言语的。常见的学者症候群患者的兴趣领域有：音乐、艺术、日期推算、闪电计算、机械 / 视觉空间技能，许多具有音乐天才的学者症候群患者天生失明，却有着极佳的乐感。多数学者症候群患者通过写实绘画和雕塑来表达自己，而那些计算速度极快的患者则对素数非常着迷，很有天赋。

但是即便如此，学者症候群患者的能力也还是千差万别的，这种能力的差别呈现一种顺序性，从“细微的小技能”（如记忆车牌号）到具有音乐或美术天赋的患者，他们所展现出的水准远超他人因残疾而对其表现所做的期望。再到天才型患者，他们的才华令人惊叹，以至于无论是否残疾，他们的表现都足以给人留下深刻的印象。到目前为止，登记备案的学者症候群患者还不到100人，有趣的是，他们不可思议的天才技能与他们的言语发展、社交能力和日常生活能力几乎从未有过什么可怕的冲突。

Ungifted

学者症候群可能是先天的，也可能是习得的。如果是先天的，那种种技能会在童年早期就显现出来。而如果是习得的，那他们很有可能在受到击打、脑损伤或变为痴呆之后突然表现出来。

Intelligence Redefined

图 11-2 向我们展示了一组样本，这里有几个很突出的例子。

我们该如何解释这些学者症候群患者令人惊异的才能呢？谁也不清楚整个来龙去脉，但还是有一些线索的。伯纳德·瑞兰（Bernard Rimland，已于2006 年去世）有世界上最大的自闭症患者数据库（超过 34 000 个案例）。[61] 他发现很多学者症候群患者表现出的技能多为右脑技能，而他们的缺陷则与左脑功能有着极为密切的联系。

莱斯利·莱姆基是一名早产儿。他天生目盲，且患有大脑性麻痹，以致下肢异常僵硬。他的智商经过测试只有58。还是孩子的他，吃饭、站立和行走都需要人扶助。从幼年起，他就对音乐和节拍非常痴迷，经常在自己的弹簧床上打拍子，那时他8岁。他的养母为他买了一架钢琴，他的养母是一位钢琴新手，当弹一些简单的旋律时，她会把莱斯利的手放在自己手上。9岁以前，他就能独自弹奏一些简单的钢琴曲了。其他一些乐器他也学会了，包括邦戈鼓、六角手风琴、手风琴等。他从未受过任何正规训练。14岁的时候，有天晚上，他在电视上听到了柴可夫斯基的第一钢琴协奏曲，那天晚上，他在自家的钢琴上把这首曲子完美地弹奏了出来，让他的养父母大吃一惊。现在他能弹奏的曲目已有数千首，专业的音乐家都说，莱斯利天生就懂得音律。这些年，他又取得了进步，不再只是记住别人的曲子，而是开始即兴创作，甚至有意识地进行创作了。在公共表演时，人们经常可以看到他跟着自己的音乐演唱。

弗洛和凯伊是一对同卵双胞胎，都患有自闭症。她们都有很强的日期推算能力。随便给她们一个日期，已经过去的，甚至是未来一千年以后的，她们都能告诉你那是第几周的第几天，有什么历史意义（如果有的话）以及那天的天气。

她们还拥有百科全书式的记忆库，能够记住过去40年来答题节目里的各种问题、各个专辑、作者及发行日期，并回忆出当前她们自己每日生活中的许多片段。她们俩谁都无法解释自己是怎么做到的。她们自己从未有意识地去做任何安排，学习任何推算日期的公式。当被问及自己是怎么推算日期的时，姐妹俩会一起回答说：“我脑子里就是一想便想到了，就这样。”

“阿隆佐·克雷蒙兹的认知能力受到了损害，也从未受过正式的艺术训练。还是很小孩子的他，遭受着严重的脑部损伤的折磨，以至于他的语言能力和词汇量非常有限。然而事故之后，未经任何正规训练的他却表现出了对艺术规则的自然而然的理解力。在动物园或杂志上看到的动物模型，他都能准确无误地将它们画出来。他就是“知道”如何去运用支架制作铜质的动物雕像。这是一种技能，有些艺术家得需要多年的练习才能学会。1986年，他举办了首场全球展览，展出了自己30件作品，这次展览还展出了他真人大小的作品《三匹嬉戏的小马驹》。今天，他的作品出现在了许多艺术展览馆里，与许多大师的作品一起展出。正像达罗·特雷费特所说，这些作品之所以令人惊叹，不是因为它们出自残疾人士之手，而是因为它们本身就足以令人惊叹。

图 11-2　学者症候群患者

杰森·帕吉特在30岁刚出头时，曾经在他家附近的一处卡拉OK会所外遭遇抢劫。暴徒不断地踢打他的头部，之后便扬长而去，而他的心智也由此发生了永久的变化。无论他看到什么，他都能用数学公式如勾股定理去描述它们。他自己说："每一条曲线，每一个螺旋形，每一棵树，都是等式的一部分。"他还对不规则的图形发生了兴趣。美丽的图形里，每一个单一的元素和整个图形都别无二致。在遇到抢劫以前，帕吉特对图形没有任何特殊的兴趣，也没有任何数学方面的高级学位，他只是一家日式床垫售卖店的员工。而在那之后，他却可以借助复杂的数学公式准确无误地画出复杂的不规则图形。他将他画的图形高价出售，他还向别人教授数学中所含的美。科学家研究了他的大脑，发现他大脑中负责数学和心理意象的区域对认知任务更为敏感。"有时候，我也想让这种能力消失，但它不会。它给我带来了许多好处，远比它带给我的坏处多。所以我无论如何也不会放弃它。"

图 11-2 学者症候群患者（续）

资料来源：D. Treffert, "Savant Syndrome: A CompellingCase for Innate Talent," in *The Complexity of Greatness: Beyond Talent or Practice*, ed. S. B. Kaufman, 103-118（New York: Oxford University Press, 2013）; http: //abcnews. go. com/blog/health/2012/04/27real-beautiful-mind-accidental-genius-draw-complex-math-formulas-photos/

特雷费特认为，有可能我们每个人都有一个传承知识存储区，但患有学者症候群的人能够通过改写、聚集和激发等过程来获取这些知识。[62] 根据特雷费特的解释，左脑损伤或功能障碍会使大脑从其余各区域聚集仍然可用且比较完整的皮层组织来弥补左脑功能的损失，这一改写的过程激发了这些组织所具备的潜在功能。虽然左脑损伤促使右脑聚集、改写皮层组织和激发潜在功能是一种典型的情况，但并不是每一次都这样。

诺曼·格施温德（Norman Geschwind）和艾伯特·加拉布尔达（Albert Galaburda）在20世纪80年代提出了另一种重要的理论，解释了为什么男性发生功能障碍包括左脑功能紊乱（如出现学者症候群、自闭症、失读症、言语迟缓、过动等症状）的概率会比女性高得多。[63] 通常，左脑的发育要比右脑缓慢，因此，左脑受胎儿期影响的时间比右脑更长。正在发育的胎儿体内不断循环的睾酮能够延缓左脑的发育，而这会引起功能的弥补，于是这时，男性的右脑变得比左脑更大，地位也更突出。

这种左脑损伤 / 右脑补偿的假设也得到了大量研究的支持。一种研究思路是针对额颞叶痴呆（frontotemporal dementia，简称 FTD）的患者。[64] 布鲁斯·米勒（Bruce Miller）和他的同事们发现，一些病人左脑额叶或前颞叶的一些特定区域出现了退化，随着痴呆症状的恶化，他们却忽然表现出了对音乐和艺术的兴趣，并掌握了一些技能。他们画出的画普遍具有现实或超现实主义的风格，不具有象征或抽象意义。他们的艺术创作具有强迫性，不厌其烦地一次又一次重复同样的设计。出于某些原因，紫色、蓝色和黄色成为常被重复使用的颜色。这些患者中的一些人在描述他们的经历时表示，自己的大脑被一种想要创造的冲动控制了。

另一种令人着迷的实验方向是研究大脑刺激。艾伦·斯奈德相信，学者症候群患者有一种天赋特权，可以直接使用尚未抽象成概念或者有意义标记的、未经太多加工的低级信息。[65] 他认为，由于概念抑制失效，学者症候群患者能够发掘出存在于我们每个人大脑中、但我们却常常意识不到的知识。例如，当谈到画画时，我们意识不到自己的大脑是如何运用明暗变化绘出阴影的，是如何运用纹理梯度判断角度的，或是如何根据距离来表现事物的大小尺寸的……诸如此类。但不知为何，艺术家和自闭症患者能够在这种未经多少加工的低级知觉信息被加工整合前，就将它们发掘出来。

天赋实验 Ungifted

近年来，斯奈德已经能够使用安全无害的方法刺激常人的大脑，使他们身上也能出现类似于学者症候群患者所具备的技能。在早些年的工作中，他使用的是低频的重复经颅磁刺激（rTMS），抑制左前颞叶的同时增强右前颞叶的兴奋度。[66] 他能够将参与者的重大进步表现出来，如素描水平、校对能力及对许多事物做出准确估计的能力。他甚至发现，一些参与者对错误记忆的易感性降低了。然而，并非所有斯奈德实验的参与者都能表现出明显的进步，罗宾·扬（Robyn Young）和他的同事进行的研究发现，重复经颅磁刺激只在 17 位参与者中的 5 位身上产生了作用，激发了他们身上的天才技能。[67]

Intelligence Redefined

我向斯奈德提出了这一点情况。但他仍然自信地认为，我们每个人的身上都有潜在的天才技能有待激发。他强调说，之所以并非每个人都能够取得同样的进步，那是有多种原因的。其中一个原因是个人差异——有的人的思维方式偏向于注意细节，这些人比别人“更接近天才的险峰”。[68] 同时他还告诉我说，大脑刺激技术的效率取决于个人脑沟的走向和神经传导（髓鞘）的高低。此外，斯奈德还强调，整个刺激过程还存在着一些技术上的问题和限制。他表示，大脑刺激对头发浓密或头骨硬密的人效果不太明显，而经颅磁刺激（TMS）总的来说空间分辨率很低，这就很难对神经网络的特定区域进行定位。

最近，斯奈德及其他研究者采用了经颅直流电刺激（tDCS），取得了更为强力的效果。罗伊·柯达什（Roi Cohen Kadosh）和他的同事获得了熟练度数值在经过直流电刺激后 6 个月内持续提高的结果，尽管有时这种提高是以弱化其他的认知功能为代价的。[69] 而艾伦·斯奈德和理查德·希（Richard Chi）新近的研究发现，tDCS 对解决极为困难的顿悟问题也很有效用。[70] tDCS 也被用来强化其他心理机能，例如计划能力，以及用来治疗心理障碍，如抑郁和精神分裂。[71]

tDCS 是否准备好进入黄金时代了？毕竟这一技术方便、无痛苦、价格低廉、使用安全，可在家中使用。我认为，我们还是应当保持谨慎的态度，然后再把我们的“思考帽”推入市场，进入千家万户。因为除了有潜在可能会造成能力的此消彼长外，我们还有许多重大的技术限制需要突破，更不用说如果有人利用它来加快特定大脑区域的活动，以提高在选拔考试中的成绩，那将会挑战伦理道德的底线。

无论如何，斯奈德还是相信将来的某一天，有可能会有一顶“思考帽”，来暂时撼动左脑的优势地位，从而增强我们的大脑对文字细节的敏感性，使其变得更加平衡，更富创造性。

Ungifted

就像斯奈德告诉我的那样：“我理想的愿景是让每一个健康的成年人都能够拥有一顶‘思考帽’，让他们能够逐渐理解这个世界。也许将来会有‘思考帽吧’，就像现在的‘氧吧’那样。人们也许会跑来给自己的大脑充入满满的智慧——开个玩笑，但以后的事谁知道呢？”[72]

Intelligence Redefined

“出厂预装”

特雷费特认为，学者症候群患者是先天才能的最好例证，他们代表了“天性”最基本的形式。为了能够解释先天才能的产生，他提出了“基因记忆”这一概念。他将基因记忆定义为是无须额外指令或者学习就能够获得知识或癖性的生物转移。这样的知识是“出厂预装”在我们每个人的大脑里的，但一直处于沉睡状态。[73] 因为我们倾向于使用自己用惯了的、同样的途径和回路，这些途径和回路已经很好用了。由此他相信，**每个人的身体里都“住”着一个小小的“雨人”**。

Ungifted

这个理论包含着大量的元素。现在，让我们戴上斯奈德的“思考帽”，再好好地给特雷费特的“基因记忆”概念做个划分吧：第一，我们每个人的大脑里都“预装”了能使学习变得轻松的“模板”；第二，我们与学者症候群患者的一个显著不同是，他们能够更直接地使用这样的模板和知识。

Intelligence Redefined

第一点特雷费特是基本正确的，我们出生时并非脑袋空空。近几年来，研究人员已经开始勾画出人类思维的许多领域了。大量研究表明，我们天生就有能力学习和理解空间关系、数字、可能性、逻辑、语言、实体对象、活物、工艺品、音乐、美学、信仰和他人的欲望。[74]

罗谢尔·盖尔曼（Rochelle Gelman）认为，我们的“核心”领域根据大量的具体原则来运转。盖尔曼带着批判的态度说：“我们并非天生就具有完全的领域知识。”确实，正如我们在第1章里见到的，“天生”和“学习”并非互相矛盾的两个词，而是相辅相成的。“天生的心智结构”最好被看作是一种“先天的学习机制”。[75]

就像我们拥有生理结构一样，盖尔曼认为，我们也有多种不同的“心智结构”，把我们的注意力导向领域相关知识。这个过程被称作“结构反映”（structure mapping）——它会对环境进行扫描，以寻找适合我们天生骨骼结构的相关信息。[76] 在人类进化的过程中（我们现在仍在进化），有足够的时间进行自然选择，来寻找不同领域知识的固有模式。很有可能，自然选择造就了基因，基因对于学习具有领域相关性的、关系到我们祖先生存和繁衍的重要模式非常敏感。①

核心领域使得人类获益颇多，因为它们为人类的学习提供了助力。它们在世界各地的儿童身上体现得很明显，他们自发地学习这些领域，并表现出了强烈的学习动机。盖尔曼的理论中关键的一点是，必须向儿童提供相关的输入，否则知识就无法被各结构吸收。而一旦儿童获得了相关的输入，学习就会变得相对轻松，而所学会的知识也是内隐的（人们说不清楚自己是如何学会这些知识的）。

这一理论得到了支持。如果你把一张结构异常的脸放在新生儿面前，全

① 尽管到底是哪些领域被选中了以及它们因为什么具体的适应目的而被选中（或成为副产品），这些问题到现在仍然还有很大争议。认知学家、进化心理学家、考古学家和人类学家对此仍然争论不休。

世界的新生儿都会感到焦虑不安，不仅如此，他们还特别擅长精确区分脸部的表情。在出生后的最初几年里，孩子能够自发地学会数千个单词。早在会说话之前，他们已经能够理解语言。在没有经过明确指导的情况下，他们能够自己发现语言的语法规则，甚至改正可以预测的语法错误。婴儿具有与生俱来的理解力，这种理解力无法在物理对象间相互传递，他们也了解算术的基本原则，如加减和排序等。他们还有极为巧妙的办法来分辨一样神气活现的东西到底是有意识的活物，还是四处乱飘的死物。所有这些技能上的学习，似乎都具有极高的领域相关性，并受到自身一套原则的限制。例如，全世界两岁的孩子都能自发地关注各种食物的颜色，而对人工制品和可数实体的颜色并不关心。

尽管几乎可以肯定的是，我们发展进化出了大量不同的心智领域，专门用来加工各种特定种类的信息，但当代认知神经学理论却告诉我们，信息加工是广泛地发生于整个大脑的。[77] 大脑各个区域密切地联系在一起，多个不同部分不断地相互交流，以帮助我们的祖先克服进化过程中所面对的大部分问题。

因此，特雷费特才会理直气壮地认为我们的大脑中有内嵌的心智结构。我也赞同我们每个人都有独特的大脑连接，影响我们对掌握某一领域知识的兴趣，甚至会对这样的学习起到极大的促进作用。然而在我看来，特雷费特的观点存在很大争议的地方是，基因记忆是由不需要任何学习及经验便能获得的内嵌的知识。对于特雷费特来说，唯一可能让学者症候群患者“了解”或“学会”他们从未听闻的规则的方法就是通过“知识的生物学转移”。[78]

请允许我推荐另一种方法。

内隐学习

绝大多数（差不多95%）发生在我们日常生活中的学习行为都是内隐的（implicitly）—— 没有或不需要明确的指导。这样的学习行为多数都出奇得复杂，需考虑到环境中的各种信息，包括数量如此众多的多维互动关系。相比于有意识的深思熟虑，我们的内隐学习在速度和效率上都要高得多。

保罗·莱维茨基（Paul Lewicki）、托马斯·希尔（Thomas Hill）和玛利亚·齐日谢夫斯卡（Maria Czyzewska）等人在他们关于知识的内隐获得的著作中就指出，如果将智力看作是“能够高效地处理复杂信息”的话，那么内隐学习就不得不说是一种非常智慧的学习方式了。[79]

在研究生院时，我开始对内隐学习产生了兴趣，那时我遇到了吉多·格鲍尔（Guido Gebauer）—— 一位在我硕士学位顾问尼古拉斯·麦金托什教授位于剑桥大学的实验室里的博士生，从他那里我得到了证据显示，内隐学习和外显学习之间存在着极大的差别。

天赋实验 Ungifted

格鲍尔和麦金托什进行了多项内隐学习试验，被试是 605 个德国小学生。[80] 试验中很关键的一点在于，他们不断地变换着发出的指令。在一种条件下，被试的孩子得到明确的提示，发现了隐藏在形式背后的规则。而在另一条件下，孩子们没有得到任何关于某一规则的提示，他们得完全依靠自己去发现规则。也许在得到了明确提示的情况下，内隐学习与智商密切相关，而当孩子们必须在没有提示的情况下去发现规则时，内隐学习与智商就不相关了。

Intelligence Redefined

我必须承认，我的生活中很少有什么事能像这一次的发现那样让我兴奋不已！

但我还是想知道，如果有人能用内隐方式更快速地学习环境中的种种规律，那又会有什么样的影响？这和我们的现实世界又有什么关系？那时许多研究人员都认为，个体的内隐学习不存在具有意义的差别。[81] 对这些研究人员来说，所有重要的差异都只存在于外显学习中。研究人员把无意识认知中的差异看成是需要在实验中加以控制的“噪声”，并未进行认真的调查研究。例如，在定义“自主心智（自主心智由能够自主发生并独立于工作记忆的认知过程组成）”的功能时，基思·纳斯塔诺维奇（Keith Stanovich）就认为，自主心智中几乎没有连续的个体差异存在。而确实存在的个体差异则在很大程度上反映了认知模块所受的损伤，这些损伤造成了高度非连续的认知功能障碍，如自闭症、失认症、失读症等。[82] 对此我表示怀疑。

撰写博士论文时，我与来自西班牙圣地亚哥-德-宫博斯戴拉大学（Vniversidad ole Santiago de Compostela）的一位内隐学习方面的专家——路易斯·希门尼斯（Luis Jiménez）合作，他协助我主持了一系列不同的内隐学习实验，这些实验能够捕捉到不同个体之间的重要差异。我把一组伦敦中学生作为实验对象，并对其进行了人格测量和传统的认知能力测量。我发现被试学生在实验中几乎没有遇到什么困难，这些实验并未反映出什么重要的个体差异。尽管学生们都告诉我说，他们并未感觉自己在有意识地学习什么，但他们都能够运用内隐学习来领会视觉线索环境，掌握一种新型的人工语言所隐含的语法。我以为内隐学习看来确实不存在什么有意义的个体差别了。直到我对随机序列学习进行了分析。

天赋实验 Ungifted

为了能够对序列学习进行测量，我对被试进行了一系列的实验，我让一个刺激点随机地出现在屏幕的 4 个位置上，被试要做的就是按下相应的按键（Z、X、N、M），如图 11-3 所示，这就是他们所得到的全部提示了。被试并不知道，刺激点出现的时间间隔遵循这样的序列：反复间隔 85% 的时间长度并交错出现 15% 的时间长度。可以说，这一实验与现实生活中的学习比较相似，现实生活中的学习通常在不确定的环境中进行，而学习模式具有随机性，不是确定的。这次实验的随机性也使得外显系统难以弄清实验模式。确实，实验过后，没有一位被试说自己注意到了这个模式。而当我告诉他们说，他们已经无意之中学会了一套复杂的随机模式时，他们甚至都惊呆了。

我对被试进行了 960 次实验，并给予了非常充足的时间来让他们学习这个序列。实验的整个过程中，作为一个整体，被试学习主序列（也就是 85% 时间长度）的速度越来越快。但是我也发现，被试个体之间在学习速率上存在着很大差异。内隐学习能力与外显认知衡量标准如工作记忆、外显联想学习、对处理知识及抽象材料的偏好等没有重要的关联。但不管怎么说，内隐学习与我们最终的学习结果有着重要的关系。

Intelligence Redefined

图 11-3　随机序列学习

考虑到外显认知，内隐学习与言语类比推理、加工速度、两种外语（法语和德语）考试的成绩具有独立的联系。内隐学习还与人格的多个方面相关，包括直觉偏好、对感觉和美的体验的开放态度、冲动性等。我还发现，内隐学习和音乐创造性成就之间是有关系的。[83] 你可以想象一下我有多么的兴奋！2010 年，我和我的同事公布了这些发现。[84]

差不多在我正进行这一研究的同时，我的朋友兼同事杰米·布朗（Jamie Brown）来找我，请我与他一起合作在剑桥大学研究 ASD 患者的内隐学习。[85] 我们突破了之前研究中的许多局限，通过 4 个实验，对 26 位患有高功能自闭症谱系障碍的孩子与 26 位正常发育的孩子进行了比较。这 4 个实验中，每一个都针对一个不同的内隐学习领域，我们甚至还测量了内隐社交学习，研究人员都认为，自闭症患者会在这一方面表现出他们所受到的损伤。在所有的实验过程中，我们都把对外显策略的依赖降到了最低的程度。我们还对两个组的智商进行了比照，并测量了他们的外显学习能力以作对比。终于，我们为现实生活中的自闭症症候开出了一套可靠的衡量指标。

我们发现，在内隐学习方面，ASD 患者与正常发育的对照组之间没有什么差别。这并非是由于外显学习能力或者智商对其进行了什么弥补：在外显学习上，我们发现的是普通的差别。最后我们发现，内隐学习能力在现实中的自闭症障碍症候条件下与在实验室中没有关系。

Ungifted

于是，我们得出了结论：无论是什么造成了 ASD 患者的社交、交流或运动方面的损伤，都不会影响他们的内隐学习。

Intelligence Redefined

自从我们的论文发表后，许多学者都沿用了我们基本的发现模式。在更长一段时间内，他们发现 ASD 患者身上具备完整的内隐学习能力。[86] 这些结果颇具启发性，它们向我们提出了这样的问题：完整的内隐学习能力是否能够帮助解释学者症候群患者的天才现象呢？

习得

也许患者的天才技能也是学来的，就像其他技能一样。但他们的技能都是在没有任何实践经验、没有受过任何外显教育的情况下突然迸发的，因为受到了独特的大脑连接的影响，他们的学习具有内隐性。

我们来想一想日期推算吧。日历里面有很多序列性的规律和无用的内容，而这些对于学者症候群患者来说特别具有吸引力。[87] 虽然网上有很多公式可以让每一个人都变成日期推算专家，但日历中潜藏的规则还是可以通过日历本身去发现的。比如说，如果你不去参加学校的舞会，也不去玩什么警察抓小偷的游戏，而是如痴如醉地钻研日历，每分每秒，只要你醒着你都去钻研日历，那么终有一天，你强大的内隐学习系统就会发现下面的一些规律：

- 每周总有 7 天；
- 每个月的第 1、8、15、22、29 天都是各周内的同一天；
- 给定任意一年，其中总有那么几对月份（如 4 月和 7 月），它们的第一天是各自一周内的同一天，闰年也一样；
- 只有在平年的情况下，1 月和 10 月这一对月份，以及 2 月、3 月和 11 月这三个月之间，它们的第一天都是各自一周内的同一天；
- 只有在闰年的情况下，2 月和 8 月这一对月份，以及 1 月、4 月和 7 月这三个月之间，它们的第一天都是各自一周内的同一天；
- 1 月份的首日每年向后移一天，闰年除外。闰年时，1 月份的首日向后移两天；
- 由于每 4 年，日历上的天数就要多加一天，因而日历上每 4 年会移动 5 天；
- 除了少数例外情况，日历每 28 年重复一次；
- 整百的闰年每 400 年出现一次。[88]

基于反应时间信息和对系统性错误的认识，有关于日期推算天才的系统研究表明，这些长于日期推算的学者症候群患者确实把这些冗余的规律纳入了他们的计算策略中。一位研究者表示说："尽管老生常谈，但让我们感到神秘的地方就在于此——人类运用自己神秘的能力，在诸多例证的支持下，在不知不觉中创造了算法。"[89] 从理论上讲，学者症候群患者的这种天才技能需要他们对日历中的各种冗余信息和序列规律与生俱来的痴迷，并具有一个完整的内隐学习系统，将对这些信息和规律的获取与本应需要的日复一日地钻研剥离开来。

现在再来看看音乐领域。这个领域同样充满了高度结构化的序列规律。最近几年，大量的研究表明，正如内隐学习在语法习得中所发挥的关键作用，大量的音乐结构如旋律、和声、音色和节奏也可以仅需经过简单的暴露以内隐的方式习得。[90] 在一项研究中，研究人员向被试播放了一段连续的、符合一种复杂人工语法的声音，之后，相比不合语法规则的杂乱声调，他们更快、更准确地编出了一段同样符合语法规则的新声调，而没有意识到自己已经掌握了这些信息。[91]

由于语言上存在缺陷，所以对于学者症候群患者而言，他们的音乐就是他们的语言。也许他们正在使用我们听音乐或运用语言时通过内隐学习学到的音乐或语言的潜藏模式。

天赋实验 Ungifted

下面是乔纳森·斯洛博达（Jonathan Sloboda）及其同事们所做的有趣研究。[92] 他们研究了一位富有音乐天赋的学者症候群患者，他们称他为 NP。NP 生活在一所专为自闭症患者开设的收容院。他从小就迷恋上了收音机里放出来的音乐，并展现出了模仿音色和声音的嗜好。一段在他 5 ~ 8 岁时录制的录音向我们展现出他的音乐技巧正在快速地进步着。

当研究人员遇到 NP 时，他已经学会了大量的古典曲目，只要听上三四遍，他就能够学会一首奏鸣曲那么长的曲子。他的语言智商只有 62，表演智商只有 60。他的短时记忆也不是很突出：他只能记住小数点往前 5 位、小数点往后 4 位数字。与其他身在自闭症谱系中的人一样，他几乎不会说话，总是逃避与别人的目光接触，还表现出强迫性的行为。研究人员注意到，NP 可能难以应对环境中的变化。

研究人员向 NP 播放了两段陌生的钢琴曲录音，其中一段是巴托克作的乐曲，旋律明快，另一段则是全音阶的无调乐曲。相比于巴托克的乐曲，无调乐曲所含的音符、音部都要更少，而两者有着同样简单的节奏和形式结构。最关键的不同之处在于，无调曲没有系统的音调结构，每听完一段曲子，研究人员就要求 NP 尽可能地把它弹奏出来。而在另外一个场合，研究人员把同样的曲子交给了一群年龄相仿、在相同条件下具有同等丰富记忆经验的职业钢琴家。

差不多过了 12 分钟，听了不过 4 遍，NP 就几乎把那首节奏明快的曲子完美地弹奏了出来。他似乎还具有完美的乐感，因为他弹之前似乎都不需要调律。即使过了 24 小时，NP 也还是能把曲子完美地弹出来，尽管那时他的表演已经变得“生硬笨拙”“机械刻板”了。研究人员注意到，他留住了乐曲的“躯壳”，却丢弃了乐曲的“精神”。相比之下，其中一位被试职业钢琴家只在最初的 8 小节上表现得很出色，到后面，不断地快速涌来的音符便将她淹没了。研究人员又测试了其他钢琴家，发现了一个共同的现象：他们没有一个人的表现能够赶上 NP，甚至还不及他的一半。

那首无调乐曲弹起来就完全是另外一回事了。弹到第三次，职业钢琴家就能够准确无误地弹出前 12 个小节，而 NP 到了第三次还是会犯错。NP 拒绝再弹下去（钢琴家们却没有）。很明显，由于记不住这首乐曲，他变得十分沮丧。研究人员分析了 NP 的错误模式，并将之总结为“形式保留”错误。他似乎是在运用某种框架，这种框架使得他能够快速地根据曲调结构和关系对材料进行编码，但当音乐材料突破了这个框架的限制时，他就无法应对由此而产生的新信息了。有趣的是，研究人员发现，他对音乐以外其他领域的结构非常敏感。虽然他的短时记忆能力较低，但他还是能够记住语序正常的句子。

研究人员还注意到，NP 还能为乐曲优美的开头配上和弦，然后即兴创作出一个合适的结尾——“这样精巧的创作我们可能在即兴创作的老手身上才能找到”。相比之下，职业即兴创作家们所犯的错误则分布得更为均匀。

Intelligence Redefined

Ungifted

研究人员得出结论：高水平的音乐记忆机巧并不一定非得需要较高智商的支撑。当我们审视记忆力的问题时，无论是 NP 还是莫扎特，我们审视的都是同一个问题。

Intelligence Redefined

我不会把问题看得那么深远，很显然，莫扎特的音乐技艺远不只是记住一首首乐曲及在某一特定的框架内即兴创作那么简单。但这些发现强调了一个见解，即天才或者学者症候群的患者们，他们不是超人，他们的天才技艺可能是由强大的学习机制造成的，我们也用同样的机制来理解这个世界。当然，我们不能因此而对他们惊人的表现有半点的否定，认为这些表现也不过是平淡无奇的。他们极大地丰富了我们这个世界。但是我们不应忘记，他们和我们一样有着对生活的基本需求。他们同样渴望在这个世界上找到一片属于他们的地方，发挥他们独特的心智。

“脑人”丹尼尔·塔米特

迷雾依旧浓重，谜团尚待解决。我们应该怎么解释后天性学者症候群的发展呢？某些脑损伤是否会特许人们使用那些我们曾无意中学会、却因为意识的作用而一直沉睡的长时记忆和技能呢？脑损伤是否能让我们的心智仅集中于某一特定领域的相关细节上，使我们得以快速地学习新的技能，就如同杰森·帕吉特，不论他的目光转到哪儿，他都能看到满眼的数学公式一样？

学者症候群患者和高功能自闭症患者有什么不一样？阿斯伯格综合征患者倾向于表现出右脑功能障碍，[93] 而学者症候群患者以左脑的功能障碍为特征，他们的右脑则会补偿左脑的功能。这一点文字表述的不同是否就可以解释为什么阿斯伯格综合征患者没有学者症候群患者那样的天才技艺，即便他们可以在自己的专属兴趣领域内构建出庞大的专业知识基础？正如之前所提到的那样，阿斯伯格综合征患者倾向于在流体推理知觉测验中取得很高的成绩，例如瑞文推理测验。他们之所以会有极强的能力有意识地去觉察非言语交流模式，也许是因为他们的工作记忆功能过剩、对顺序和结构的痴迷以及强化了的知觉能力。这些问题都要留待时机成熟后进一步的研究来解决了。

天才们和学者症候群患者们又有什么不一样呢？他们的共同点似乎都是对细节具有高度的注意力。那他们的不同点又在哪里？鲁兹萨斯和乌尔巴赫提出，天才们可能拥有某种基因“修正器”，这种基因修正器使他们不至于表现出绝大多数学者症候群患者身上能看到的严重缺陷。[94] 虽然我怀疑单靠一个基因修正器还不足以完全解释清楚二者的差异，环境因素也同样重要，但我确实相信，有两点差异至关重要：第一，他们具有惊人的工作记忆；第二，他们拥有完整的语言能力。天才可以有意识地察觉非言语交流模式，并在工作记忆中对这些模式进行加工。他们也可以进行脑内有声思考，因此他们处在更为有利的位置，能够设计出复杂的对策以达到高水平的表现。

让我们看一看，“患有学者症候群的天才”丹尼尔·塔米特（Daniel Tammet）①吧。我认为，最好把他定义为患有阿斯伯格综合征的非凡男人。他已经超龄了，不能再被称作天才儿童。同时，他身上也没有任何严重的缺陷使他名副其实地成为一个学者症候群患者（他目前没有展现出任何明显的特征）。像塔米特这样的人是稀有的，因为他集各种特点于一身，如学者症候群患者一样的天才技能、高功能自闭症、强悍的言语功能、通感症以及高工作记忆。而且他还能够回想起这一切。数年前，丹尼尔曾非常亲切地与我有过一次两日的交谈，交谈的内容非常广泛，那时他和我分享了他看待世界的独特方式。[95]

在他刚出生的时候，塔米特经常会突发癫痫，这在自闭症儿童的成长过程中很常见。他告诉我说，他能记得最早的回忆就是从楼梯上摔下来，同时还看到了许多色彩。作为孩子，他表现出了很明显的自闭症谱系障碍的刻板行

① 自闭症天才丹尼尔·塔米特在其著作《星期三是蓝色的》一书中详细描述了他神奇而又丰富多彩的内心世界。本书中文简体字版已由湛庐文化策化、万卷出版公司出版。——编者注

为，这包括很多重复性的动作、社交异常困难、难以结交朋友、长期的社交隔绝还有孤独。他还告诉我说，他很难理解绝大多数人都认为是理所当然的事。他总是不断地受到挫败、感到困惑，他不知道自己为什么和别人如此的不同？

他和我说，他最好的朋友就是数字。从他记事起，他看到数字时就能自然而然地看到形状、颜色、纹理等。在操场上，别的孩子都在三三两两相互嬉闹，而他就一个人与脑海中的数字玩乐。他能看到不同的形状和颜色，看着它们不断地变化和相互作用。当别的孩子坐在地毯上听故事，他便坐在那里，闭上双眼，把手指插在耳朵里，然后继续“欣赏”脑海里数字王国的风景。

如今，丹尼尔已经步入30岁，能讲10种语言，包括爱沙尼亚语和芬兰语。他告诉我他在一周内就学会了西班牙语，甚至还自己发明了一门语言（Manti语）。他能够进行日期推算，也能进行闪电心算，包括6位数的相乘运算。“我能够与数字共舞，而计算机只会把数字捏碎。”他还说，当他进行数字运算时，数字就会形成复合图形，这个复合图形就是答案。而他所看到的色彩、形状也都是由一点点更小的数字组合碎片构成的。

例如，6 943这个数字的形状，就是从53和131这两个数字的形状中涌出来的。他说，他看到53的形状是一个圆形，并不平整，而131的形状则要比53更高一点。当我把这两个图形并排放在一起时，图形中间的空间就开始融合两个图形的轮廓并创造出了一个新的形状。10 000以内的很多数字都是素因数相乘的结果。通过这样的相乘，数字形状的总数大量减少。他也强调说，数字和音符都是由更小的成分经由重复组合而成的。他说道：“由于有重复，一切都凝聚在了一起，一切都变得难忘而美好了。”

几年前的3月14号（圆周率日），在一次公共慈善活动中，他将圆周率背到了小数点后22 514位，用了约5个小时，没有背错一位数字。活动中，他说自己只是在大脑里散了个步，看到了一大长串的数字，便逐一把它们读出来了。在这次活动之前的3个月，他平均每两天就要全神贯注地投入到他脑子里所反映出的数字中去。到了休息日，他就让这些数字在脑子里成形。他说他看到了一场盛大的数字交响乐，似乎这些数字正在为他演奏歌曲。

诚然，记忆过程并非毫不费力。丹尼尔告诉我说，他也必须有意识地小心翼翼地勾画出数字最美的形状。在进行勾画时，他会把脑海中的数字王国打破，分成一块一块的。例如，他会先取10个或20个数字，然后将它们打散。而如何把数字组合,则取决于大脑中自然出现的图像。如果一组数字特别耀眼，就像4位数那样的话，他就会把这些数字组合到一起。如果3位数在他的脑海里特别昏暗的话，他会把这幅画面保存起来。他说，记忆数位的过程本身是有机的，也是复杂的。

塔米特写了几本自传，相继出版。自那之后，他注意到自己的生活发生了翻天覆地的变化。[96]他对我说，他变得更加自信了，而且他也四处旅游，去的地方更多了。他每天会有一些常规安排，以让自己觉得安心，让自己觉得一切尽在掌控之中，但当他到世界各地去旅游，像普通人一样成长和发展时，他发现自己时不时就会打破这些常规安排。

美国记者乔舒亚·福尔在他的书《与爱因斯坦月球漫步》中对丹尼尔具有的特殊才能表示怀疑，并提出，丹尼尔只是用了一些惯用的记忆术，如位置记忆法，以记住海量的数字。[97]在我看来，福尔犯了一个最基本的错误，就因为某些事以一定的方式是可能做到的，他就认为那便是做到这些事的唯一方式了。

天赋实验 Ungifted

让我们来看看约翰·怀尔丁（John Wilding）和伊丽莎白·瓦伦丁（Elizabeth Valentine）的一次研究吧。[98]他们开展了一系列不同的记忆实验，针对1991年在伦敦举办的第一届世界记忆锦标赛中的7名参赛人员及其他声称自己拥有超凡记忆力、能“控制”没有特殊记忆才能者的人。他们使用的材料包括故事、脸、名字与脸的匹配、单词表、电话号码以及雪花等。这里很关键的一点是，部分实验更适合使用记忆术。

他们发现，自然组（即没有报告使用任何记忆术的组）和策略组（即报告自己非常依赖于传统记忆术的组）的表现模式有所差别。策略组在那些有利于使用记忆术进行编码的实验中表现得很好，但在那些不适用于记忆术的实验中，他们的表现就糟糕得多。相比之下，自然组在全部各个实验中的表现都比较平均，尽管在适用于记忆术的实验中，他们的表现没有策略组那么好。研究人员由此得出结论，拥有非凡记忆而无须特意使用记忆术的人是存在的。这样的结果与约翰·卡罗尔的发现相互印证，他发现了认知能力具有一种广泛的“一般记忆和学习”因素（见第10章）。

Intelligence Redefined

在我看来，某种程度上，福尔也有正确的地方，但从另一个角度来说，福尔可能对整个情况不是很了解。显然，丹尼尔确实使用了记忆术，以增强自己独特的大脑连接所产生的力量。但如果我们否定了他具有独特的大脑连接这一点的话，就等于否定了他的身份——他到底是谁。如果丹尼尔只是在运用天赋时使用了一些记忆术的话，为什么他的才能就得有所贬值？那不是生活的意义吗？正如在第13章中你将要看到的那样，我坚信，那是人类智能的一个极为重要的方面。

此外，丹尼尔所拥有的特征，科学家们都已经做过调查并且确认了。研究人员已经确定丹尼尔患有阿斯伯格综合征，[99]他的个人成长过程中已经出现过他们列出的18种症状中的13种。研究人员还发现，他的视觉记忆极佳，而且他还具有很强的能力，能够在快速注意局部细节的同时不被整体所影响。然而，他的空间记忆能力及人脸记忆能力都只是一般水平。

在他的一本名为《我的IQ150》（*Embracing the Wide sky*）的书中，他说自己曾经参加过韦氏智商测验，并惊讶于它的测验项目如此“老套”，未给批判性推理和创造性思维留下任何的机会。[100] 他不无深刻地说，全世界有一亿五千万人的智力商数是一样的。“难道说人类的智力就那么平均吗？一小撮数据就足以概述了？”[101] 不管怎样，他还是取得了 150 分的高分，这与他出众的言语 / 概念能力，还有他敏锐的视觉 / 感知能力是相匹配的。

另外，多个研究团队确认，丹尼尔还患有通感症。[102] 通感症是一种状态，一种感官形态（如声音、数字、味道等）会自发地触发其他的感官形态（如颜色或纹理）。通感症一般在 4 岁以前就表现得很明显了。据估计，患有通感症的人只占总人口的 1%。还有证据显示，通感症在艺术类的学生中更为普遍。[103] 尽管新近的研究表明通感可经由训练获得，[104] 然而神经学上的研究确认了一点，通感症患者的大脑连接呈现非典型的交叉状态，他们的通感状态都是在儿童时期自发地出现的。[105] 每当丹尼尔参加测试，他几乎总是能够在数字和颜色的联系上保持一致，甚至数天后再测试，结果也是一样。

丹尼尔患上的似乎是一种很独特的通感症，能够有助于他出众的记忆能力。一组研究人员发现丹尼尔的外侧前额叶皮层在处理规则的 8 位数序列和不规则的 8 位数序列时都表现得极为活跃，而对照组只在处理规则的 8 位数序列时，才会有较高的活跃度。[106] 还有，丹尼尔报告说，他并未意识到这些序列之间有什么差异，而他的数字记忆也似乎同样把序列忽略了。然而，对照组的被试却发现，有些序列是有规则的，他们觉得有规则的序列记忆起来更容易。

这些发现说明，丹尼尔的大脑会自发地记录所有的数字排列——不论是有规则的还是没有规则的，他都能将其存入整体的精神意象中。而我们只能通过运用序列中的公式将它们进行压缩来记录有规则的数字序列。① 研究人员得出结论说，丹尼尔非凡的数学能力来源于他与众不同的抽象 / 概念通感和因阿斯伯格综合征而引起的对细节高度注意的认知风格的结合，通感有助于他利用

① 另外一种可能性即塔米特正在聚集与外侧前额叶皮层有关的额外工作记忆进程（见第 10 章）。考虑到塔米特和对照组的表现没有差别，而塔米特对数字的记忆能力要高于对照组，故而研究人员认为，这种解释成立的可能性很低。

记忆术进行编码，而对细节的高度注意能使他放大临近的序列而不会受到整个序列集合的影响。

我相信，诸如丹尼尔的例子，以及天才儿童、学者症候群、阿斯伯格综合征以及本书中所讨论的其他类别的心智所共有的一般性现象，代表了人类大脑惊人的可塑性和可能性。在这个世界上，每一个头脑都希望能够变得有意义。会的，无论采取何种必要方式（或依靠独特的皮层组织结构），它们都会的。

Ungifted

所谓的才能，不是一种“天生的能力”，不是说我们一出生就拥有了所有的知识技巧，不是的，我们可以把它更精确地定义为一种要掌握某个领域之规则的倾向和激情。

Intelligence Redefined

由于幸运女神的眷顾，各种因素的巧合使得天才儿童们很早就确定了自己的专长领域。然而一旦有人，无论年纪大小，发现了自己的天赋才能（如我所定义的才能），学习就会变得事半功倍，进步神速。[107]激情还有灵感，能够让人迸发出一股动力，极大地加速学习曲线，并释放出大量的创造力（见第6章）。[108]我们都能有不俗的表现，关键在于，找到你自己的表现模式，谱出属于你自己的独特的交响乐。

12 创造力

Ungifted
Intelligence Redefined

与辛格教授一见如故

我走进临床心理学课的教室，坐在后排的位子上。环顾四周，没有一个熟人，也就是说很可能我是修这门课的唯一一名认知心理学方向的研究生。我对临床心理学一无所知，我想这门学科应该很有趣。

杰尔姆·辛格（Jerome L.Singer）教授步入教室，来到讲台旁边。我看他在一些书里翻找。有那么一会儿他看着有些困惑，随即他微微一笑，脸上浮现出“找到了”的表情。我立刻喜欢上了这位老师。不知道为什么，我感受到了一种联结，与他的古怪有关。

他首先对一年级的研究生同学表示了欢迎，然后他花了30分钟讲述他如何在纽约麦迪逊大道的自由音乐商店邂逅了他的妻子。那段时间两个人都在听巴赫，所以他们就共同的爱好——古典音乐聊了起来。第一次约会的时候，他问她能不能借本书在地铁上读，他回家得坐两小时的地铁。他选择了陀思妥耶夫斯基的《白痴》。他的妻子多萝西当时觉得这对他们的关系来说不是一个好兆头。尽管如此，他们已经结婚54年了，两人形成了一辈子的科研搭档，一起研究想象力、儿童的发展以及游戏和媒体对创造力的影响。辛格博士的故事太有趣了，我一时忍不住大笑起来。我估计我笑得有点太歇斯底里了。临床心理学方向的学生用疑惑的眼神看着我。

接近期末的时候，教授要求我们写一篇学期论文，将整个课程的不同内容加以整合。辛格博士要求与每一位同学单独见面讨论论文主题。才见面几分钟，我便明白了为什么我会那么快就对他产生了好感。

“我考虑写如何将创造力融入心理治疗实践中。”我说道。辛格博士像个孩子一样脸上浮现出兴奋的光芒，激动地紧握双手。“这个想法太有意思了！我以前一直是个白日梦想家，我现在依然是个超级白日梦想家。你有没有读过我在积极 - 建设性白日梦方面的书？”他问道。

见面结束后，我冲到图书馆，如饥似渴地把他关于白日梦的书读了个遍。这个研究主题太让人兴奋了！有一天，我去找辛格博士，对他说：“我非常喜欢心智游移（wandering mind）有利于创造力发挥的这个观点。”这次会面并不是强制性的。他很喜欢我的论文，想和我讨论下一步可能要做的工作。“想不想和我一起合作做论文？”他问，“也许我们可以整合一下斯滕伯格成功智力的三要素——分析性智力、创造性智力和实践性智力，然后提出一个心理治疗的新框架？”

这一次轮到我激动了，我兴奋得像是要爆炸一样。“好的！”我回答道，感觉有些眩晕。我没有发表过任何文章，甚至不知道怎样写一篇科学期刊论文，但是我找到了一个让我喜欢又感到自信的主题。

没人不做白日梦

美国心理学奠基人威廉·詹姆斯（William James）曾一度被指责有些“心不在焉”，他打趣地说，他只不过是“全神贯注”于自己的思考中。威廉·詹姆斯不仅生活在自己的世界里，他也研究实际现象，并且在1980年创造了“思想流”（stream of thought）这个术语。在他编写的著名教材《心理学原理》（*Principles of Psychology*）里，他在靠前的一章开篇写道：“现在，我们开始由内而外研究我们的心智。”毫无疑问，他将内在的意识流看成是心理学的一个重要课题。

20世纪50年代，深受威廉·詹姆斯、西格蒙德·弗洛伊德（Sigmund Freud）和库尔特·卢因著作的影响，杰尔姆·辛格开始在哥伦比亚大学教育学院发展自己关于白日梦和意识流的研究项目。[1]德裔美国心理学家库尔特·卢因认同不同的“现实水平”（levels of reality）从由“环境力量”直接诱发的回应向可能性和幻想转移。[2]卢因的观点、威廉·詹姆斯的著作以及弗洛伊德对于非临床关联的强调都让辛格更加坚定地认为，系统实验是探索“内在心智”（the mind within）的关键。

辛格和约翰·安特罗伯斯（John Antrobus，辛格的助手，后来成为辛格得力的合作伙伴）开始研究“注意力的游离”（decoupled attention），他们对“正常的”成年志愿者进行访谈，询问他们做白日梦的情况以及他们会在何种情形下做白日梦。他们很快明晰了一点：做白日梦是一个正常、普遍的人类现象，人们对其有清晰的意识，同时可以通过调查问卷做出可靠的报告。大量不同职业、性别和种族的志愿者报告称，在他们的日常生活中有很多做白日梦的现象。此外，报告声称，在日常生活中更经常做白日梦的志愿者，在系统实验室条件下也表现出相似的模式。[3]1966年，辛格将这些激动人心的发现写入了他具有开创性的著作《白日梦》（*Daydreaming*）一书中。[4]

天赋实验 Ungifted

为了在实验室捕获这些持续进行的心理过程，辛格和他的同事采用了基于信号检测研究的严格控制程序。在信号检测范式下，研究人员让志愿者坐在隔音室里，通过耳机给他们播放不同的音调。他们要求志愿者根据音调的高低按下不同的按钮，如果信号检测正确，则可得到奖励。他们每隔 15 秒就会要求志愿者汇报他们是否体验到了心理学家伦纳德·詹布拉（Leonard Giambra）所谓的“任务无关意象或思想”（task-unrelated images or thought，简称 TUITs）。[5] 通过对体验内容进行分析，他们发现与任务无关的思想范围极广，从对实验者的幻想到高度个人化的记忆或白日梦均有。

辛格和他的同事接下来使用了“思维抽样”（thought sampling）方法。他们利用一个分页设备将在实验条件下或日常生活中的志愿者打断，并要求他们立刻报告他们在这一时刻的想法和感觉。这种方法引发了各种各样有趣的研究理论的产生，证明了人们在休息时会走神，并且深深陷入个人关于未来的思绪中。

Intelligence Redefined

另一个早期的先驱人物是埃里克·克林格（Eric Klinger）。他的研究表明，大多数人的白日梦和睡眠梦反映的是他们的“当前关注”，范围从不断想着没有完成的任务到未满足的欲望，包括从性渴望、社会追求到利他主义或者报复性冲动以及全部的人类动机。[6]

这些早期的研究者也注意到人们做白日梦的风格各不相同。为了捕捉这些个体差异，辛格和他的同事们设计了想象过程问卷（Imaginal Processes Inventory，简称 IPI）。[7] 根据问卷结果归纳出了白日梦的三种主要风格：积极 - 建设性的白日梦，代表顽皮、寄予希望的和建设性的意象；内疚 - 焦躁的白日梦，代表偏执、痛苦的幻想；注意力控制缺乏，代表无法专注于持续的思考或者外部任务。

唐志艳（Tang Zhiyan，音译）和辛格发现，这三种不同风格的白日梦与不同的人格特质相关。[8] 积极 - 建设性的白日梦风格与经验开放性相关，可以反映好奇心、敏感性以及对想法、情感和感觉的探索。注意力控制缺乏与低水平的尽责性相关，内疚 - 焦躁的白日梦与神经质呈正相关。唐和辛格得出了如下结论："这些模型的趋同性表明这些因素结构很可能反映了我们大脑和生理体验中的一些非常根本的东西。"事实证明，他们的结论是正确的。

大脑在无所事事时都在干什么

多年来，认知神经科学家将人的这种内心私语视为噪声，认为其唯一的功用就是充当实验人员感兴趣的心理活动的对照。然而正是将大脑的"无所事事"作为实验对照这一"幸运的意外"，使得南茜·安德列亚森（Nancy Andreasen）、马库斯·赖希勒（Marcus Raichle）、戈登·舒尔曼（Gordon Shulman）、杰弗里·宾德（Jeffrey Binder）、德布拉·古斯纳德（Debra Gusnard）和兰迪·巴克纳（Randy Buckner）等神经科学家开始发出疑问：当大脑不在从事有明确目标的任务时，它到底在做什么？[9] 这样的探寻引发了认知神经科学的重大范式转变——从注重基于任务、目标导向的认知到更加含糊不清却无处不在的心智游移现象。正如神经科学家卡利纳·克里斯托夫（Kalina Christoff）所述："这样的范式转变也许有助于我们接受心智游移现象是正常的甚至是必要的，是我们心理存在的一部分——甚至可以使得我们尝试以某种具有创造性且愉悦的方式来利用它。"[10]

科学家发现有一个特别的大脑网络，通常被称为"任务消极网络"（task negative）、"静息态网络"（resting）或者"默认网络"（default），这个网络在进行被动休息和内省活动的时候高度活跃。[11] 不能将这一网络与负责流体推理和执行功能的前额叶顶叶网络结构相混淆（见第 10 章），该大脑网络通常被称为"任务积极"（task positive）或"执行注意"（executive attention）网络，因为它动用的是与外部世界的积极心理参与相关的大脑区域。

与之相反，默认网络深度参与内心的意识流。默认网络包括大脑额叶和顶叶的众多内侧区域、外侧顶叶的下部区域以及颞叶内侧区域之间的交流。正是默认网络的整体协调使得它拥有如此大的能量，但是理解它的各个组成部分有助于我们理解各部分之间交互作用的影响。

我们首先来看一看前额叶皮层区域。腹内侧前额叶皮层（vmPFC）与社会情绪的激活和副交感神经系统（负责“休息和笑话”活动，如平静心率）的调节相关。背内侧前额叶皮层（dmPFC）与自我评价、社会评价和浪漫评价表示以及同理心和情绪结果预测相关。

进一步看看大脑的背侧，我们可以看到前扣带皮层（ACC），该区域与大脑皮层的其他区域高度联通，包括与感觉相关的躯体感觉皮层区域。前扣带皮层也与目标监测、情绪、同理心、身体和社会性疼痛相关，同时与背内侧前额叶皮层一样，也与副交感神经功能的调节相关。

背侧再远一点是后内侧皮层（PMC），这是大脑皮层的另一个高度联通的区域，该区域与主观自我感觉的形成有关，在从事涉及社会情绪及道德决策的任务时，或者回顾极其个人化的记忆时，该区域的活跃程度会很高。这一部分有两个重要的区域：楔前叶和后扣带皮层（PCC）。

接下来我们来到下顶叶（IPL），该区域与情景记忆的提取和站在他人角度看问题相关。最后，我们来到默认网络的最后一个区域——海马，该区域对长时记忆的形成和提取十分重要。图 12-1 是大脑默认网络关键区域的示意图。考虑到默认网络涉及的大脑区域较多，所以它与很多行为相关，这一点不足为奇。为了解这个统一的主题，让我们首先探讨一下有哪些类型的任务是与默认网络不相关的。当我们做机械对象推理、从长时记忆中提取实时信息、有意识地辨识一个情绪性的面部表情、推断他人的知识状态或者对他人的熟练表现或身体伤害做出情绪反应的时候，默认网络没有显著激活。[12]

与默认网络相关联的信息加工活动有哪些呢？有心智游移、白日梦、创造性的即兴创作和评价、未来设想、自我意识、高度个人化记忆的提取、对时间和经历意义的反思性考量、模拟他人视角、评价个人和他人情绪反应的含义、道德推理和反思性同情。

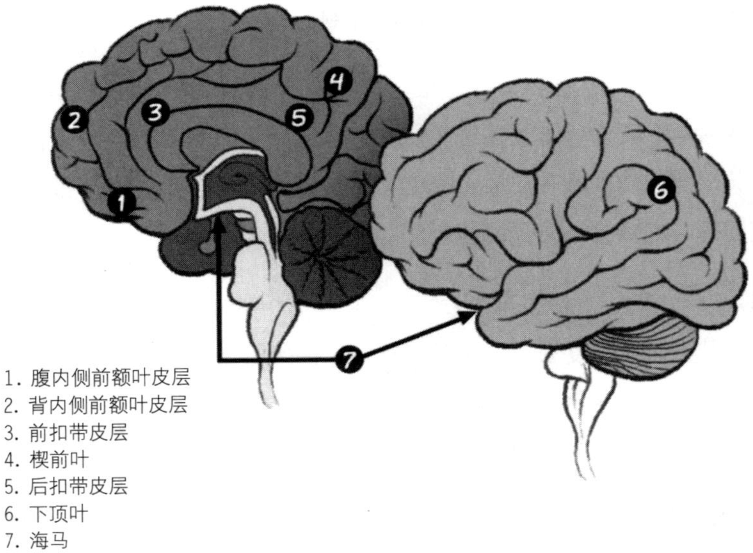

图 12-1 默认网络

资料来源 :M. H. Immordino-Yang, J. A. Christodoulou, and V. Singh, "Rest Is Not Idleness: Implications of the Brain's Default Mode for Human Development and Education," *Perspectives on Psychological Science* 7(2012): 352-364. 经许可使用。

那么，将所有这些心理过程联系在一起的是什么呢？玛丽·爱莫迪诺 - 扬（Mary Helen Immordino-Yang）认为，所有这些行为涉及对特定抽象信息的加工，具体指的是"在日常情况下以及在更加复杂的道德、社会性情绪、前瞻性和回顾性功能下的与自我和他人的心理、情感和主观方面有关的抽象信息……这样的宽泛描述是不可避免的，毕竟，人脑的默认模式（default mode, 简称 DM）的活动可以说是一半心智活动的基础"。[13]

因为默认网络负责这么多的日常心理活动，所以很难想象由默认网络产生的自由思绪没有任何适应性功能。在一篇2011年的综述论文中，乔纳森·斯库勒、乔纳森·斯莫尔伍德（Jonathan Smallwood）、卡利纳·克里斯托夫和同事认为，心智游移具有多重适应性功能，比如未来规划、梳理当前关注的问题，循环遍历不同信息流、分布式学习（而不是填鸭式学习）和创造力。[14] 在过去短短几年中，针对自发认知的适应性功能的研究呈现出惊人的增长速度。

天赋实验
Ungifted

以同情为例。爱莫迪诺-扬的团队在研究中与大学年龄段的被试进行了一对一的访谈。在访谈中，他们为被试讲述了一些真实的故事，其中一个故事讲的是在经济大萧条背景下，一个小男孩的成长经历。[15] 故事中，小男孩的父亲在他刚刚出生时便去世了，他的母亲只能通过长时间的体力劳动来挣钱养家。他们让被试观看了一段视频。视频中，已经长大成人的小男孩正在看一段关于他已逝母亲的采访。在采访中，母亲讲述了一个故事。有一年冬天，她捡到了一枚硬币，然后给饥寒交迫的儿子买了一些热馒头，她的儿子尽管已经极度饥饿，但还是把最后一个馒头留给了母亲，可是母亲拒绝了，（骗她的儿子）说她已经吃过了。研究人员询问被试看到这样的场景时有什么样的感受。爱莫迪诺-扬和同事发现，在回答感受的过程中，反思性停顿越多的被试其认知抽象程度越高，给出的回答越复杂，在感受到道德情绪的时候，通过功能磁共振成像（fMRI）扫描仪监测到的默认网络的活动程度越高。

Intelligence Redefined

在最近的综述中，爱莫迪诺-扬、乔安娜·克里斯托杜卢（Joanna Christodoulou）和瓦妮莎·辛格（Vanessa Singh）指出该研究有重要的现实意义。她们认为将高强度注意要求强加给儿童可能会剥夺他们进行重要反思的机会，而这样的机会能够使得他们对学习材料建立个人理解并反思这些知识的社会和情绪含义。[16]他们主张应当更加重视“建设性反思”（constructive reflection）的价值——这一概念与辛格的积极 - 建设性白日梦相差无几。

建设性反思这一概念与斯库勒和斯莫尔伍德的研究十分吻合。他们认为心智游移是一个目标驱动的过程，尽管该过程并未导向某一外部任务。[17]他们找到了神经科学的支持，证明随着注意力被导向外部环境，用意识研究专家伯纳德·巴尔斯（Bernard Baars）的话说，心智游移访问的是同一个“全局工作空间”（global mental workspace）。[18]

在他们与克里斯托夫和其他同事合作进行的研究中发现，心智游移参与执行注意网络和默认网络两种大脑活动。[19]这些研究发现很吸引人，因为在通常情况下，执行注意网络和默认网络的功能是对立的，即一方参与更多，则另一方参与更少。[20]看来心智游移是允许平常相互拮抗的大脑网络协调工作的一种非常独特的心理状态。

在一篇更新的论文里，斯莫尔伍德对两种相异但同等重要的意识流做了重要区分。其中一种涉及与当前环境无关的自我生成（self-generated）的心理内容，另外一种涉及知觉生成（perceptually generated）的内容。[21]

Ungifted

斯莫尔伍德指出，注意控制对两种意识流均适用。这能够使得一个人看起来非常心不在焉并且有些“游离”，然而他们也许只不过是沉浸在内心波澜壮阔的意识流里而已！

Intelligence Redefined

我们来看一些近期支持建设性反思的适应性价值的研究。在一项研究中，本杰明·贝尔德（Benjamin Baird）、乔纳森·斯莫尔伍德和乔纳森·斯库勒请被试参与了一项有利于产生心智游移的枯燥、重复性反应时任务。[22]参与者被间歇性地打断并要求将想法输入屏幕上的文本框里。研究人员发现被试心智游移的情景有很大一部分涉及对未来的思考。更重要的是，思考未来最多的被试表现出最高的工作记忆表现水平。由此可以看出，当我们布置给人们占据了他们外部注意的任务时，我们也许正在剥夺他们想象自己未来的机会。

在另一项最近的研究中，乔纳森·斯莫尔伍德、弗洛伦斯·鲁比（Florence Ruby）和塔妮娅·辛格（Tania Singer）调查了心智游移和人们日常决策之间的关系。[23] 在每次实验中他们都要求被试在较小的即时金钱奖励和较大的延迟金钱奖励之间做出选择。被试还需要从事一项简单的反应时任务和一项工作记忆任务。研究人员发现，从事简单任务时，更多的心智游移与抵制即时诱惑从而在未来获得更大奖励的能力之间存在关联。重要的是，当被试参与对注意力有较高要求的任务时，心智游移与更佳的延迟折扣之间没有关联。这些结果表明，在轻松的环境中进行心智游移能够使人们做出关乎未来的具有建设性和适应性的选择。其他研究证明了在心理上摆脱当前环境束缚的能力有助于人们在意识中管理个人目标。[24]

天赋实验 Ungifted

在另外一项研究中，本杰明·贝尔德、乔纳森·斯莫尔伍德和乔纳森·斯库勒请被试参与一项关于发散思维的经典测验，即让被试在限定的时间内为一个常见物体（比如一块砖头）想出尽可能多的不寻常用途。他们在酝酿期之前和之后分别对被试的发散性思维表现进行评价，其中一组被试在间隔期进行在前两个实验中用到的相同的简单任务，另一组在酝酿期要么进行一项高要求的任务，要么进行安静的休息，要么根本没有休息时间。他们发现，与后者相比，前者的发散性思维能力表现出更大的提升。[25] 事实上，那些被给予最佳心智游移条件的个人，其发散性思维较基线水平提升了 40%！

Intelligence Redefined

这些研究结果表明，如果我们想加强同情心、未来规划、自我调节发散性思维，那么应当创造条件让我们的思绪“飞”起来。**当然，太多不必要的心智游移并不是好事，日常生活中过多的心智游移会导致生活的不幸福。**[26]确切地说，有时候不能持续专注于手头工作会让人感到十分沮丧！这就是为什么工作记忆对于引导我们的自由思绪如此重要。迈克尔·凯恩（Michael Kane）和他的同事表明，在日常生活中，工作记忆水平更高的人更容易保持专注于任务，而无法保持专注于任务与阅读能力的降低相关。[27]

幸运的是，我们不需要在工作记忆和自发认知之间做选择。我们可以同时提升两者。而这个提升的过程，也是我们提升自己在现实世界的实用创造力的过程。

创造力过程的几大阶段

创造力既需要新颖性也需要实用性。在其生成阶段，产生大量备选想法或解决方案很重要。若要做到这一点，就需要允许所有的想法进入我们的意识里，不管看似多么不相关。一旦一个有前景的想法进入意识，我们便需要经历一个探索阶段来审视这一想法，然后下大功夫了解其含义。这一点非常重要，需要深思熟虑和对明确目标的高度关注。[28]

近年来，心理学家调查了创造性过程的各个阶段——从灵感迸发那一刻一直到成品的最终完成。尽管人们已经越来越清晰地认识到流体推理和执行功能对创造性认知有利，但是同样的机制也可以在创造性过程的某些阶段抑制创造力，并且对某些创造性表达的形式产生抑制作用。[29]儿童是很好的例子。儿童更加不易陷入某个单一思维模式的窠臼，而且他们的执行功能还未发展完全。[30]其中一种可能是他们欠发达的前额叶皮层促成了他们的创造力，这种可能性十分引人入胜。[31]

可以肯定的是，与儿童相比，成年人毫无疑问在实际执行发散性想法的时候更胜一筹。尽管如此，关于创造力我们还是有很多需要从儿童身上学习的东西，尤其在生成想法的阶段。

天赋实验 Ungifted

在一项设计巧妙的实验中，达里娅·扎贝利娜（Darya Zabelina）和迈克尔·鲁宾逊（Michael Robinson）请大学生们想象他们当天的课被取消了，或者想象他们回到了 7 岁的时候，遇到同样的情形。[32] 把自己想象成孩子的被试在一项发散性思维测验中提出了更多的独创性回答，对于内向型的被试，这一影响尤其显著。

Intelligence Redefined

由于创造性的问题解决涉及找到非显而易见的解决方案，因此工作记忆也有可能妨碍获得顿悟式解决方案所必需的概念重组过程。伊万·阿什（Ivan Ash）和珍妮弗·威利（Jennifer Wiley）采用了两种不同类型的顿悟问题。其中一种类型的问题在陷入僵局前有许多可能的初始动作，而另一种在陷入僵局前几乎没有可用动作。[33] 工作记忆得分较高的被试往往在有多个可用动作的任务上表现更好。然而，在重组成分被剔除的任务（陷入僵局之前几乎没有可用动作）中，工作记忆和问题解决之间没有关系。

这些结果表明，创造性问题解决的重组阶段不需要注意力的控制，而最初搜索问题空间的过程则是需要的。大量其他研究也表明，相比顿悟式问题解决中的重组阶段，深思熟虑在分析式问题解决中扮演的角色更加重要。[34] 研究发现，工作记忆水平高的人往往会采用复杂的策略，尽管更简单直接的方法更有成效。[35]

最近的大脑研究成果也让我们对创造力过程中不同阶段背后的认知机制有了更多的认识。考虑一下顿悟吧。顿悟也许是创造力过程最让人兴奋的阶段！为了在大脑中捕捉顿悟过程，约翰·库尼奥斯（John Kounios）和马克·比曼（Mark Beeman）将关注重点放在了远距离联想测验（Remote Associations Test，简称 RAT）上。远距离联想测验要求被试想出一个词语，将三个看似无关的词语（如“鱼”“地雷”和“冲”）联系起来。[36] 这项任务需要进行概念重组，因为问题的答案不是显而易见的，需要在多重可能性之间进行筛选。尽管他们发现与“啊哈！”的顿悟时刻相关的大脑反应由一系列神经事件的高潮组成，但他们也发现在解决顿悟和分析式问题之前，大脑活动呈现截然不同的模式。

在解决顿悟问题之前，大脑左右两个半球的颞叶（在耳朵周围）和内侧额叶皮层有更多的神经活动。在解决分析式问题之前，则在后侧（视觉）皮层检测到了更多的神经活动。

Ungifted

这表明，在分析式问题解决过程中，被试已做好准备进行分析性思考，关注外在。相反，在解决顿悟问题的时候，人们似乎将其注意力导向内在，做好准备来检测下意识的解决方案。特别地，在解决顿悟问题之前左右颞叶的激活表明，与词汇和语义信息相关的大脑区域在做准备，而源自前扣带的内侧额叶活动表明，大脑做好了准备，当检测到解决方案的时候，便会立即切换到最具顿悟性的意识流。

Intelligence Redefined

如前所述，创造力不仅涉及顿悟。在宝贵的“啊哈”时刻前后还需要做大量的工作。为了用大脑扫描仪捕获创造力过程的不同阶段，梅利莎·艾拉米尔（Melissa Ellamil）和同事请被试设计书籍封面插图，让他们在创造力过程的创意生成和探索阶段之间来回切换。[37] 他们使用可与功能性磁共振成像仪器兼容的特殊绘图板，并提供了一个更具现实性的创造环境。他们发现，创意的生成和评估与不同的神经活动过程相关联。与探索阶段相比，被试在产生想法的时候，其内侧颞叶（MTL）显示出更高的激活水平。这一点很有道理，因为内侧颞叶与思想和记忆的自发生成以及加强的联想加工有关。

与此相反的是，与生成阶段相比，被试在探索和评估可能性的时候，执行注意网络的活跃程度更高。这一点也并不出人意料，因为想法的评估需要高度集中和目标导向的注意。有趣的是，与创意生成阶段相比，被试的默认网络区域也表现出更多的激活。因为默认网络与内部生成的情感信息的评估相关，所以研究人员表示在创意评估阶段，默认网络通过将我们的注意导向我们的“本能反应”（gut reaction），从而有助于缩小选择的范围。

研究人员还发现，与创意生成阶段相比，在创意评估阶段，大脑的“凸显”网络和外侧额极表现出更大的激活。凸显网络包括前脑岛和背侧前扣带皮层。该网络不断监测着外部事件和内部意识流，根据任务要求灵活地将接力棒传递给执行控制网络或默认网络。[38] 如我们在第 10 章中所看到的那样，额极（不属于凸显网络）对意识中多重认知过程的输出的监测和整合尤为重要。

这种脑激活模式与越来越多的相关研究结果一致：这些研究表明，那些在创造力测验中取得好成绩的人拥有灵活的注意力控制，即他们能够灵活地根据所处的创造力过程阶段在聚合思维模式和发散性思维模式之间来回切换。[39] 利亚纳·加博拉（Liane Gabora）甚至认为 3 万 ~ 6 万年前旧石器时代中晚期“人类革命”① 的发生不是因为新的大脑结构本身，而是由于人类能够更好地使用他们

① 我之所以在“人类革命”上加引号，是因为这一提法最近受到了考古证据的严峻挑战。大多数主张革命论的人持有“欧洲中心主义偏见”——基于欧洲旧石器时代的记录而忽略了非洲旧石器时代的记录。事实是，在欧洲出现的与快速过渡到行为现代性相关的人为现象可追溯至 4 万 ~ 5 万年以前，而其中大多数也在非洲中石器时代出现，时间却早了数万年。这些证据包括石刃和细石器、骨器、扩大的地理范围、狩猎的专门化、水生生物资源的利用、长途贸易、艺术和装饰、以色列贝列卡特蓝（Berekhat Ram）出土的雕像和在摩洛哥坦坦地区（Tan-tan）的中期阿舍利文化（Middle Acheulian）遗址出土的约 40 万年前的人形石英岩雕像。萨莉·麦克布里雅蒂（Sally McBrearty）和艾利森·布鲁克斯（Alison Brooks）认为现代人类行为是从 25 万 ~ 30 万年前的非洲开始逐渐累积形成的，如果这个说法是对的，则意味着我们的文化繁荣更多的是集腋成裘的结果，而非一蹴而就，这将与利亚纳·加博拉的观点相符——欧洲文化的蓬勃发展是人类对已经存在的心理结构逐渐使用的结果。参见 S. McBrearty and A. S. Brooks, “The Revolution That Wasn’t: A New Interpertation of the Origin of Modern Human Behavior,” *Journal of Human Evolution* 39（2000）: 453-563. L. Gabora, “Mind,” in *Handbook of Archeological Theories*, ed. H. D. G. Maschner and C. Chippindale, 283-296（Walnut Creek, CA: Altamira Press, 2008）; L. Gabora and S. B. Kaufman, “Evolutionary Approaches to Creativity,” in *The Cambridge Handbook of Creativity*, ed. J. C. Kaufman and R. J. Sternberg, 279-300（New York: Cambridge University Press, 2010）.

已经具备的大脑结构，这样的结构是随着人类在聚合与发散性思维模式之间切换的能力逐渐出现而形成的。①[40] 在最近的计算机模拟中，加博拉和同事表明，将事物放在情境中以及具备从不同视角看问题的能力可以促使更具创造性和吸引力的文化产品生成。[41]

艾拉米尔和同事认为，创造性思维会动用大脑一些区域的“独特配置”，这些区域在进行“常规”思维的时候不会被一起激活。他们注意到，各种领域的创造性心智——从艺术到科学，可能拥有一个共同点，即均具有“参与相互矛盾的思维模式的能力，包括认知和情感、深思熟虑式和自发式加工的能力”。[42] 该结论符合对多个领域富有创造力人士的访谈结果。[43]

其他的近期研究对这一观点提供了支持：具有创造力的人通常拥有独特的大脑连接模式，使得他们能够同时启用看似矛盾的大脑结构。光竹内和同事研究了被试在参与一项需要发挥持续更新工作记忆内容的能力的任务时，其脑功能的特点。[44] 所有被试均无神经病或精神疾病史，且都有完整的工作记忆能力。在进行功能性磁共振成像扫描的环节，研究人员对同一工作记忆任务实施了两个不同版本的测验，其中一个版本的测验对专注力有更高的要求。

研究人员要求被试用各种各样的方式来展示他们的创造力，比如想出常见物体的独特使用方法、为常见物体想象理想中的功能，以及设想倘若“不敢想象的事情”发生了，将会产生什么样的后果等。研究人员发现，在参与需付出更多努力的工作记忆任务时，被试的创造力愈强，其大脑默认网络楔前叶区域愈活跃。在静息状态下，默认网络的楔前叶区域通常展现出最高的激活水平。

---

① 史蒂文·米森（Steven Mithen）在著作中表达了类似的观点，认为现代人大脑的创造力缘自之前已经存在于大脑模块之中的连接，即“认知流动性”（cognitive fluidity）的开启。注意，这个概念比“流体智力”更广泛，很可能与整个大脑的一般智力和执行功能相关结构紧密联系（见第 10 章）。参见 S.Mithen,*The Prehistory of the Mind:The Cognitive Origins of Art and Science*（London:Thames and Hudson, 1996）.

Ungifted

这一现象对创造力有何促进作用呢？研究人员表示："未能抑制看似不必要的认知活动也许反而有助于具有创造力的被试对不同网络呈现的两种观点进行关联。"[45] 换句话说，最具创造力的个体是那些拥有足以完成需付出努力才能完成的任务所需的工作记忆能力，同时也能够保持大脑的开放性，随时接收可能的创造性连接。

Intelligence Redefined

最近，关于即兴创作的神经科学的研究也表明，在进行自发创造性活动时的大脑活动具有独特的模式。查尔斯·利姆（Charles Limb）和艾伦·布劳恩（Allen Braun）邀请专业爵士钢琴家在功能性磁共振成像设备下进行即兴创作。[46] 与弹奏经过反复练习的音符序列相比，在即兴创作时，外侧前额叶皮层钝化，默认网络的关键区域，包括前扣带皮层和内侧前额叶皮层尤其是额极区域的活力增强。

在通常情况下，当我们接到一个任务时，内侧和外侧前额叶皮层区域会进行互动，以监测内部意识流并对响应进行批判性评价。利姆和布劳恩的研究结果表明，爵士乐即兴创作也许代表了一种意识改变状态，在这种状态下，内部动机性自发行为在批判性自我评价缺失的情况下得以表达。没有外侧前额叶皮层的激活，想法的自发生成可以绕开执行控制，直接流经前扣带通路进入运动系统从而产生创造性响应。研究人员认为："外侧前额叶皮层的钝化也许允许了一种散焦、自由流动的注意的存在，有助于产生自发、意外的关联和顿悟。"[47]

外侧前额叶皮层活动的减少并不意味着强烈的专注没有参与创造性的即兴演奏，其钝化更可能反映的是对当前意识内容的批判性自我评价的减少。事实上，卡斯滕·德德勒（Carsten De Dreu）及其同事发现，工作记忆与想法的流畅性和创造性顿悟相关，即使考虑到一般智力因素也是如此。[48] 他们还发现，拥有更高工作记忆水平的半职业大提琴手能够表现出更多的创造性即兴演奏，而工作记忆尤其能够预测独创性构思，是因为工作记忆能使人们保持专注于工作。显然，心理持久性和心理灵活性均是创造力的关键促成因素。[49] 如果心智过于游移从而忘了即兴创作，那可不是什么好事啊！

天赋实验 Ungifted

查尔斯·利姆和其他研究团队合作进行了研究的拓展，调查了不同形式的即兴音乐创作，包括说唱音乐。在一项研究中，刘思远（Siyuan Liu, 音译）和他的同事以 12 名专业的自由式说唱歌手为样本，研究了他们的神经模式。[50] 他们比较了即兴演奏和经过排练的表演在功能性磁共振成像扫描仪上的成像。他们的发现与针对钢琴即兴演奏家的实验结果惊人得相似。他们再次发现，与排练过的表演相比，在进行即兴演奏时，演奏者的内侧额叶区域（包括额极）表现出更高的激活程度，而外侧前额叶皮层也呈现出更大的钝化。

与排练过的表演相比，在进行即兴表演时，左脑语言区的内侧前额叶皮层激活程度更高，这一点在情理之中，因为自由式说唱需要快速选择押韵的新词汇和新短语。研究人员还发现，说唱歌手即兴表演时，其大脑内侧额叶区域在他们有意识地体会到采取行动的意图之前，便已经激活。

Intelligence Redefined

研究人员指出，这一现象与许多艺术家的经历不相符，他们描述自己的创作过程受到外部力量的引导。诚然我们需要做更多的研究，扩大实验控制条件的范围，研究更多的创意表达形式并调查更多的创造力过程阶段。[51] 但以上多项研究成果的一致性的确说明内侧前额叶皮层和外侧前额叶皮层活动的分离是音乐自发创造力的一个显著特征。

环顾内侧前额叶皮层、额下回、内侧运动前区和杏仁核的大脑活动的整个网络，研究人员认为自发的即兴说唱与整合了动机、情感和运动机能的大脑网络相关，该网络也在多种模式的感觉加工和主观经验表达中发挥着作用。他们认为该大脑网络可促进心流体验的发生。

我们在第 11 章中看到，天才儿童通常的特点是心流状态。然而对于我们每一个人来说，当我们全神贯注、完全沉浸于一项任务时，我们都可以进入心流状态。在心流状态中，自我批评不复存在，外界干扰已经从意识中消退，你的大脑完全打开，做好了创造的准备。[52] 因为心流体验对于生活方方面的创造力和幸福感非常重要——从体育到音乐、物理、宗教、精神再到性，所以我们需要更多地了解心流体验的特点，从而明白如何更好地开发我们宝贵的心理资源。

最近的研究发现，在日常生活中心流的倾向与智商分数无关，但是与日常活动的参与、高自尊、成就感、生活满意度、应对策略和焦虑感的减少有关。[53] 有趣的是，近年来人们将心流现象与心理疾病联系了起来。这怎么可能呢？既然心流体验和创造力是对促进幸福感和自我表达来说如此重要的因素，为什么心流体验还能和心理和情绪的不稳定联系在一起呢？

接下来，我们就把这个问题打破砂锅问到底。

天才和疯子间的距离

我和疯子之间只有一个区别。

我没疯。

——萨尔瓦多·达利（Salvador Dali）

心理疾病和创造力息息相关这一浪漫论调如此深入人心，以至人们很少对它提出质疑。在继续讨论之前，我要先把这个说法扼杀在摇篮中：心理疾病对于创造力既非必要条件，也非充分条件。凯·贾米森（Kay Redfield Jamison）、南茜·安德瑞森和阿诺德·路德维格（Arnold Ludwig）所做的一系列常被提及的研究表明，心理疾病和创造力之间存在联系，这些研究受到了批评，原因是他们选择的样本太小且高度专业化（比如杰出的创造者），研究方法单薄且缺乏一致性，以及过于依赖主观性和轶闻叙述。[54]

没错，的确有研究表明杰出的创造者往往有不幸的早期经历，譬如遭遇社会排斥、丧失父母或身患残疾，并且与大众相比，心理和情绪不稳定的比率更高。[55] 然而这绝不意味着使人衰弱的心理疾病是通向杰出的必要条件。有很多杰出人士并无心理疾病或者苦难的童年。对于一些案例中心理疾病和杰出之间的确存在的相关性，我们有多种可能性可以解释。

一种可能性是由于对独特性的极端需求或许反而使得社会排斥某些杰出的创造者。[56] 大多数人均受到归属感需求和独特性需求的双重驱动，并尝试在两者间找到平衡。[57] 对一些人来说，他们的需求天平更倾向于其中的一边。最近的研究表明，这一点对创造力来说很重要。在最近的一系列研究中，沙伦·金（Sharon Kim）和同事发现，对于抱有独立的自我概念的被试来说，当他们被明确告知他们成为一组并没有经过特别选择时，他们表现出的关于异界生物的想象力更丰富，并且拥有更广泛的远距离联想；相较而言，当被告知他们完成一些任务之后将会加入这个组时，他们的表现更差。研究人员发现，该实验中，创造力的激增具体来说是由与众不同的心理定向造成的。[58]

被排斥对于每个人来说都是不愉快的经历，即便它能促进一个人的创造力。**所以我们很有必要研究一下其他的环境条件，看看有哪些条件能够激发被排斥的体验但不会真正让人去经历这异常痛苦的过程。**引人注目的新研究表明，任何违反常规的行事方式或被迫使像局外人一样去思考的经历均可提升发散性思维和认知灵活性。[59] 这或许解释了为什么移民期之后往往会出现一个非凡创造性成就涌现的时期——移民们将自己的习俗和思想带到了一个新的环境，从而让所有人有了多元化的体验。[60] 或许这一点也能解释为什么在国外生活、拥有多元文化经历或双语能力都与创意的生成有关。[61]

在讨论创造力和心理疾病之间的联系时还有很重要的一点，即要认识到创造力分很多层级。詹姆斯·考夫曼和罗纳德·巴格托（Ronald Beghetto）认为创造力的表现方式有多种，包括学习过程固有的创造力即“迷你创造力”（mini-c）、日常创造力（little-c）、专业创造力（Pro-c）和杰出创造力（Big-C）。[62] 进行日常形式的创造活动（迷你创造力和日常创造力）无疑不需要经受痛苦和磨难，事实上人人都可从中获得极大的喜悦、幸福和满足感。[63]

那专业创造力的情况如何呢？最近，西蒙·基沙加（Simon Kyaga）和同事利用瑞典总登记人口作为样本，调查了心理疾病和从事创意职业的关系。[64] 他们的样本包含 65 589 名精神分裂症患者、14 905 名分裂情感性障碍患者、68 915 名双相障碍患者和 438 372 名单相抑郁症患者。他们发现，从事创意职业的人被诊断患有精神分裂症、分裂情感性障碍、单相抑郁症、焦虑性障碍、酒精滥用、药物滥用、自闭症、注意力缺陷多动症或自杀的可能性更低。

有两个明显的例外。

第一，双相障碍与各种创意职业尤其相关。这一点符合研究结果显示的，人格特质轻度躁狂（双相障碍周期的关键阶段）能够很好地预测创意的生成和创造力自评。[65] 轻度躁狂通常包括思维奔逸、注意涣散、睡眠减少、高自尊、夸张的想法、以目标为导向的行为增加以及冒险。[66] 换句话说，轻度躁狂会带来很多技能促进创造力，尤其是艺术创造力。[67] 当然，双相障碍周期中的抑郁阶段也可能对创造力有利，其可以通过缩小注意力焦点和筛选追求最切实际的想法来达到这一效果。双相障碍的抑郁阶段和创造力过程的评估阶段之间的联系得到了很多研究的关注。显然，创造性认知与双相障碍之间的联系需要大量的研究，以更精确地揭示其中统一协调又相互区别的认知机制。[68]

第二，作家更有可能被诊断患有单相抑郁症、焦虑性障碍、酒精滥用、药物滥用并且有更大的自杀倾向。需要再次强调，这并不代表一个人必须得患有心理疾病才能加入作家的行列，然而以上结论的确表明，写作对于认知和情绪不稳定的人有特别的吸引力。[69] 写作行业中如此高的心理疾病患病率是有多种原因的，其中一种可能性是写作过程固有的持续的自我反思性反刍思维也许延长或恶化了已有的心境障碍。当然，写作也可能对心理疾病患者具有惊人的治疗效果，通过写作，患者可以构建一种连贯的叙述，使得痛苦的情绪和精力变得有意义。[70]

最后，基沙加和同事发现，患者的一级亲属从事创意职业的比例显著偏大。这是怎么回事？是不是病患的亲属遗传了心理疾病有利于创造力的方面而回避了不利的方面？多项研究证明，精神分裂症患者那些心理健康的血缘亲属通常拥有非比寻常的创意工作和爱好，并且与普通人群相比，他们表现出更高水平的分裂型人格特质。[71]

Ungifted

请注意，分裂型人格（schizotypy）与精神分裂症（schizophrenia）不同。分裂型人格所包含的一组人格特质在某种程度上是每个人都普遍具有的。分裂型人格特质可分为两类。“阳性”分裂型人格包括不寻常的知觉体验、自我和他人之间的心理界限单薄、冲动型不合规以及奇异的信念；“阴性”分裂型特质包括认知混乱和躯体及社交快感缺失（很难从社交互动及大多数人喜欢的活动中获得快乐）。分裂型人格个体与精神分裂症患者的相似性更多地体现在阳性分裂型人格维度（如不寻常的体验）而非阴性分裂型人格维度（如情感和意志力的缺乏）。[72]

Intelligence Redefined

马克·贝特（Mark Batey）和阿德里安·弗恩海姆（Adrian Furnham）发现，在34项活动中（包括“写一篇短故事”“创建个人网站”和“谱写一首曲子”等），分裂型人格的不寻常体验和冲动型不合规维度（而非认知混乱维度）与以下各方面显著相关：创造力的自我评级、创造性人格（由包含以下形容词的检查表测量：自信、个人主义、富有洞察力、兴趣广泛、具有独创性、反思的、足智多谋、不因循守旧和性感）和日常创造力成就。[73]

因此，分裂型人格与创造性投入相关。但是谈了这么多有关分裂型人格的话题，你也许会问：自闭症对创造力是否有什么影响？我相信了解高功能自闭症和高功能精神分裂症之间的异同对理解各领域创造力的体现方式有重要的启示。人们逐渐达成共识：自闭症和精神分裂症的病因有重叠的部分，又有迥异的部分。[74] 患有高功能自闭症和高功能精神分裂症的人均表现出高水平的非典型社会行为和“认知混乱”。[75] 有意思的是，这些人群也表现出对细节和模式的偏好，不过很有可能这些调查项目对不同的人群来说具有不同的意义。阿斯伯格综合征患者往往更加热衷于有意识地检测环境中存在的模式，而分裂型人格个体则因为内心意识流的蔓延而更可能看到环境中的不明显模式。

这一点符合两者对应的不同大脑构造。自闭症与低活跃度的默认网络活动和低水平的自发心智化能力（即思考别人的想法）相关，而精神分裂症与高度活跃的默认网络活动和过度推断他人意图的倾向相关。[76] 因此不出所料，阿斯伯格综合征患者通常被数学和科学吸引，因为在干扰数据中有意识地检测模式的能力对数学和科学很重要；而分裂型人格个体则倾向于被诗歌和艺术所吸引，因为依靠直觉进行情绪的自我表达对发掘隐藏意义非常重要。[77] 诚然，数学、艺术和科学均涉及不同形式的直觉和想象。数学家会告诉你直觉是他们的重要资源，通常直觉会告诉他们数字本身所具有的规律，并且要做出异常复杂的证明的确需要很强的想象力。

现在我们已经探讨了心理疾病和创造力之间的联系，接下来我们看看这些讨论与心流体验有怎样的关联。

神奇的心流体验

巴纳比·纳尔逊（Barnaby Nelson）和戴维·罗林斯（David Rawlings）以100 名横跨音乐、视觉艺术、戏剧和文学领域的艺术家为样本做调查，发现阳性分裂型人格与心流体验的主要特征相关联。[78] 阳性分裂型人格与他们设计的

“创造力体验问卷”的以下成分尤其相关：

- **独特的体验**，“与创造力的过程相关，这里的创造力过程体现在体验的性质或类别的明确转变上。这种体验的变化包括自我意识的缺失、界限的坍塌、感受到与超越个体自我的力量的接触以及对艺术活动的自信心和轻松自如感。”
- **吸引**，“与艺术家感觉受到启发，全神贯注于艺术活动中相关。”
- **力量 / 快乐**，“与控制感、力量感和创造过程中的快乐相关。”
- **焦虑**，“与伴随创造力过程尤其是创造过程完成后的焦虑感和脆弱感相关。”

其中前三个方面是心流体验的核心特征。这些研究结果提出了以下疑问：分裂型人格、心流体验和创造性体验之间的关联背后有什么具体的认知机制呢？研究人员认为，潜伏抑制（latent inhibition）与其尤其具有相关性。潜伏抑制的减弱使得个体无法甄别之前被标记为无关的意识刺激。[79] 一个典型的潜伏抑制任务包含两个阶段。在第一阶段，被试进行一项简单的任务（如记住他们听到某个特定音节的次数），这一阶段也会呈现一个与任务目标无关的刺激（比如突然迸发的白噪音）。在第二阶段，被试进行一个看似独立的任务，但是此前的无关因素变成了相关因素。例如，被试需要指出导致屏幕上出现一系列圆盘的原因是什么，而正确的答案就是之前仅被用来作为干扰的白噪音。

先前的研究表明，潜伏抑制的减弱与精神错乱之间存在关联。[80] 然而，伦敦国王学院的名誉教授戴维·赫姆斯利（David R. Hemsley）认为，虽然这种基于之前经验而产生的期望松动可能会导致对自我意识的破坏，但是这一心理过程也可能为创造力带来优势。最重要的问题是：一些人可以用哲学家祁克果的话说，是“被可能性淹没”（drowns in possibility），而另外一些人能够巧妙地利用他们潜伏抑制的减弱来提升创造力水平。是什么因素导致了两者之间的区别？

Ungifted

谢利·卡森（Shelley Carson）认为工作记忆是一个关键因素，可以保护有创造潜能的个体不至于落入疯狂的深渊。[81] 高执行功能也许能够保护潜伏抑制减弱的个体，避免他们陷入内心情绪和感觉的漩涡而无法自拔，并使他们能够良好地利用他们包罗万象的奇思妙想。

Intelligence Redefined

卡森和同事的确发现高智商和低潜伏抑制的结合与创造性成就相关。[82] 在我自己的研究中发现，与潜伏抑制的减弱相关的是对直觉的信心而不是分析性认知风格。[83] 对直觉抱有更大信念的人并不只是空谈，他们实际上会更好地利用实验第一阶段中迸发的看似“不相关”的白噪声，同时在第二阶段当这些因素变成相关因素时对其相关性进行重新考虑。

我非常惊奇地看到被试在做瑞文推理测验中的流体推理测验（如第 10 章所述，该测验对非言语能力的要求很高）时能够不费吹灰之力轻松完成，然而在做潜伏抑制任务时却万分沮丧，因为他们无法找出看似简单的任务的答案。许多被试的注意力全情灌注于耳机里播放的音节，竟然没有考虑到那些白噪声可能已经变成了相关因素。与此相反，我注意到我调查过的艺术家大多非常擅长做潜伏抑制任务，他们能够立即发现看似无关但是正确的连接。实际上，当我做正式分析的时候发现，潜伏抑制的减弱与艺术领域（而非科学）的创造性成就显著相关。[84] 相比之下，瑞文矩阵测验表现与科学领域（而非艺术）的创造性成就显著相关。

据此，我们可以得出一个非常有趣的观点：低潜伏抑制不是在筛选无关信息方面的“无能”，也许它包含了一种抑制有意识的“理性”思维的能力。① 这种抑制作用有时会有其优点，尤其在创造性问题解决的生成阶段。当然，这

① 需要说明一下，这个观点是我的好朋友丽贝卡·麦克米伦（Rebecca McMillan）在阅读本章早期的草稿时，灵光一闪想出来的。

也意味着有时我们发挥能力在注意力控制、工作记忆和坚毅性上也可以看作是一种无能，即无法在问题空间里让创意（包括早先被丢弃的想法）自由流淌。

纳尔逊和罗林斯认为，低潜伏抑制使得个体未能预先将刺激归类为不相关因素，这一“失职”会“导致直接经验未被前导事件决定或影响”。更重要的是，“正是这份全新的欣赏态度及与之相关的探索意识和发现意识使得个体高度沉浸于创新过程，其本身或许就能引发体验质量的转变，通常表现为体验的强化或提升”。[85]

换句话说，创造性心流体验与经验开放性密切相关。然而，经验开放性到底是什么？现在，让我们来仔细探讨一下人格特质的这一重要方面。

开放性和知性的两端

经验开放性一直以来都是人格范畴中心理学家很难描述的一个范畴。因为这个范畴几乎无所不包，与艺术、审美情趣、非常规性、情感丰富性、想象力、创造力、智商、知觉智力和求知欲均有联系。这一范畴所具备的凝聚力是认知探索的驱动力。然而，人类的许多不同认知过程是可以为我们所探索的。[86]

最近的一些研究在多个层面进行了分析，包括行为、神经科学和遗传学等层面，表明该范畴的复杂问题解决和抽象推理成分（“知性”，Intellect）是可以与幻想、知觉、审美和经验成分（“开放性”，Openness）相分离的。[87]知性似乎是“真理”的驱动力，而开放性似乎是“美”的驱动力。[88]尽管如此，知性和开放性均包含众多具体的方面。

在最近的一系列研究中，科林·德扬、雷切尔·格拉齐奥普勒（Rachael Grazioplene）和乔丹·彼得森（Jordan Peterson）对经验开放性这个包罗万象的范畴进行了探讨。[89]在两项研究中，他们以受过良好教育的中产阶级美国人和加拿大人为被试实施了大量认知和人格测验，包括对分裂型人格的测量。所有被试无人患有精神分裂症谱系障碍。研究人员将非言语、言语和空间流体推理测验分数的平均值作为一般智力的衡量。

他们发现，对认知需求进行自我报告是衡量知性的绝佳方式。以下是相应量表的部分项目：

- 我非常喜欢需要寻找新途径解决问题的任务；
- 我倾向于设定只有付出大量脑力劳动才能达成的目标；
- 当我的周围都是聪明人时我能最好地思考；
- 我喜欢我的生活充满了我必须解决的难题；
- 相比简单的问题我更喜欢复杂的问题。

相比之下，对专注度的自我报告是衡量开放性的绝佳方式。以下是相应量表的部分项目：[90]

- 我喜欢看天空中云彩的变化；
- 有时我感觉我可以把整个世界都装进我的大脑；
- 有时我的经历似乎格外真实；
- 有时我完全沉浸在大自然或艺术中，我感觉自己整个的意识状态在某种程度上被暂时改变了；
- 有些在别人看来可能毫无意义的东西对我来说却是有意义的。

有趣的是，幻想倾向也是开放性的有力标志。这一点符合埃里克·克林格和同事的相关研究结论——他们发现，幻想倾向是一种积极 - 建设性的白日梦，并不是疾病，而是普通人不同程度均拥有的正常特质。[91]

为了更好地理解经验开放性这一范畴的丰富性，他们将所有测验分数按照同一个维度进行了排列。这种排列称为单纯形（simplex），通过视觉空间的方式描绘了变量之间的关系强度。距离较近的变量之间的关系比相距较远变量之间的关系更紧密。如图 12-2 所示，拥有更多图示中知性一端特质（靠近顶部）的个体喜欢思考和生活在一个充满想法的世界里，而拥有更多开放性一端特质（靠近底部）的个体则更喜欢完全沉浸在心流体验和幻想中。[①] 知性的最极端形式是一般智力，而开放性的最极端形式是阳性分裂型人格。考虑到一般智力与有意识地搜索环境中的模式相关（见第 10 章），而阳性分裂型人格与找出环境中不存在的模式相关，因此这一点是很有道理的。

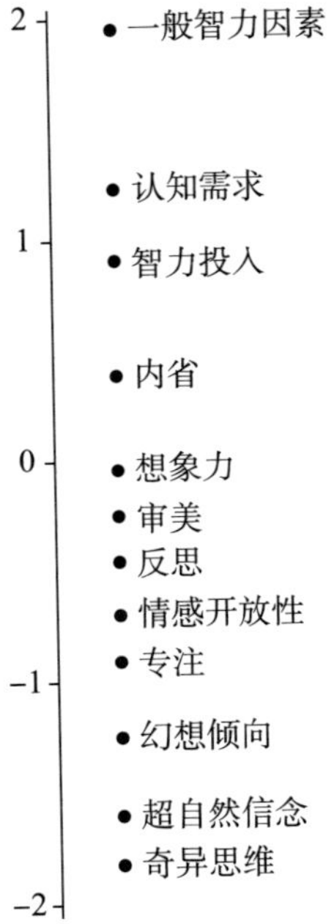

图 12-2 经验开放性范畴

资料来源：C. G. DeYoung, R. Grazioplene, and J. B. Peterson, "From Madness to Genius: The Openness/Intellect Trait Domain as a Paradoxical Simples," *Journal of Research in Personality* 46（2012）: 63-78. 经许可使用。

德扬和同事认为，在探讨正常人的人格变异时，关联症（apophenia）[②] 是"阳性分裂型人格"的理想替代术语。一方面，这一术语对实际发生的现象描

① 请注意，研究人员随机选择将知性置于单纯形的顶部而将开放性置于底部。可以将两者颠倒过来（将开放性置于顶部而将知性置于底部），各变量之间的相对距离不会发生任何改变。

② 德国精神病学家克劳斯·康拉德（Klaus Conrad）用"apophenia"一词来指代在随机无意义的数据中寻找模式和关联的体验。——译者注

述得更加确切，同时这一术语的含义更加中性（分裂型人格的含义与精神分裂症相关联）。关联症是人的一种能够看到不存在的却有意义的模式的普遍倾向，是人性的一个基本方面。一些例子包括佩戴幸运符，听到随机的声音误认为有人喊你的名字。这种现象有时会变得很严重，比如赌徒变得嗜赌如命、精神分裂症患者病情发作等，但是我们所有人都位于关联症频谱的某个地方。

迄今为止，心理学家还没能很好地测量关联症，也没能找准这一特质在我们人格结构中的位置。一直以来，心理学家们试图对分裂型人格的阳性特质进行重新命名，他们先后想出了一些非常棒的名称，比如“古怪性”（Oddity）[92]、“奇特性”（Peculiarity）[93]和“经验渗透性”（Experiential Permeability）等。[94]上述单纯形的结果表明，如果我们在测量经验开放性这一范畴中的各要素时能增加对关联症的测量，那么我们会发现关联症的确是人类人格变异的一个重要来源，并且我们可以将其纳入经验开放性这一范畴。此外他们发现，一般智力和关联症之间只存在十分微弱的负相关，因此两项特质并非此消彼长，人们完全可以在两项特质上同时取得很高或很低的分数。毕竟该单纯形中的所有测验均属于同一范畴（经验开放性），即使其中有些测验（如对一般智力的测验）和另外一些测验（如对关联症的测验）相去甚远。

这些结果表明，存在一些力量使得开放性和知性同消同长，还有其他一些力量使得两者此消彼长。多巴胺系统很可能是作用于整个经验开放性范畴的一个系统。[95]我们之前已经了解到，多巴胺主要是对行为和认知具有激活效应，能够影响我们的接近行为、对奖励的敏感性以及思维的广度。多巴胺与外倾性、积极情感、心理灵活性和潜伏抑制的减弱存在关联。[96]近期一项研究发现，与多巴胺系统相关的两个基因的变异与整个经验开放性范畴相关。尽管他们发现在两个不同的儿童和成人样本中仅发生了部分复制，并且影响很小，但这一点在预料之中，因为人格是由许多不断在彼此之间以及与环境之间进行交互作用的基因所决定的（见第1章）。[97]支持多种形式的认知探索的另一个重要生物学机制是默认网络，我们已经看到默认网络与建设性反思、积极-建设性白日梦和想象未来的能力相关。[98] 因此，虽然知性与抽象信息探索联系更紧密，而开放性与知觉和经验信息探索的联系更密切，但同时也存在共同的力量对经验开放性范畴产生影响。

这就将该范畴中所有要素都联系在了一起。**那么是什么样的生物作用使得开放性远离知性呢？相比开放性，指向外侧前额叶皮层的多巴胺投射对知性的影响很可能更大，**因为多巴胺对工作记忆及该大脑区域的其他认知功能十分关键。在一项功能性磁共振成像研究中，科林·德扬和他的同事发现，与智商、工作记忆以及涉及工作记忆的典型大脑活动相关的是知性而不是开放性。[99]

与此相反，深受指向纹状体的多巴胺投射影响的很可能是开放性而非知性。我在前面也曾提到，我之前的研究发现知性与工作记忆相关、与内隐学习无关，而开放性与内隐学习相关但是与工作记忆无关。德扬和同事指出，人的正常的内隐学习能力可以导致人们将巧合和感觉噪音过度诠释为有意义的模式，[100] 开放性方面得分高的人可能会有这样的行为。先前的研究已经表明，神秘观念倾向（如相信心灵感应）与在噪声或随机视觉数据中识别有意义的模式呈正相关。[101]

多巴胺对前额叶皮层的作用呈"U"形函数：多巴胺太多和太少均可造成认知功能受损。[102] 开放性和知性均与多巴胺系统相关，[103] 然而外侧前额叶皮层的多巴胺水平（与工作记忆相关）与纹状体的多巴胺水平（与内隐学习相关）存在某种程度的对抗作用。纹状体多巴胺水平的升高通常与外侧前额叶皮层多巴胺水平的降低相关，反之亦然。[104] 有研究显示，阳性分裂型人格与纹状体多巴胺水平的升高有关，[105] 精神分裂症、分裂型人格和开放性均与潜伏抑制减弱相关，而潜伏抑制减弱与多巴胺水平的升高相关。[106]

另一种可能的情况是开放性和知性与白质束完整性的关联是反向的。我们在前面看到，白质由被称为髓鞘（myelination）的脂质"绝缘体"所包覆着的轴突构成，以帮助大脑的不同区域之间进行沟通。智商和工作记忆与前额叶和顶叶皮层内白质束的完整性呈正相关。与此相反，精神分裂症患者和普通人群中阳性分裂型人格得分较高者的额叶白质束的完整性却降低了。[107] 最近一项针对智商分数超过平均值的个体的研究发现，经验开放性和发散性思维与白质束完整性的降低相关，而其白质束完整性降低的区域与在精神分裂症患者身上观察到的区域相同。[108] 这些发现表明，即便脑白质完整性降低也许是认知“缺陷”的一个标志，但是在非临床人群中，额叶白质完整性在一定程度上的降低可能有利于灵活性和创造性认知。德扬和同事认为，额叶白质完整性也许是使得一个人倾向于处在经验开放性单纯形的一端或者另外一端的一个因素。

最后，大脑功能偏侧化可能是另一个将开放性和知性推向不同方向的因素。尽管大脑的两个半球之间不断发生交流互动，但是从总体上看，我们的左脑专门负责与语义和逻辑运算相关的功能，而右脑则专门负责与全局模式识别、意象和空间关系相关的功能。[109] 一般智力因素与额叶和顶叶的许多不同区域的结构和功能相关，但是这些关联大多都在左脑。相反，精神分裂症、关联症和发散性思维通常与右脑语言优势的减弱相关。[110] 一些心理学家认为，右脑多巴胺水平的升高会导致与阳性分裂型人格相关的奇异想法的产生和联想的松弛。[111] 德扬及其同事认为，左、右脑优势可能使得人们倾向于表达单纯形某一端的特质。

他们也提出了一个耐人寻味的观点，即做梦也许是与清醒状态时的开放性相类似的由多巴胺驱动的一种认知探索。确有研究发现睡眠和做梦能够激发创造性的顿悟，具备创造性顿悟的个体往往表现出更多的右脑激活。[112] 因此，开放性很可能受右脑中多巴胺水平飙升的支持，这一生物机制不分昼夜地在后台运转，随时警惕非凡顿悟的出现。那些睡眠和清醒状态之间界限模糊的人在产生顿悟方面具有独特优势。爱伦坡曾经写道：

> 世人历来谓我疯狂，然而这个问题迄今尚未解决：疯狂究竟是不是最崇高的智慧——是否大多数辉煌成就，是否全部的远见卓识，不是来自于思想之疾病，而是来自以正常智力为代价而得以升华的精神状态。白日做梦者知晓许多只在夜晚做梦的人无法知晓的事理。

他们在阴郁的梦幻中瞥见永恒，醒来时激动地发现他们已接近那个伟大的秘密。[113]

无论是哪些因果力量的合力使得开放性和知性分离，但有一点是明确的：两者均是创造力和创新的重要影响因素，都有资格获得更多的重视和科学研究。虽然开放性与知性的相对平衡在很大程度上取决于这一范畴（艺术 / 科学，见下文），但是太多的开放性或者太多的知性很可能都不利于任何领域的创新实践。过于注重现实结果则会错失隐藏的连接，而对现实结构过于频繁的误判则会让人面临深陷疯狂泥淖的危险。因此，少许分裂型人格加上适量的执行功能和智力投入，才能够促进心理的灵活性、创新和发现。[114]

也许这就是负责开放性的基因依然留存在人类基因库的原因。[115]

Ungifted

德扬和他的同事认为："'知性'可能对伴随关联症的过度包容性模式识别具有弥补作用，从而减少了罹患精神分裂症的风险。事实上，也许正是高水平的开放性加上'知性'的不足，导致了严重的关联症。甚至还有一种可能，就是知性和开放性在某种程度上的协变关系是因为进化选择使得知性与开放性同时发生，从而避免适应不良发展为严重的关联症。"[116]

Intelligence Redefined

然而位于精神分裂症频谱上的人并不是唯一能从高开放性上受益的群体。随着任务难度的增加，注意力缺陷多动症（ADHD）患者也倾向于表现出更多的心智游移活动和默认网络抑制的缺乏。[117] 同时，注意力缺陷多动症患者也倾向于在发散性思维、创造风格和创造性成就测验中取得高分。[118] 邦尼·克拉蒙德（Bonnie Cramond）表明，注意力缺陷多动症和创造力的行为表现有着惊人的相似。[119] 尽管教师可能会觉得教授那些无法在座位上坐定并把注意力放在事先拟定的教学目标上的学生非常令人沮丧，但他们应该认识到这些“不专心”的孩子可能只是需要一点执行功能的训练，就可以帮助他们走上发挥伟大创造力的道路！[120]

“理性”和“经验”缺一不可

这些研究为我们描绘了不同的心智是如何加工信息的，以及它们是如何趋向不同形式的创造性认知的。这些信息十分重要。然而，我们如何才能以这些心理测验为基础，去预测现实世界中真实的创造性成就呢？

让我们趁热打铁，首先来看看经验开放性这一范畴。埃米莉·努斯鲍姆（Emily Nusbaum）和保罗·西尔维娅（Paul Silvia）以大学生为样本发现，开放性（而非知性）可以适度预测 10 个艺术和科学领域的总体创造性成就。[121] 与此相反，知性与创造性成就不相关，但是与流体推理相关（开放性与流体推理不相关）。

这表明，总体上来讲，相比知性，开放性是创造性成就更强有力的预测因子。但是涉及具体形式的创造性成就时，情况又如何呢？在最近（尚未发表）以包含成人在内的两个大样本为对象的研究中，我和同事发现开放性是艺术领域创造性成就更强有力的预测因子，而知性则是科学领域创造性成就更强有力的预测因子。在另一项研究中（也是我博士论文中的研究），我从更微观的角度调查了经验开放性以及它与创造性成就的关系。我选择了高中生作为样本，发现了经验开放性的 4 个独立的要素：

1. 外显认知能力（一般智力，工作记忆）；
2. 智力投入（投入到复杂问题的解决和抽象推理的渴望）；
3. 情感投入（投入全部情感的渴望，包括满怀情感的直觉）；
4. 审美投入（投入整体性模式、知觉体验和幻想的渴望）。[122]

这 4 个要素并不是完全相互独立的。外显认知能力、智力投入和审美投入三者之间呈正相关，在其中一个方面得分较高的人往往在其他方面也有较高得分。有趣的是，虽然情感投入与审美投入呈正相关，但是情感投入与外显认知能力和智力投入均不相关。更重要的是，情感投入与同情高度相关，而外显认知能力和智力投入与同情不相关。

那么这 4 个因素与创造性成就有何关联呢？外显认知能力和智力投入与科学领域的创造性成就显著相关（包括在科学发现和发明上的创造性成就），然而艺术领域的创造性成就（包括视觉艺术、音乐、舞蹈、创造性写作、幽默、戏剧和电影上的创造性成就）却并非如此。事实上，与外显认知能力相比，智力投入是科学领域创造性成就的更佳预测因子。这一点符合索菲·冯施图姆（Sophie von Stumm）、贝内迪克特·黑尔（Benedikt Hell）和托马斯·查莫罗 - 普雷姆齐克（Tomas Chamorro-Premzic）所做的其他研究。他们发现，“饥饿的头脑”（求知欲）能够独立于传统智商测验来预测学业成绩。[123] 我的发现将他们的重要发现拓展到了科学领域的创新成就。相比之下，我发现情感投入和审美投入与艺术中的创造性成就显著相关，而在科学领域却并非如此。同情与情感投入和艺术领域的创造性成就密切相关，但在科学领域并非如此。

基于这些发现和我在博士学习期间研究成果的总体模式，我提出经验开放性范畴的抽象推理和经验层面与不同信息加工模式独立相关，每一种关联都值得重视和研究。[124] 我意识到关于现代双加工理论（dual-process theory）的研究越来越多，我感觉到时机已经成熟，可以将智力的科学研究与这方面的重要文献进行整合。

近几年，人们越来越多地依赖于双加工理论来解释推理、理性、决策、创造力和社会行为。[125] 虽然不同的学者对该理论的精确阐述有所出入，但是有一些主题是统一的。“第一类型”加工（乔纳森·埃文斯［Jonathan St.B.T.Evans］提出的称谓）囊括了一系列快速、自动化的认知加工过程，包括知觉、内隐学习、潜伏抑制、进化演变的心智模块（evolutionarily evolved domains of mind）、情绪调节和习得的活跃连接（the firing of learned associations）。[126]

> Ungifted
>
> **基思·斯坦诺维奇和玛吉·托普拉克（Maggie Toplak）认为："在遇到激发性刺激时，第一类型加工的执行具有强制性，不依赖高级控制系统的输入。"[127]**
>
> Intelligence Redefined

与此相反，第二类型加工则更加缓慢且受到更多的认知控制。第二类型加工的一个核心特征是维持解耦表征（decoupled representation）的能力，即保持现实世界表征与认知表征的分离。这一点可以促进假设性思维的提升，我们在第 10 章中看到，这一思维能力与大脑前额叶顶叶网络结构的活动相关。

> Ungifted
>
> **斯坦诺维奇和托普拉克认为，第二类型加工"使得人们能够从现实世界表征中脱离出来，以便他们能够进行反思并得到提升。"[128] 相比第一类型加工，第二类型加工通常与流体智力和工作记忆的关联性更强。**
>
> Intelligence Redefined

两者之间的这些区别符合最早、最著名的现代双加工理论之一——西摩·爱泼斯坦（Seymour Epstein）的认知经验自我理论（Cognitive-Experiential Self-Theory，简称 CEST）。根据爱泼斯坦的观点，人类拥有两种平行而又相互作用的信息加工模式。[129]"理性"思维模式（属于第二类型加工）具有分析性、逻辑性和抽象性，需要通过逻辑和证据来证明其合理性。相比之下，"经验"思维模式（属于第一类型加工）具有整体性、情感性、具体性，是被动体验的，其有效性是不言而喻的（经验本身便足以产生信念）。**重要的是，爱泼斯坦认为，两种思维模式具有互补性，没有哪种模式普遍优于另一种模式。**

在最近的一项研究中，保罗·诺里斯（Paul Norris）和西摩·爱泼斯坦研究了重要成果与理性思维和经验思维偏好之间的各种关系。[130] 诺里斯和爱泼斯坦发现，理性思维（包括对逻辑和抽象思维的偏好）和经验思维（包括对直觉、情感和想象力的偏好）可以预测不同的成果。经验思维（而非理性思维）偏好与发散性思维、审美判断、幽默感和直觉能力的客观表现度量以及同情心和社交受欢迎程度的自我报告度量相关。[131] 虽然理性思维（非经验思维）偏好与几种调节度量（如生活的意义、自我接受）相关，但是这两种思维风格都与个人成长呈正相关。更重要的是，人们对理性思维和经验思维的自我报告偏好通常与熟悉他们的人的观察结果相一致。研究人员认为，他们的研究结果证明了与经验思维相关的适应性无意识心理的有效性。

将所有这些研究综合起来可以看出，对经验开放性这一宽泛范畴的诸多方面进行培养或许有助于一个人成为博学者。

Ungifted

就像爱泼斯坦在写给我的个人信件中所说的那样："同时擅长两种思维方式（理性和经验）的是文艺复兴时期的人。他们既有科学家的头脑又有诗人的情感。换句话说，他们拥有这两种思维方式的积极特征而不具备其消极特征，因为每种思维方式的消极方面都处于另一思维方式的控制之下。"

Intelligence Redefined

看来为了培养创造力，我们有很多可以从各种各样的心智上学习的东西。

如何测试"想出新点子的能力"

那么对于发散性思维情况又如何呢？在这一章的整个内容中我们反复提及发散性思维与各要素之间的关系，但是确切来讲，发散性思维究竟是什么？

发散思维测验能从多大程度上预测创造性成就？在20世纪50年代，吉尔福特（J. P. Guilford）提出发散性思维是创造力的一个重要方面，包括思想的生成、流畅性、灵活性和独创性。吉尔福特的理论引发了大量发散性思维测验的开发。金庆熙（Kyung Hee Kim，音译）针对一个由45 880人组成的大样本做了分析，发现发散性思维和智商之间存在微小的正相关。[132] 我们甚至可以通过同一智商测验来独立地衡量聚合思维技能和发散性思维技能，且这两种技能均可独立贡献于创造力。[133]

天赋实验 Ungifted

迄今为止应用最广泛的发散性思维测验当属保罗·托兰斯（E.Paul Torrance）于20世纪50年代后期开发的托兰斯创造性思维测验（Torrance Tests of Creative Thinking，简称TTCT）。托兰斯不满美国对智商测验和聚合思维的迷恋，决定编写一个可以测量“想出新点子的能力”的测验。托兰斯测验包括言语测验和图画测验。前三项言语测验要求根据一幅图片提出尽可能多的问题，猜测图片内容发生的原因以及可能发生的后果。其他4项言语测验包括想出各种方法对产品进行改善、对某一物品提出尽可能多的问题以及想象如果一件不可能发生的事情发生了会怎样（比如人们要是能随心所欲地隐身会发生什么）。三项图画测验包括在所给图片的基础上进行扩充绘画。评判小组按照一系列标准对被试的表现进行评分，这些标准包括流畅性、精致性和独创性。

Intelligence Redefined

事实证明，托兰斯测验在大量教育环境中均具有实用价值。该测验首先对资优学生的评估是一个有益的补充。[134] 研究表明，老师通常更容易把学习好、招老师喜欢的学生而不是那些具有创造力的学生认定为资优生，因为具有创造力的学生通常都不是中规中矩的学生。托兰斯曾经做过评估，如果我们仅仅依靠智商测验和考试分数来甄别资优儿童，那我们会把20%最具创造力学生中的

70%忽略掉。其实对于测试人员来说，将发散性思维作为资优评估的一部分并没有想象中的那么困难，即使他们不想花很长时间实施完整的托兰斯测验，也可以采取一些小的做法。最近，我与詹姆斯·考夫曼和伊丽莎白·利希滕贝格尔（Elizabeth Lichtenberger）合作完成了一篇论文，文中我们推荐了一些方法帮助智商测验人员通过在被试的回应中寻找创造力来衡量他们的发散性思维。[135]

托兰斯测验对创造性成就的预测性如何？虽然预测的强度因样本、测验条件和创造性成就形式的不同而异，但是总体来说托兰斯测验具有一定程度的预测性。[136] 在近期一项针对47 197名被试的调查中，金发现发散性思维和创造性成就之间存在微小的正相关。然而他发现，在艺术、音乐、写作、科学、领导力和社会技能方面，发散性思维测验分数与创造性成就之间的关联度高于智商分数与创造性成就之间的关联度。[137] 托兰斯测验对创造性成就的预测比其他任何发散性思维测验更佳，并且在测验间隔11～15年时，发散性思维和创造性成就之间的关联度达到了最高。

20世纪50年代晚期，托兰斯本人进行了一项针对创造力的长期研究，这是针对创造力和成就之间关系的时间跨度最长的研究之一。他的研究样本包括1958—1965年明尼苏达州两所小学的全部学生。学生们每年都参加托兰斯的创造性思维测验，同时也参加智商测验和其他学业成就测验。1999年，乔纳森·普拉克（Jonathan Plucker）对托兰斯自1958年至当时的全部数据进行了重新分析，发现发散性思维测验分数解释了大约一半的成人创造性成就的差异。[138] 更重要的是，托兰斯创造性思维测验所能解释的创造性成就差异的总量是智商分数的三倍。

更新的研究分析发表于2010年，马克·伦科（Mark Runco）和同事在50年后继续对托兰斯的样本进行了跟进调查。[139] 到此为止，托兰斯测验分数不再能显著预测公共创造性成就，但是与个人创造性成就（比如各种个人爱好）表现出微弱的联系。智商与任何形式的创造性成就（公共或个人）均不相关。①

① 尽管研究人员发现智商和发散性思维之间的交互影响与公共创造性成就而非个人成就显著相关。

显然，在所有要素中，“超越者检查表”（Beyonder Checklist）的测试结果是个人和公共创造性成就的最佳预测因子。托兰斯观察了是哪些特征使得那些创造性成就最高者脱颖而出，并以这些结论为基础创建了这份检查表。这些特征包括对工作的热爱、使命感、深度的思考、对错误的容忍、全面性和对作为小众的一员感到舒适。伦科与同事发现这些特征的组合效力持续得最久，在 50 年后仍然对具有社会价值的创造力以及个人创造力发挥着促进作用。

1983 年托兰斯指出，关于取得创造性成就者的经历和研究使得他越来越意识到：**爱上你的梦想具有特别的重要性。**[140]“创造力、卓越成就和自我实现的最强大源泉之一似乎是爱上某样东西，比如你的梦想、你对未来的设想等。”根据这一见解以及与老师的访谈结果，他提出了《儿童宣言》（*The Manifesto for Children*），见图 12-3。

儿童宣言

不要惧怕陷入某种热爱，拼尽全力去追求吧。
知道、了解自己最大的闪光点，
练习、发展、利用、喜欢它们并以之为骄傲。
学会释放自己，
不要让他人的期望牵绊你，
远离他人强加给你的任务。
寻找一位老师或导师助你成长。
学会独立。
不要浪费时间寻求成为全才。
做你所爱，并把它做好。

图 12-3　托兰斯的《儿童宣言》

资料来源：E. P. Torrance, *Manifesto for Children*（Athens, GA: Georgia Studies of Creative Behavior and Full Circle Counseling, Inc., 1983）.

智商与创造力是否相关

智商的情况如何呢？在预测创造性成就的道路上，智商可以带我们走多远？

天赋实验 Ungifted

20 世纪 20 年代，凯瑟琳·考克斯（Catharine Cox）翻遍了各种人物名录以寻找天才。[141] 她根据词条内容的长度选择了生活在 1450—1850 年的 301 名男女作为研究对象，这些人都是举世公认的天才。根据这些杰出人士的传记资料，她邀请了多位评分员为每个人的孩童期和成人期分别评定一个智商分数，然后由她来计算每个人的智商分数估值与杰出程度之间的关联。

有些情况是显而易见的。比如约翰·穆勒，3 岁时学会了希腊语，6 岁时完成了一部罗马史的写作，7 岁时已经在读柏拉图的著作，8 岁时开始学习数学、物理和化学。考克斯对青少年时期的穆勒评定的智商分数是 190 分——相当合理。然而对于其他一些案例，情况却不甚清晰明了。以莫扎特为例。他无疑是一个奇才，4 岁时便可演奏钢琴，5 岁时作钢琴曲，6 岁时他的演艺事业已经开始起飞，7 岁时发表了第一部作品，15 岁时已经创造了数部奏鸣曲、协奏曲、弥撒曲、交响乐、轻歌剧和一部歌剧。莫扎特在音乐上的早慧毋庸置疑，但是他有很高的智商吗？

考克斯持肯定态度，给青少年时期的莫扎特的智商打了 150 分。事实上这一判定的所有依据仅仅是莫扎特在音乐上的早慧。考克斯指出：“莫扎特曾提到他在 14 岁的时候可以阅读意大利文的《一千零一夜》。”但是她也写道：“学校学习排名和进度：无具体记录。”音乐天才并不等同于高智商，其他模棱两可的情况也存在。譬如简·奥斯丁和乔治·艾略特是两位非常有才华的作家，然而为他们指定一个智商分数着实没有任何依据。[142]

考克斯的前提是有缺陷的。她认为智商是预测伟大创造力的最重要的变量，所以她目之所及，看到的全部是智商。就像有句俗话说的那样：如果你手里拿着一把锤子，那么任何东西在你眼里就都像是钉子。最终，考克斯考虑到了其他特质，她选择了其中的 100 位天才组成一个子集，分别为他们在 67 项人格特质上打分。

Ungifted

考克斯惊讶地发现："较高（而不是最高）水平的智商加上最大程度的坚持所能实现的卓越成就高于最高水平的智商加上较少的坚持所能实现的成就。"[143]

1921 年，推孟（考克斯的导师）开始了自己对天才的研究。他想要破解当时颇为风靡的关于高智商儿童"早慧早衰的神话"。此外，他想证明自己的智商测验具有长期预测价值。推孟采取了与考克斯相反的做法：他坚决认定智商是预测天才的最重要变量，因此他决定以高智商群体作为起点，然后记录他们长大后的天才程度。

推孟认为人的潜力必须尽早测量，所以他请老师们向他推荐最聪明且年龄最小的学生。当时的老师无疑倾向于选择成绩好、守纪律的学生，许多本来具有资格的学生，比如具有很高创造力但喜欢捣乱的学生根本连参加推孟测验的机会都没有。当然，他们对高成绩的少数民族学生也存在偏见。事实情况是，在所有 168 000 名儿童中，推孟的样本只包含 4 名日本儿童、1 名黑人儿童、1 名印度儿童和 1 名墨西哥儿童。

受到推荐的学生参加了团体智商测验。如果他们过了这一关，接下来会参加一项简略版的斯坦福 - 比奈测验。如果他们通过这一项测验，之后他们便能有幸参加完整版的斯坦福 - 比奈测验。所有得分在 135 分及以上的学生受到邀请加入他的研究。推孟最后一组“白蚁”（Termite，这是对被试儿童的亲切称谓）[①] 的平均智商高达 151 分！推孟的研究成果看上去充满希望。到了中间，与一个智商较低组相比，那些高智商被试的身材更高、健康状况更佳、身体发育更好，并且社会适应能力更强。根据家长的报告，这些孩子的智力发展更早，开始说话时间比其他孩子平均早了约三个半月。大约一半的“白蚁”在上学前已经开始阅读，有的在两岁时便开始阅读。有一个 25 个月大的孩子，他的阅读水平甚至赶上了一年级的学生。阅读时间从 7 岁时的平均每天一小时增加到 13 岁时的每天两小时。

白蚁们的阅读范围也比同龄人更宽，包括非小说类作品（科学、传记和历史）、百科全书和地图集。父母报告说他们的孩子学习速度快、求知欲强、记忆力好且词汇量大。许多“白蚁”还有收藏的习惯，比如集邮等。教师评价说，这些孩子具有很高的意志力和取得成就的驱动力。本质上，他们都是好学生。

他们的成就无疑超越了单纯的学术。经过 35 年的跟踪调查，推孟对其精英组群的成就做了如下总结：

> 发表科技论文和文章近 2 000 篇，出版书籍和专著约 60 部，内容涉及科学、文学、艺术和人文领域；专利授予总数超过 230 种；其他作品包括 33 部小说，约 375 篇短篇小说、中篇小说和戏剧；不少于 60 篇散文、评论和小品；以及 265 篇关于各种主题的杂文。以上出版物的数字没有包含数以百计被归到新闻报道、社论或报纸专栏一类的记者文章，也未包括数百甚至成千上万的广播、电视和

① 推孟的英文名“Terman”和“白蚁“termite”相似，因此这些接受研究调查的儿童被冠以“白蚁”的昵称。——译者注

电影脚本。[144]

这份清单的确令人印象深刻，然而社会学家皮季里姆·索罗金（Pitirim Sorokin）指出，仅凭社会经济地位这一点便可预测这些“白蚁”们的成就。他们大多是中层和中上层白人阶级的孩子，拥有获得成功所需的机会和资源。推孟没有必要去分析他们的智商分数——他本可以对被试的社会经济地位做一分析，然后就此罢手。然而更让人惊异的是，与同一个国家同一个时代的真正科学精英相比，推孟的“白蚁”们远未达到前者的水准。[145]

此外，威廉·肖克利（William Shockley）也是推孟在 20 世纪 20 年代所测试的小学生之一，可是他的智商分数不够，没能参与这项研究。尽管如此，他还是拿到了哈佛大学的博士学位，加入了贝尔实验室（Bell Telephone Laboratories），并先后于 1947 年参与设计了点接触型晶体管，在 1948 年参与设计了面结型晶体管。后一成就让他获得了 1970 年的诺贝尔物理学奖。推孟当时也否定了另一名诺贝尔物理学奖得主路易斯·阿尔瓦雷茨（Luis Alvarez）。所有的“白蚁”成员却无一人获得诺贝尔奖或普利策奖。

推孟最终不得不接受这个事实——仅仅根据智商分数筛选学生没有让他找到天才。

Ungifted

在 30 年的跟踪研究之后，推孟在第 5 版的《天才的遗传研究》（*Genetic Studies of Genius*）中得出了与考克斯惊人相似的结论：“卓越的成就所需要的不仅仅是高水平的智力……人格因素是获得成就极其重要的决定因素，特别是为实现目标而坚持不懈、朝向目标的整合、自信心以及不为自卑感所困的人格特质。”[146]

Intelligence Redefined

近期由戴维·卢宾斯基（David Lubinski）和卡米拉·本博（Camilla Benbow）

主持的一系列研究可谓是推孟研究的现代版。[147] 他们跟踪研究了从“数学早慧少年研究”项目（Study of Mathematically Precocious Youth，简称 SMPY）中筛选的一些被试。

天赋实验 Ungifted

数学早慧少年研究由朱利安·斯坦利（Julian Stanley）于 1971 年 9 月 1 日在约翰·霍普金斯大学发起（现迁至范德堡大学），初衷是为数学早慧儿童提供资源，同时研究他们的发展。多年来，该研究项目已扩大，也将言语早慧儿童纳入研究对象。相比“天才”（talented）和“资优”（gifted），斯坦利更偏爱“早慧”（precocious）这一术语。他的指导哲学是“发展适宜性安置”（appropriate developmental placement）。

卢宾斯基和本博对 5 000 多名被试进行了跟踪调查。这些被试在十二三岁即上七八年级的时候被筛选参加该项目。[148] 要获得参加项目的资格，他们首先要在一项标准化成就测验中取得排名前 3% 的成绩。如果他们通过了这一关，接下来他们要参加 SAT 考试。他们在言语或数学部分的成绩排名须在前 3% 才能取得参加项目的资格。研究人员发现，这些儿童的早期 SAT 成绩预测了他们的学业成就，这点并不奇怪。13 岁之前在数学或言语部分取得 500 分及以上成绩的学生（占 1/200，或者排名前 0.5%）在暑期项目期间用三周时间学完了整个高中的课程；而那些取得 700 分及以上成绩的学生（1/10 000，或者排名前 0.01%）则用快两倍的速度学完了相同的内容。[149]

被试的社会经济地位平均高出普通人群约 68%，且只有 1% 的被试为非裔或拉丁裔美国人，因此我们遇到了与推孟研究相类似的问题。但是从表面上看，基于 35 ~ 40 年的研究，这些学生的成就的确令人印象深刻，他们的成就本身就足以说明问题。在追踪研究了 20 年后，当年在 SAT 的数学或言语部分考试中取得 500 分及以上成绩的 12 岁学生中，有 30% 获得了博士学位。而在获得 700 分及以上的学生中，这一比例高达 50%。但在普通人群中，只有 1% 获得了博士学位。

他们还发现，12 岁时，SAT 分数上 200 分的差距造成了 35 年后他们在收入、专利数量、在美国顶尖大学终身学术职位任职状况上的差异，[150] 其中一些成就的确十分了不起。例如，在其中一组被试中有 4 人获得发明专利，1 人为火星着陆计划设计了图像相关导航系统，2 人获得了富布赖特奖（Fulbright award），1 人荣获总统学者创意写作奖（Presidential Scholar for Creative Writing），1 人在 13 岁的时候与辛辛那提交响乐团（Cincinnati Symphony Orchestra）合作进行了小提琴独奏首演，71 人被纳入美国大学优等生之荣誉学会（Phi Beta Kappa）。虽然嘎嘎小姐和马克·扎克伯格不在分析之列，但是他们当年也参与了数学早慧少年研究，看看他们现在的成就吧。

被试之间在言语、数学优势、兴趣、价值观、机遇和刻苦努力的渴望上均存在着不小的差异。这些因素（独立的因素或者它们的组合）是预测其在整个科学和人文领域中感兴趣的具体领域是什么以及最终所能达到的成就水平的关键因素。如卢宾斯基和本博所述："这些关联为我们提供了非常重要的信息，让我们了解到智力超群人群的智力特点以及他们积极寻求、避免和创造的环境是怎样的。"[151]

然而，他们并未就此止步。其研究的最终结论如下："深度资优人群的确拥有获取成就并做出创造性贡献的更强大能力。"[152] 但这一结论真的有效吗？显然，他们的研究结果的确很重要，表明了天赋才能（如我在第 11 章中所给出的定义）以及个人与环境的匹配意义重大，但是既然他们抛弃了所有拥有其他不同心智的孩子而仅仅选择了那些在 12 岁时 SAT 考了高分的孩子，那么何以断定他们选择的这些孩子就拥有更大的生命终极潜力呢？

要证明他们的结论是否合理，需要不问 SAT 分数高低，向所有学生敞开机会的大门，看看他们是否同样有能力通过发挥他们的其他特质为社会做贡献。值得注意的是，实际上已经有人这样做了。德博拉·比亚尔（Deborah Bial）在听到一名学生对她说“如果当时他有波赛（posse）①，就不会从大学辍学了”[153]之后，便于 1989 年创立了波赛基金会（Posse Foundation）。这个点子很简单——把一整组的学生送进大学让他们相互支持，正是这一想法引发了美国最全面的大学教育机会和青年领袖培养计划之一。波赛招募毕业年级的高中生加入，让他们参加为期 8 个月的大学前培训计划，在整个大学 4 年期间为他们提供支持，并帮助他们寻找实习和就业机会。截至目前，已有 4 245 名学生从波赛的合作院校中获得了近 5 亿美元的奖学金。

波赛并没有以种族或需求作为筛选要素，但是所选学生反映了他们所在城市公立高中的多元化，因此这些学生中的绝大多数属于少数种族和民族群体，在他们所在的筛选严苛的大学里处于极其弱势的地位。波赛的合作院校包括巴德学院（Bard College）、波士顿大学、布林莫尔学院（Bryn Mawr College）、巴克内尔大学（Bucknell University）、西北大学、奥柏林学院（Oberlin College）、波莫纳学院（Pomona College）、锡拉丘兹大学（Syracuse University）、联合学院（Union College）、加州大学伯克利分校、加州大学洛杉矶分校、宾夕法尼亚大学、南加州大学、范德堡大学和惠顿学院（Wheaton College）等。

波赛奖学金的评选完全基于申请人的长处，获得奖学金的是那些表现出卓越领导才能和学术潜力的学生，他们有望在学业上获得成功。除此之外，也能够在他们所在的机构为促进多元化的融合做贡献。波赛基金会已经发展出了独特的策略来甄别具有可在大学取得成功所需才能和潜力的个体，该策略可以作为诸如 SAT 等传统筛选标准的替换方案（或两者并用）。该筛选策略的目的是取代 SAT 等考试，而是帮助招生人员丰富一下他们的既有标准，让他们能够发现那些平时根本不入他们法眼的资优学生。

① “波赛”指他的朋友群。——译者注

动态评估过程（Dynamic Assessment Process，简称 DAP）历时 3 个月，波赛基金会利用这一评价方法甄别具有在传统筛选方法中可能无法体现其才能的学生。首先，由高中和社区组织推荐学生，然后通过大组面试、个别面试和小组面试确定最终人选。这一动态过程关注各种各样的指标，如领导力、沟通能力、解决问题和协作能力，使评价者能够更加全面地观察学生。

波赛校友的平均 SAT 分数为 1 053 分（总分 1 600 分），其中 35.6% 的学生得分低于 1 000 分，30.5% 处于 1 000 ~ 1 100 分，34% 超过 1 100 分。虽然这些分数通常远远低于波赛奖学金获得者就读院校学生的平均 SAT 分数，但是他们在大学的成就不比其他学生低。波塞校友的平均大学 GPA 为 3.04，并且，或许更重要的是他们对大学生活的参与度更高，有 79% 的学生成为校园学生组织的主席、创始人或者干事。波赛校友成就的多样性令人惊叹，他们中有学院院长、外科医生、心脏病专家、联邦战略和运作顾问、美国陆军中尉、盖茨剑桥学者、富布赖特学者、学校社会工作者、电影导演、知名广告公司高级副总裁、执业临床心理学家、业务发展合伙人和多名博士生。

这些结果连同我在本书中引述的很多其他研究结果很清楚地表明：**所有不同类型的心智都能够按照自己的方式和节奏成就非凡。**我们没有必要让那些拥有不同心智的人彼此对立起来。我们为什么不能在不贬低任何心智的情况下去重视每种心智的价值呢？毫无疑问，我们可以一边赏识由单一测验筛选出来的资优学生，一边给表现逊色甚至成绩糟糕的学生多一些机会。

我发现，在我刚才引述的所有长期研究中，唯一的共同主线是驱动力、坚持和对领域的热爱在区分成就最高者和其余人群中的重要性，这一点格外显眼。我们为什么不能保持开放的头脑，相信人们可以在生命中的任何时候发现自己的热爱并投身其中呢？

现在，是时候抛却过去 100 年中根深蒂固的标签、期望和成见，并重新定义智力了。

13

重新定义智力

Ungifted

Intelligence Redefined

终成大器

我盯着电脑屏幕上论文的最后一句话。经历了长达7年的课程和研究，在距离截稿日还有一周的时候，我终于完成了。我应该感到狂喜才对，我应该出去和朋友灌几瓶啤酒，庆祝一下我的成就。这些年的辛苦工作、一丝不苟的收集数据、复杂的统计技术和逻辑论证终于有了回报。我将获得耶鲁大学的博士学位。这不就是我长久以来的目标吗？为什么我没有任何满足感呢？

我最好的朋友埃利奥特正在忙着写哲学论文，他就住在隔壁。他敲门，我让他进来。他看到我蜷缩在笔记本电脑旁就问我："怎么样了？"我轻轻回答："我完成论文了。"他高兴地说："太棒了！真是了不起！"我知道他说得对，我本来应该和他一样兴奋。我问他："你的笛卡尔进展如何？"他乐呵呵地回答："不错！我终于明白他说的'我思故我在'是什么意思了！""太好了！这个周末我们一定要庆祝一下！"

埃利奥特回到他的房间，我又把思绪拉回到电脑屏幕上。我到底是怎么了？我慢慢站起身，有气无力地倒在床上，然后就不知不觉睡着了。

睡梦中，我的一生浮现在眼前。我看到自己躺在小学的厕所地板上任人踩踢，看到自己站在音乐学院的后台，为外公感到骄傲，我看到中学时代的自己尽力去讨好那些有天赋的孩子，还看到自己读高中的时候努力练习大提琴，还有在剑桥度过的时光，总是带着敬畏之情盯着那些建筑……夹杂在这些画面中的是数据，很多很多的数据。一连串的数字萦绕在我的脑海中——相关表格、结构议程模型，还有用星号标注的重要数字。脑海中的意象飞速掠过，数据从这些意象中跳出来，画面变得越来越难以辨认。我开始发慌了，我感到自己被淹没在了数字中。我试图找回清晰的画面，却发现自己被困住了。我的心开始狂跳，然后我就惊醒了。

我满头大汗，但又感到获得了新的能量，于是我又回到电脑前。我返回到第一章，里面详细列举了我的研究方法论。我在前面插入新的一章，把它叫作“第一章：简介”。我的大脑在调查结果中畅游，我看到“投入”是贯穿整个研究的主线，包括智力投入、情感投入、审美投入和想象投入等，这些使得人类的发展之路趋向无限。我还看到另外一条主线——“能力”，还有外显认知的不同形式——流体推理、工作记忆等。还有内隐认知——内隐学习、潜伏抑制等，这些因素一起拓宽了人类的发展之路。随后，我的思维又飘向我读过的其他重要研究成果，如激情、心理定向、自我调节、专长、刻意练习、心智领域和创造力等。

所有这些研究主线开始在我的脑海中编织成形，一幅更大的画面出现了。忽然我意识到：这就是所有的人类智力。这是最后一条主线。

走出“智力”迷雾

生活的目的是自我提高，充分实现人的天性——这才是我们每个人存在的意义。

——奥斯卡·王尔德

> 我 5 岁的时候，母亲就告诉我，人生的关键在于快乐。上学后，别人问我长大了要做什么，我写下“快乐”。他们告诉我，我没有理解题目。我告诉他们，他们没有理解人生。
>
> ——约翰·列侬

1994 年 12 月 13 日，由 52 位研究智力和相关领域的教授组成的团队在《华尔街日报》上发表了有关智力的统一定义：[1]

> 智力是一种非常宽泛的心理能力，包括推论能力、计划能力、解决问题能力、抽象能力、理解复杂概念、快速学习和从经验中学习的能力。它不仅包括学习书本知识这一狭隘的学术能力，或者参加考试的能力。更确切地说，它反映了一种更宽泛、更深入的理解我们周边世界的能力——“理解”，“发掘事物的意义”，或者“找到解决问题的方法”。

这是有关智力的一个比较合理的定义，它包含了与注意力、洞察力和学习能力相关的行为的描述，这些行为在我们看来，都是智力功能的重要方面，是理应被包括进去的。另外，上述概念准确抓住了大多数人，尤其是在西方文化中对“聪明人”的定义。[2] 当我们谈论一个人比另外一个人“更聪明”时，我们更倾向于引入快速推理和解决问题的概念。此概念弥漫着整个西方媒体——从对总统有效性的描述到《危险边缘》和《生活大爆炸》这些电视节目。

定义一个术语是一回事，衡量这个术语又是另一回事了。怎样在现实中捕捉到这个术语？这是一个更为棘手的问题。该定义的提出者认为，智力，正像他们所定义的那样，是可以被测量的，例如智商测验就可以衡量其高低。当然，他们说的也有道理。如果你去观察那些在智商测验中得到高分的人的特征，你会发现这些特征也在该定义中被提到了。

但是，如果你考虑其他人能展示这些特征的方式，你就会发现衡量一个人的智商比单纯进行智商测验要复杂得多。以推理能力为例。我们不能因为一个人在智商测验的环境中没有表现出良好的推理能力，就简单地判断他缺乏此类技能。一旦卸下工作记忆（见第 10 章）的担子，人人都能更好地进行推理。我们生活的时代能够让我们轻松地解放大脑，将内容存储到电子设备当中，使得我们的工作记忆能更自由地操纵符号，解决与个人相关的问题。

在本书中，我们看到在测试环境之外，在更宽泛的环境和更长的时间跨度中，如果我们给人以机会来提高他们的认知技能，分布在全部智商钟形曲线上的人都能够表现出很复杂的推理能力。在第 8 章中，我们看到那些参与到“好主意”项目的学生在很多技能上表现出明显的进步，包括创新能力和复杂推理能力。当那些 SAT 分数不高的人有机会充分运用他们的各项特征专长时，他们就能达到甚至超过那些 SAT 分数高的人在大学学业能力中的表现（见第 12 章）。那些奇才、大师和有学习障碍的人往往能取得超常的心理方面的成就，有时候甚至是因为他们的智商测验水平较低，他们才能取得这些成就的。而且，智商测验与社会领域或传统领域的特质集群（见第 9 章）或与艺术领域的创造性成就并无太大关联。

那么从经验中快速学习的能力呢？再次重申，一个人可以有多种方式展现这些技能。我之前说过，内隐学习体系通常比外显认知（见第 11 章）更能学习掌握异常复杂的关联。此外，一旦我们有了学习某种事物的动力，或者我们掌握了某领域特殊技能的大数据库（见第 9 章），我们的推理能力就可以变得很强大，学习该领域的新内容就变得很快。

为什么不是上述所有的心理领域都被看作是智力的一部分呢？智力研究者把抽象推理、一般文化知识和掌握晦涩词汇的能力作为智力的一部分，但却忽略了许多形式的推理、解决问题的能力和与自身生活密切相关的知识。为什么呢？

还是这个老问题：智商测验公平吗

在《华尔街日报》中，有关智力的另外一种定义是由智商测验得出的，是一种“一般的心理能力”。很快，我们又要进入棘手的领域了。既然智商测验分数被认为是一系列认知机制的汇总，那么这些分数理所当然应该使智商更具体化。然而，为了使我们的讨论能顺利地进行下去，我们假设他们的意思是，与一般智力因素①（如流体推理、工作记忆和抽象关系复杂性等）密切相关的认知技能是高度概括的，因为它们能提高我们学习新的复杂知识的速度和效率。从经验上讲这是对的（见第 10 章）。

但是，我认为他们所谓的“概括”有另外一层意思。《华尔街日报》上的概念提出者指出：“与其他任何一种可以衡量的人类特质相比，智商与教育、事业、经济和社会成果的关系更为密切。”[3] 从数据角度讲这是对的。一般智力因素是一系列以正相关方式联系在一起的社会成果组成的大的结点的一部分，[4] 与家庭收入、社会经济状况、在校和在岗表现、军训任务、遵守法律、健康习惯、疾病和道德水平呈正相关。相对地，一般智力因素与福利、精神病理、犯罪、注意迟钝、乏味、行为不良和贫穷等呈负相关。这些相关性是确实存在的，然而在我看来，远远还未明确的是对于这些相关性的解读。

很明显，所有这些成果也是彼此相关的，它们构成了一个巨大的呈正相关的变量网。比如说，收入不仅与智商呈正相关，还与受教育程度、父母收入和父母地位呈正相关，所有这些各自与智商呈正相关。这使得将这些变量分开来分析彼此之间的因果关系变得异常困难。

可以肯定的是，智商测验衡量的不仅仅是家庭背景。即使将社会经济状况考虑进去，智商与 SAT 分数仍然与重要的学业和社会结果相关。[5] 但是我们别忘了：智商测验也是一个结果—— 一个人在一个特定时间经过简单测试后得出的分数。撇开学习、经历和背景谈智商测验分数，尽管方便，但这根本不是智商测验存在的方式，更不是这个世界运行的方式。任何人在智商测验中的

① 准确定义是源于有关认知的成套测验的因素分析中的首个因素，代表着一般人群的多样样本，并解释了数据集中最大来源的方差（通常为 50% 的方差）。参见 I. J. Deary, “Human Intelligence Differences: A Recent History,” Trends in Cognitive Sciences 5（2001）: 127-130 .

表现都是除了他们宽广的认知领域内智力运行以外的很多方面的综合，包括一个人当前的社会经济状况、动机、焦虑程度、自信心、受教育程度、经历、机遇、语言及许多与他们想要预测的结果相关的方面。

| Ungifted

事实上，许多因素会共同作用，产生许多积极的、“人所期望的”社会结果（例如高智商、寿命长、健康、事业有成等）。从智商到学业有成到事业有成再到总体的高成就，这条路从来都不是一眼望到底的。在本书中我们也看到了，富人愈富，穷人愈穷。多年的细微差异可能会带来很大的不同。

Intelligence Redefined

一些10岁的孩子，拥有出色的流体推理能力和执行功能，教他们是一件很愉快的事情，他们也能接受更具挑战性的机会，有望考上好大学。这些积极的预期和智力方面的不断丰富更增加了他们从好高中毕业进入名牌大学的机会，这些又增加了他们获得“名牌”工作的机会。而那些在小时候就觉得功课很难、回报率低、甚至厌学的孩子，接受的则是不甚丰富的课程，这些使人们对他们的期望和成就值较低，给他们的压力也较小。结果这些孩子的分数越来越低，一有机会就逃离了学校。

但是别忘了，是我们这些人选择了学校的教育结构方式，并决定了什么样才算是“高分”，这些都是主观选择。另外，是我们创造的社会体系建立了强大的像人生守门员一样的学业资格，并且是我们决定了获取这些资格的基本技能正是与一般智力因素高度相关的因素。

众家之言

以往，有关智力的定义出现了很多种。图13-1提到了在过去150年中一些最著名的定义，这些定义真的可以说是无处不在，但是总有一些反复出现的主题。一个重要主题就是对环境的适应，它出现在比奈和韦克斯勒的定义中——这两个人是智商测验历史上的奠基性人物。然而，他们没有给儿童去选择自己想要适应什么样环境的机会——他们被限制在智商测验的环境中。即使是我的前任顾问罗伯特·斯坦伯格，他强调将他提到的三种形式的智力，即分析能力、创新能力和实际运用能力相结合，以“适应、塑造并选择环境”[6]的重要性，也仅仅在单一的测试环境中，在大学生参与者身上进行衡量。

图 13-1　智力的定义

路易斯·特曼：“因此，最根本的区别在于根据不同的情况，建立新概念的能力，并能抓住其要点；说一个人聪明，部分在于他能够进行抽象思维。”
博林：“作为一种可以衡量的能力，智力一开始的定义就应该是在智商测验中得到高分的能力。智力就是测验所测试的内容。”
戴维·韦克斯勒：“智力是个体有意识地行动、理性地思考、有效应对环境的能力的总和。”“人不需要害怕或羞于承认自己的冲动、本能和性情，这些都是综合智力的基本因素。我的主要观点一直是智力不等同于智力能力，但是智力必须被看作是整个人格的一种表现形式。”
安娜·阿纳斯塔西：“智力不是器官内的一种实体，而是行为的质量。智力行为本质上讲是适应性的，在目前情况下代表满足环境改变需要的有效方式。”
约翰·霍恩：“我认为智力是什么？这就像是在问我认为隐形绿蜘蛛是什么样的。从当前的知识水平来看，智力不是任何一种统一的实体。任何试图描述它的行为都注定徒劳无功。”
桑德拉·斯卡尔：“要想成为一个高效的、聪明的人，需要更广阔形式的个人适应能力和生活策略，该形式总是在对“无懈可击的”儿童和成人的描述中出现。他们是自己环境的应对者、迁移者和塑造者。”

图 13-1　智力的定义（续）

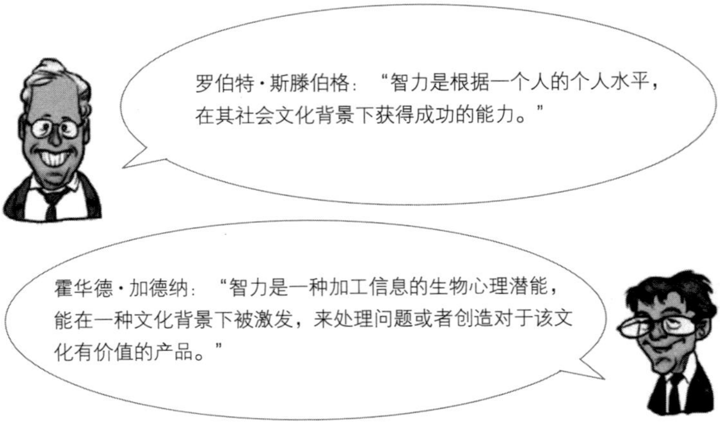

图 13-1　智力的定义（续）

资料来源：J. D. Wasserman, "A History of Intelligence Assessment: The Unfinished Tapestry," in *Contemporary Intellectual Assessment: Theories, Tests, and Issues*, ed. D. P. Flanagan and P. L. Harrison, 3rd ed., 3-55（New York: Guilford, 2012）.

让我明确一点：我认为在 K-12 基础教育和大学入学方面扩大智力的衡量范围是很有价值的。斯滕伯格的测试在减少种族和民族差异方面取得了进步，给了更多人获得教育资格的机会。但是，无论心理学家决定在他们的测试（如智商测验、SAT 测验、GRE 测验等）上面贴什么样的标签，如果一组测试给工作记忆增加沉重的负担，那么那些拥有较低水平工作记忆的人就没有机会充分展示自己了。要设计一个能在短时间内完成、需要全新的问题解决办法，并且不会给工作记忆带来重大挑战的测试是很困难的，但也不是没有可能。

另外，在某一领域的长时间投入也能极大地提高创造力，并带来新视角。事实上，在许多情况下，超长时间段的专长获得是非常有必要的。因此，全新的、脱离语境的发散性思维测试将会错过那些在某个领域多年深厚知识积累基础上所获得的创造力。

此外，如果一个人拥有不同的创造力，却不能轻松地通过测试所需要的发散性思维该怎么办？比如，一个人患有阿斯伯格综合征，很难想象测试中那些人造的、脱离语境的测试内容，但正是因为他看世界的独特视角，便已经拥有创造力了（见第 11 章）。

很多这样的评论也都适用于霍华德·加德纳的多元智能理论。加德纳强调，智力能创造出某种特定文化中受重视的东西，然后又能促进他认为很有价值的 8 种智力形式：逻辑数学智能、空间智能、语言智能、身体动觉智能、音乐智能、人际智能、内省智能和自然主义智能。然而，我们真的想把我们对智力的定义局限在对一个人被认为对社会有价值的技能和结果的解读中吗？特别是当一个人展现出一种之前从未见过或从未被正式描述过的全新形式的智力时，这不也应该被认为是智力吗？至少我们应该对此种可能性呈开放态度吧！

另外，我看到加德纳所列的清单上还缺少了很多技能，比如艺术智能、直觉智能、同情智能、精神智能、文化智能、[7] 生态智能、[8] 执行智能、[9] 甚至还有求偶智能。[10] 这些为什么没有被列进去呢？不可能是因为它们不满足加德纳的标准：大脑功能隔离、清晰的发展轨迹、有进化历史、有实验和心理测量的文献支撑等。他自己提出来的智力都不一定能满足所有这些标准。比如加德纳的标准之一——有来自心理测量方面的文献支撑。但是该心理测量文献提出，他提到的智力形式的很多方面，尤其是逻辑数学智能、空间智能、语言智能等，是与彼此高度相关的（见第 10 章）。

可以确定的是，加德纳争辩说这正是问题所在（见第 10 章）。我们不应该直接测试一个人的智力水平，我们应该在儿童阶段只观察他们，让他们自然地呈现，然后提供最符合他们 8 种智力形式的指导。乍一看，这像是一个极好的、非常明智的目标。这种方式使我们的工作记忆和一个简明统一的测试所需要的流体推理最小化，并且使个体能够选择怎样以最典型的方式表达其独特的智力。

然而，如果我们深入看的话，就会发现问题。举例来说，多元智能方式会导致思维固化。告诉别人“如果你不擅长该领域没关系，你很有可能擅长其他领域”，这将使得人们放弃培养本来可以提高的重要技能，这会放大到每个人身上（见第 7 章）。如果推广多元智能的思维模式，我们实际上是在用自我应验的预言限制人类的发展，尽管我们的本意是好的。

此外，如果在学校中，在孩子身上观察不到任何加德纳提出的智力形式，又该怎么办呢？这意味着孩子完全缺乏才智吗？学校该怎么办？即使孩子表现出倾向以某种特殊方式学习，也没有有力证据证明为每个孩子量身定做的课程模式（视觉的、听觉的或者动觉的）就一定能提高其学习成绩。[11]

这并不意味着我们不应该重视个人特征，如激情、背景知识、生活经验、品格、勇气等。理解这些差异并将该信息应用到课堂中是极为重要的。但是仅仅依靠询问学生他们怎样才能学得更好，然后就把相同的、标准的而又脱离语境的课程以学生更偏爱的指导方式交付给他们，这并不是什么灵丹妙药。事实上，过于强调"多元智能"和"学习方式"将阻碍我们重视学生真正能影响学习的特性。[12]

在众多有关智力的定义中，将我们引向另外一个主要议题的是多元个人特征，比如动机和驱动力，以及高分通过智商测验所需的智力技能。

Ungifted

最早的智商测验制定者自己意识到了，除了测试中所需的智力技能之外，多元个人特征对智力的正常运行发挥着重要作用。①比奈承认动机（"想要达到的目标"）和毅力（"保持一个确定的方向"）的重要性。

Intelligence Redefined

但问题在于：当测试构造者，而非测试对象，制定测试目标并选择答案，测

① 这个概念并不是新的。哲学家早就认识到了认识、情感和意志这三种通用功能都是人类思维的重要方面。这种三分制在戈特弗里德·莱布尼茨和伊曼努尔·康德时代尤其突出。康德写道："大脑机制有三个不可复归的方面，即知识、情感和欲望。"甚至柏拉图在《理想国》中将理性的、欲求的和活力的灵魂区分开了。参见 E. R. Hilgard, "The Trilogy of Mind: Cognition, Affection, and Conation," *Journal of the History of the Behavioral Sciences* 16（1980）: 170-117; R. E. Allen, *Plato: The Republic*（New Haven, CT: Yale University Press, 2006）.

试仅持续数小时时间（如果有可能的话），且测试问题与被试被激励去追寻的目标相去甚远时，你能在多大程度上期待可以测量到上面提到的技能呢？比奈意识到了这些问题，但是他提出的最佳方案只是指导主考人“鼓励每个人尽力”。[13]

戴维·韦克斯勒也提醒不要将综合智力与智力能力混为一谈。在一篇讲话中，韦克斯勒阐述道：

> 人不需要害怕或羞于承认自己的冲动、本能和性情，这些都是综合智力的基本因素。我的主要观点一直是智力不等同于智力能力，但是智力必须被看作是整个人格的一种表现形式。[14]

和比奈一样，韦克斯勒认为可以通过鼓励改善缺乏动力的情况。修订版韦氏儿童智力量表的测试指南提道：“如果一个孩子说他不能完成一项任务或不会回答一个问题，可以通过告诉孩子‘试一试’或者‘我觉得你可以，再试一次’来鼓励他。”[15] 似乎通过这种方式就能使所有的孩子忽然间有了解决抽象难题的激情。

智力测试研究的一个重要方面由艾伦·考夫曼首先提出，是指在测试期间通过认真观察被试回答问题的方式来推断其个性。我对智力测试研究怀有深深的尊重，但它发挥作用的前提还是假设儿童在测试环境中表现出来的个性是他们的典型个性，在不同的环境中都具有代表性。[16] 另外，这种方式还假设测试时他们的个性表现得最充分。

安娜玛丽·罗帕提出了测量智力的另一种技巧：定性采访，不解决智商测验问题，但是为儿童提供安全的环境让他们表达自己（见第 5 章）。我对此种技巧也怀有深深的敬意，并认为它充满人情味儿，能帮助心理学家明确儿童的典型个性。但是这样一种松散的方式有可能沦为自我应验的预言，尽管本意是好的。那些被认为是“超常”的儿童被带到心理学家面前，心理学家会对“有天赋的特征”异常敏感，这些特征包括激情、专注、同情心、幽默感以及此类种种。然而，我们在本书中也看到了，当我们在人们能够充分参与并自由表达自己的不同环境中以足够近的距离观察他们时，我们会在任何智商水平的人身上观察到这些特征。

教育心理学家理查德·斯诺（Richard Snow）也呼吁将这些个人特征考虑进去，但他与同事的观点又有很大不同。他并没有一开始就通过静态能力测试去衡量一个儿童的“潜力”，他认为我们应该将潜力这一概念化为在某个特定情形或领域内行动的就绪度（degree of readiness）。[17] 他相信殊途同归。相对于学生表现出来的其他方面的特征，斯诺对于帮助他们找出提高技能的最好方式更感兴趣。他从终点开始——数学成绩、物理成绩、音乐成绩等，然后观察个人特征和在某领域取得成功所需专业技能形式的结合，然后他会关注不同的路径和需求（功能可见性），还有一个人在该领域提高技能的机会。

斯诺在 1980 年写的一篇题为《2001 年智力情况》（*Intelligence for the Year 2001*）的论文中提道：“假设人和情境的意志和情感方面会影响认知过程的细节也不是没有道理。在现实中，对智力行为的理论计算需要认知、意志和情感的综合。我们还没有真正开始预想这一综合体。”[18] 我们已经过了 2001 年，却没有任何该综合体的迹象。

不能忽视人类智力的丰富性

长久以来，理论和实践严重脱节。理论上讲，贯穿着智力定义的两条主线一直是对环境的适应性和促进该适应性的认知、情感和意志的特征。从实践来看，智商测验是在非常受限制的环境中衡量智力功能的一个非常重要但又十分有限的方面。为什么会产生这样的不协调呢？

相信你能回忆起来，对智力的测试是出于必要性而诞生的（见第 2 章）。比奈曾接到任务，要在学校环境中创造出一种测试，以区分学习能力较强和较弱的学生。从最初的智商测验开始，我们就一直在个体差异的范例内进行操作，并且从此以后就被局限在了范例之内。那些试图超越智商的努力，似乎仅仅增加了更多个体差异的变量，并且撕掉了贴在他们身上的“智力”标签。这带来了更多测试，更多心理学家创造的将一个人与另一个人做比较的智力测试方式。但问题是:为什么社会仍然需要在该范例内运行，还没有一个客观理由。

标准化测试当然可以用来科学地探索大脑和思维，并且可以在很大程度上为教育介入提供信息，但是教育者或任何其他人都没有理由为这个原因在人类差异性的某个维度基础上将一个人的智力与他人的智力进行比较。事实上，一般智力因素，这一迄今为止发现的人类认知差异性的最大来源，也仅仅是对人与人之间所发现的差异性模式的描述，它不存在于任何个体身上。

发展心理学家正在提升现有科技水平以研究个体内的差异性（见第1章）。[19] 此种新式的因人而异的范例并没有选择几个特定的时间点和一系列的认知技能，然后跨学科地将结果相加。相反，它更关注个体，选几个时间点，然后随着认知、情感和人格等特征自然展开，考量它们的轨迹。传统的个体差异范例的结果把人与人相比较，并不适合此种因人而异的水平。[20]

我相信这对于我们理解人类智力有重大影响。在100多年的时间里，智力的研究领域更多关注的是反映人与人之间最大差异性的智力功能自身，而鲜有关注人与人之间细微差异性的功能。但是我相信将我们的分析水平转移到个体身上，将会带来巨大的机遇。它使得我们能够更好地看清，并且重视人类智力的丰富性。

Ungifted

就像史蒂芬·平克（Steven Pinker）①所注意到的:“地球上的人看待、谈论和思考事物及其他人的方式是基本相同的。与大学辍学者和当今最好的机器人，或者大学辍学者和黑猩猩之间的差异相比，爱因斯坦与一位大学辍学者的差异根本不值得一提。”[21]

Intelligence Redefined

① 当代思想家、世界顶级语言学家、认知心理学家史蒂芬·平克在其著作《心智探奇》（*How the Mind Works*）中对人类心智的起源和进化做了深入探究。本书中文简体字版已由湛庐文化策划、浙江人民出版社出版。——编者注

一旦我们去观察个体怎样在现实世界中实现他们的具体目标，我们就会发现更多的人类智力方面比仅仅关注将人与人最大程度区分开的特征更广泛。事实上，这个地球上的每个人都有对竞争、自治、关联性、归属感和独特性的基本需求，当然，每个人对每种需求的需要程度不同。我们都有能力去培养成长型心态（见第7章），学习怎样谨慎行事（见第10章），或者是放松一下我们的自律肌肉（见第8章）。我们都被赋予了强大的“结构映射”的注意力机制，使得我们去吸收有关空间关系、数字、概率、逻辑、语言、物体、生物、手工艺品、音乐、美学、信念以及对其他心理的渴望等的基本知识，尽管抓住我们注意力的内容可能不一样。实际上，每个人都有一套强大的隐性学习系统去吸收这个世界概率性的规律结构，还可以利用强大的长期工作记忆机制在人类知识的某个领域去获取深厚、丰富的专业知识。

一些研究者可能会强调，这些能力在进化上都比流体推理或工作记忆的历史要悠久。[22] 但是请记住，我们复杂的思维不是一夜之间出现的。对于大部分人类进化来讲，新的结构都是在旧结构的基础上逐渐形成的。[23] 人类大脑的复杂性是在不同环境中经历数百万年试错经历的结果。那些在特殊的生态位上能够适应生存和繁殖的大脑被保留了下来，那些不适应的逐渐被投入垃圾箱。你可以把我们的大脑看作是夹心蛋糕，每一层都很重要，并且对于我们是谁和我们能做什么，都有重大贡献。[24] 某个心智机能在历史上进化悠久，并不意味着它对适应功能不重要。

我相信是时候出现一个有关人类智力的新定义，将所有这些人类大脑的方面都包括进去。这个新定义要强调个体经历的价值。这将使得智力的时间进程从两小时的脱离语境的解决问题能力考察，到深度而有意义的一生的参与。这使得学生拥有他们实现个人目标所需的心态和策略，不用在该过程的任何阶段限制或预判他们的成功概率。这使得我们的关注点从把每件事做好转移到了颠簸和弯路都在所难免的终身学习的过程，从固定心态转移到了成长心态，从结果转向了过程。

个人智力理论“登场”

最终，主观的我和客观的我可以合体发声了。我不用再在客观数据概括和主观发展经验之间做内心斗争了。我对人类智力的新定义，也叫个人智力理论，是与之前的智力定义一脉相承的，它从经验上站得住脚，并且尽可能多地给人提供了茁壮成长的机会。个人智力认为：

智力是在追寻个人目标过程中，投入和能力的动态互动。

请注意，该分析的重点是个人。对某个个体来说，有意义的是在他的一生中所展现出来的一系列智力行为。在任何情况下都不应该去将一个人的行为与另一个人的做比较，因为此人的智力并不是以他人的行为做参照进行衡量或判断的。

任何缩小了初衷和目标之间差距的行为都可以被看作是智力行为。该方式采用了传统的解决问题范式（见第 9 章），但是将问题解决的情境从单一的脱离语境的任务（例如汉诺塔）拓展到了持续终生的问题解决过程。

那么什么样的智力行为才算数呢？任何你想要的行为都可以。没有你做不到的，只有你想不到的。这时就显示出了寻找策略和获取知识的重要性（见第 9 章）。在该理论框架下，为克服难题而寻找多种方案和缩短起点与终点的距离，是人类智力的重要表现形式（见第 9 章）。

我对“智力行为”的定义与史蒂芬·平克有关智力的定义相一致。平克从认知科学和进化心理学的最新研究成果中获得灵感，认为智力是“在理性（尊重事实）基础上，在面对困难时做出决定以完成目标的能力”。[25] 这与基思·斯坦诺维奇关于理性的看法是一致的。按照斯坦诺维奇的观点：“更改思维意味着制定合适的目标，根据个人目标和信念采取有效措施，并坚持与有效证据相一致的信念。”[26]

个人智力理论有 4 个中心原则，这些原则对教育和社会有重大影响。

第一个原则是：自我是人类智力的核心方面。自我包括一个人个性中的所有人格特征。我认为，如果要真正了解一个人的目标以及这个人表现出来的智力行为，对自我的思考和个人表现自我的需要，是必不可少的。当然，自我在人的一生中是不断进化的，我们的自我在人生的各个阶段也都不相同。[27]

第二个原则是：在人的发展中，投入和能力是不可分的，我们在参与到这个世界中时，投入和能力两者是相辅相成的。[28]我们的兴趣和热情让我们注意一个刺激的重要方面，并忽略其他方面。重要的是，我们不断地投入建立起了知识库，这种知识库让我们得以实现越来越高的表现水平（见第 9 章）。关键的是，每个人都可以混合或搭配其个人独特的特征组合，以达到相同的结果，甚至可以打造一条新的道路。整本书中，我到处都在证明通往伟大的道路不止一条。

第三个原则是：受控的和自发的认知过程都可以适应个人目标的获得。这与传统中对智力的认识相背离，这主要是因为智力测试的原始目的是研发能预测从现行教学模式中进行学习的能力的测试。但是一旦我们考虑到他人（例如老师、父母、智商测验官）目标以外的个人目标时，我们便发现了更大范围的自发认知过程的适应值，这些过程有空想、假装游戏、自发创意生成和直觉（见第 11 章和第 12 章）。

这同样背离了传统中对“理性”的认知，传统概念的理性强调受控认知的理性。比如，斯坦诺维奇认为“反思思维”必然会“推翻”自发认知过程（“自动”思维），因为这种过程常常是“劣质的”。[29]斯坦诺维奇将“非理性”认知过程列了出来，包括迷信想法、超自然信仰、相信直觉、相信“特殊的”专门知识以及对个人内心力量的过于乐观的理论。[30]

个人智力理论为我们提供了不一样的观点。重点不在于将一些认知过程归类为比其他认知过程更为智能或理性的一类，而在于灵活性认知。尽管有时很有必要让受控认知过程抑制可能会妨碍智力行为的熟知模式的开启，有时让自发认知过程表现出来也是同样聪明的。

有时，通过允许自己忽略内心的批评（以及他人的批评），并采取冒进的行为来达到实现自信的目的是很理性的。如我们在第 12 章中所见，积极分裂症特征，如相信直觉和所谓不切实际的幻想等，并非总是不理性的，甚至从斯坦诺维奇的理性概念上讲也是如此，这些对于实现个人的目标是有益的。我们知道，相信直觉与潜伏抑制的减少有关，这种潜伏抑制的减少则与更高水平的创造性成就有关。许多对经验领域开放的自发过程，在很大程度上促成了创造性成就，尤其是在艺术方面。当这些认知过程在正确的时候启用，并且让个人不仅仅能实现自己的目标时，这些认知过程就是十分聪明且理性的了。

第四个原则是：没有“10 年法则”或“创造力门槛”这样的东西。这些东西要求人们必须获得一定量的知识或者在某种标准考试（如智商测验、学习能力倾向测验）中达到某个标准以上，并认为只有这样人们才能实现其目标。我们必须考虑到个体的个人目标，因为这决定了必须培养何种人格特征来缩短初始状态和目标状态之间的距离。

这并不是说在个体差异的分析层面我们都是同等聪明的，即便是按照我的定义也不是如此。可以肯定的是，一些人格特征在某些领域里更容易促成公认的成功。例如，如果你想成为一个伟大的科学家，那么人格特征的某种特定兴奋丛的水平更高会让这一目标实现的概率更大，这些特定兴奋丛包括智力好奇、心理灵活度、对他人价值和信仰的容忍度、自律、耐心、动力以及抱负等。然而，数据预测只能告诉我们一个人未来可能的成就是什么，而不是他们能否获得这一成就。

潜力是一个不停的活动目标。我们参与某事越多，潜力也就随之增加。最近的关于人类发展动态、非线性以及概率的本质表明，对潜力最佳的理解是参与意愿。这与本书中的许多案例相一致。在这些案例中，人们起初似乎没有机会，但最后都超越了所有人的想象。通过在某一领域的长期投入，这些个体改变了他们成功的概率，因此也就有了他们实际的潜力。

同样，有些特征比其他特征更重要，也就更值得去培养。不论一个人起点如何，也不论其目标有多么崇高，我们都应该让年轻人拥有一套基本的技能，让他们一辈子都用得上，并使他们能够实现一生中想要达成的许多目标。

Ungifted

辩证思考、工作记忆、心理灵活度、刻意练习、沟通社交技能、公共演讲技能、同情心、情绪自律、自律学习策略、成长思维模式和发散性思维等对每个人来说都是必不可少的。[31] 重要的是，几乎每个人都可以将这些特征发展到十分有用的程度。

Intelligence Redefined

我认为，当我们不考虑个人目标而运用任意阈值，我们就限制了可能性。无论梦想是什么，是跳《胡桃夹子》里的芭蕾舞也好，消灭贫穷也好，促进世界和平也好，创造现代艺术也好，随口说韵词也好，甚至可以是提出新的弦理论，这些都没有一个明确的智商阈值或者说也没有要求规定要在某领域从事多少年才可以让一个人实现自己的目标。我们既可以培养神童，提高他们获得成功的概率，也可以提高智力发展较晚的人获得成功的概率，任何智力发展程度的人也都是一样。

这里的深刻含义在于，不应该有外在的压力来要求以特定的速度获得成功。不要与别人进行比较，而应该和过去与将来的自己进行比较。如果所有人都不再将获得成功以前的某个阶段看作是“失败”，那么要鼓励人们参与某个领域，是完全没有问题的。若要说有区别的话，那就是有大量的证据表明我们应该鼓励所有钟爱某个特定领域的人从事自己所钟爱的事业。

在本书中，我一直努力想说明当人们参与与自我同一性相一致的领域时，他们将会经历多么大的转变。在一些案例中，如阿斯伯格综合征患者参与特定领域时，他们的“残疾”特征完全消失了（见第 11 章）。在第 12 章中，我们还看到了对某一领域的钟爱是唯一的也是最佳的预测个人一生创造性成就的方法，这种成就既有社会的也有个人的，这是在智商和发散性思维的影响消退很久以后了。

天才能够不断产生伟大的作品是一个谜。[32] 大多数创造者，包括我们称为“天才”的人的产出，都倾向于参差不齐。[33] 专门知识的关键在于一致性，但是伟大的关键在于量。[34] 根据“平等几率规则”，质量是数量的线性功能，即你创造得越多（不管质量如何），你产生杰作的可能性就越大。[35]

Ungifted

这表明我们应该鼓励儿童去梦想不可能实现的东西，思想要超越一般的期望，要敢于不切实际。这种鼓励可以提升儿童认识毅力的重要性并质疑现有秩序。此外，这给所有人都灌输了一种终生学习和成长的心理定向。

Intelligence Redefined

也许有人会认为我所描述的世界是无法实现的，但是时至今日，我在这个世界已经看到了一些影子。在本书中，我特意讲了很多进步的教育工作者，他们在不遗余力地推崇学习目标、情绪的自我调节、自我调节的学习策略、自我表达、自定学习步调、情境、刻意练习、坚毅性、激情、毅力和游戏。所有这些人类的基本特性都是人类智力的一部分，因为这些特性提升了人类作为一个物种的适应性。没有这些特性，今天的我们不可能拥有能力利用这些特性帮助我们实现生活中的个人目标。

在本章剩余部分，我会重点指出一些与个人智力理论相符的个人学习的尖端方法，希望这些方法能鼓励更多的人接受这些教育者的观点，并将其融入教育实践中。如果有更多的人采取行动，我们就可以给社会带来全新的面貌。

未来项目

在所有的学校改革中，最让我兴奋的是未来项目（The Future Project），它是由耶鲁大学的两位毕业生安德鲁·曼吉诺（Andrew Mangino）和卡尼亚·巴拉克里希纳（Kanya Balakrishna）发起的。厌倦了有关学校的未来的老生常谈，他们组建了一个团队，专注于一项单一任务的研究：设计“未来学校”，一种从里到外革新教育的方式。

未来项目的目标是结合苹果公司的优雅和迪斯尼的魔力，致力于研究怎样激发、包容并释放年轻人的潜力，以获取最大的可能。该团队还派出了梦想指导员进驻包括最落后地区的高中，他们是人类催化剂，社会想象师以及教育领航者（想象将你高中的辅导员、校长和最喜欢的老师融合为一个角色）。

三位梦想指导员负责在学校内发起大规模的校园文化提升工程，直到学校里充满了学生们自己创造的无限可能性的氛围。但梦想指导员要做的还不仅如此，他们走进周边社区，招募志愿者做“未来教练”并将志愿者与4个层级的学生一一结对，让学生做“未来同伴”。就在此时，魔力产生了。

在该学年中，未来同伴接受挑战，设计并建立他们的未来项目“筑梦行动”，将学生的激情转化为有形的、可执行的项目。然后这一切使得全校和社区都开始发生转变，因为每位同伴将邀请5～20位伙伴加入他的小组，直到学校中80%的学生都参与到未来项目中。最后，这一切以学校和周边社区的显著转变结束。学生意识到教育不仅仅是从幼儿园到高中的枯燥旅程，它还可以是一个充分发挥可能性帮助他们实现梦想的地方。

申请成为“未来同伴”的过程就是未来项目怎样摆脱传统的学校评价年轻人方式的一个生动例子。未来项目不要求学生列举他们的成绩和测试分数，而是让学生谈论他们的激情、梦想和最大胆的目标。

梦想指导员会在见面时单独评估他们参与到对个人有重大意义的项目中的决心和愿望，他们将会接受如下挑战：

- 上传一段激励性视频到 YouTube 网站；
- 在社交网站上写下自己的梦想，开头可以是“我有一个梦想，有一天……”；
- 制作一个由 8 首歌曲组成的励志音乐播放列表；
- 列举 5 条“关于青少年，我希望大人能够了解的事情”；
- 列举 5 条“青少年应该知道的人生教训”；
- 填写包括全班同学梦想的“梦想卡片”，并把卡片交给梦想指导员。

所有的梦想都会受到欢迎。举一些第一年的例子：特伦斯的梦想是为有特殊需求的学生组建一个舞蹈队。尽管在高中经历了挣扎，并且被看作是有“特殊需求”的学生，但他仍然坚持创办他所设想的舞蹈队。塔季扬娜梦想能与其他青少年分享她对非洲鼓的热爱，于是她与当地的男孩女孩俱乐部成立了一个项目，并成为该项目的老师。德万梦想成为下一个莎士比亚，他在 18 岁之前完成了一部出色的剧本。

以下仍然是一些未来项目第一年的例子。玛里埃丽发起了一个叫“完美制造”的在线行动，以促进自我接纳和自我重视。阿曼达和达娜发起时装秀为白血病研究筹集资金。凯拉决心不再忍受学校倒闭的命运，因此她创建了“重启日”，并招募了几十个同伴共同为学校的生存而斗争。胡安融合了他对拳击、诗歌和纽黑文学院（New Haven Academy）的热爱，鼓励他的同伴成立研讨会以终止青少年暴力。提姆·斯万格制作了一部有关校园欺凌的纪录片并在媒体上发布。

未来项目第一年的成果让我们感到很有希望。年底的参与率是校长所期望的 5 倍，整体的保留率达到了 86%。70% 的“未来同伴”说未来项目改变了他们的校园文化；80% 的“未来同伴”取得了他们之前想都不敢想的成果；90% 的“未来同伴”对学校学习有了更深厚的兴趣，把自己看作领导者并且提升了自信心。然而，最重要的是，所有人都对自己的未来抱有更大的希望。

> **Ungifted**
>
> 未来项目强有力地阐释了当学生真正想去上学时会发生什么。过去 20 年的学校改革一直只关注学业表现，胜过关注其他方面，但是未来项目首先和最多关注的是可能性——学业表现都要往后排。
>
> Intelligence Redefined

未来项目的核心因素——项目、教练、社区参与、失败风险、成功识别、公众展览——都是教育规划新兴领域的关键要素。该领域的目标是决定设计思想和设计方法怎样能够使老师、学生和社区更有力量。很多不同的学校通过采用项目式学习和探究式学习的方法，以创造能够促进激情、游戏和合作的空间。

此类学校和项目的案例包括加利福尼亚圣地亚哥高科技高特许学校（High Tech High Charter School）、原型设计营（Prototype Design Camp）、纽约市蓝色学校（The Blue School）、堪萨斯州欧弗兰帕克市（Overland Park）的蓝谷专业研究中心（Blue Valley Center for Advanced Professional Studies）、哥伦比亚大学学校（The School at Columbia University）、加利福尼亚州希尔斯伯勒（Hillsborough）的努埃瓦学校（The Nueva School）、加利福尼亚州奥克兰市（Oakland）的真正特许学校（Real Charter School）与 H 工作室（Studion H）。教育规划运动的领导人之一是"第三位老师 +"（The Third Teacher +），一个坤龙设计（Cannon Design）旗下的创业咨询集团。[36] 根据瑞吉欧理论，儿童有三位老师（成人、同伴和他们所在的环境），不同小组（包括构建者、教育者、人类学家和组织战略者）的目标是利用设计原理和空间转变教学和学习，提高学生的参与度，使老师、学生和社区更有力量。

"我是科学家"

英国伦敦大学学院（University College London）包拉托实验室的主任包

拉托（Beau Lotto）认为："教育往往以培养专家为目的。如果有一辆公交车朝你冲过来，你不会去想创造力的事儿，你想做的是成为一个有能力的专家以迅速躲避危险。我们对待生活的方式就好比老是有一辆公交车朝我们冲过来。"[37]

尽管包拉托认为专长的习得是必要的，但是他相信我们应该教会我们的孩子许多不同的策略，包括依据情境在专长和策略之间灵活切换的能力。近期，包拉托把他的实验室搬到了一个科学博物馆里，创造了一个鼓励不确定性的安全空间。同时，他和他的同事在这里发起了一个为期 6 天、名为"我是科学家"（I, scientist.）的项目。包拉托相信所有的人本身就是科学家，因为我们都是在不断的实验和错误中学习成长的。他把科学看成是一种存在方式、一种游戏的状态。在此过程中，人们需要在各种心理状态之间进行切换，而学习本身就是奖励。为了促进这种精神，他们刻意没有为这个项目制定具体的计划。

尽管如此，包拉托仍坚信至关重要的是要和学生建立互信，确保你的言行和他们在同一个频道，让他们明白这个项目对他们的帮助以及他们为什么要在意科学。包拉托曾对我说："不确定性是一个非常令人恐惧的危险境地。"一旦学生适应了环境，他们便开始进行观察并提问。包拉托认为最好的问题是能够带来更多的问题。"好的问题得到解答之后会带来更多的不确定性，因为它带来的是理解而不是事实信息。"

如果他们问的问题是"为什么蜜蜂会有特定的行为"，那么实验室人员就会鼓励学生问为什么"我"自己会有这样或那样的行为。他们也鼓励学生问"如果……会如何？"这样的问题，并想出办法来对他们的问题进行实验。包拉托认为，如此，学生便在不自觉地使用科学方法。但是包拉托不认为他们是在做"实验"，他认为他们是在创建游戏，即游戏的状态与规则的结合。在设计和进行完这些游戏之后，就到了该理念的最后一个环节——分享。在这个环节中，学生需要针对自己的发现做一个汇报。

其中有一个 8 ~ 10 岁的学生组成的小组已经把他们关于大黄蜂的研究成果发表在权威杂志《生物学快报》（*Biology Letter*）上。[38] 就像包拉托在 2012

年全球 TED 大会的演讲中所说:“由 25 名 8 岁及以下儿童所写的介绍一项十分独特发现的科学论文被发表在顶尖的学术期刊上，这是史无前例的。”

在最新的项目中，包拉托寄希望于彻底改变学生在学校的体验，让游戏、不确定性、模糊容忍和失败不仅仅是被允许的，而且是能够享受的。他想打造一个没有明显边界的模糊环境，让行走在其中的人不知道接下来会去到的地方究竟是一个实验室、一个夜总会还是一个剧院。然后他想在多个城市打造这样的空间，让这些地方成为人们津津乐道的焦点。“想象一下科学成了顶级娱乐项目该有多么过瘾！”他对我说道，声音因激动而发抖。

如果考试就是给外星人分苹果

想象一下你又变成了六七岁的小孩子第一次学习加法和减法。如果在做小测验的时候能够擦一擦有精灵居住的魔法瓶，并选择一系列数学概念的现场比喻（比如分数的真正含义是什么），那该有多好！抑或想象以下场景：你不需要在纸上一行行地把令人生畏的算式列出来，你的任务只是在平板电脑上玩一个游戏，在这个游戏中，你和一帮外星人共用一张餐桌，桌子中间放了一盘苹果，突然，果盘的画面被拉近，好让你把注意力放在要解决的问题上——把这盘苹果分成两等份。外星人有很强的正义感，如果你分给他们的苹果不公平，他们会“抗议”。如果你的答案是正确的，你会得到星星，你可以用这些星星兑换各种东西（比如新游戏和屏幕上的道具）。

这些例子听上去也许很迷人，甚至有些傻，不过“傻”是有意为之的。这些游戏的设计初衷是吸引学生投入学习，通过利用交互式在线媒体以娱乐的方式提升他们的数学能力。但这些并不只是好玩的游戏。上述两个游戏的例子其实是由希蒙·朔肯（Shimon Schocken）开发的应用软件。希蒙·朔肯是以色列荷兹利亚跨学科研究中心（IDC Herzliya）的一名电脑专家，他有一双睿智的眼睛，说起话来声音浑厚而威严。

他的软件可以跟踪学生的进步，并把结果发送给老师和家长作为替代成绩。精灵和外星人程序代表了教育资源的一种增长的浪潮：从幼儿园到研究生院的学生都能乐在其中的技术——根本没有平时学校教育中司空见惯的枯燥和竞争压力。

教育工具的新潮流包括用全新的方式利用手机、在线游戏、视频以及社交网络，其目标在于创建有效的学习工具、全新的评分方法和空前规模的虚拟教室——甚至数以万计的学生同时在线。虽然人们之前已经对这些目标进行过尝试，但是作为大众市场的最新产物，交互式学习工具的目的也是针对大众市场和全球消费，还有学习的乐趣。朔肯对我说："我们应当找回学习的快乐，你之所以学习是因为你想学而不是因为有人会在学期末给你打分。"

就像在 2012 年全球 TED 大会的演讲中说到的那样，朔肯相信传统的评分系统正在"退化"——不过他更愿意讲的是被他称为"提升型"的更积极的教学方式，这意味着摒弃传统的对正确答案的关注。相反，朔肯认为我们应当鼓励学生犯错。在他那基于应用软件的学习环境中，即便你的答案是错的，也不会有任何恐怖的事情发生。朔肯跟我说："我们从来都不说'不对'和'错'等词语。当学生的答案与正确答案不符时，我们会用非言语和中性的视觉表现方法，比如图案抖动等。"此举的言外之意大约是"尝试，不要放弃，我在很耐心地等你，慢慢来"。如果连续两次输错答案的话，程序会给一个小提示，提醒正确的答案是什么。

朔肯的追求是通过开发新的工具以及更重要的——通过采用新的态度来看待学习，从而引发教育变革。

TED-Ed

质疑者会认为只有像朔肯这样卓越的电脑专家才拥有参与当今教育改革所需的资源、技术和大学互联网的条件，但是我们希望让世界各地不同层次的老师都能参与到这次创新变革中，其中一个例子就是 TED-Ed，这是 TED 新开辟的教育平台。

2012 年 3 月，洛根·斯莫利（Logan Smalley）和他的 TED-Ed 团队号召人们推荐全球各地一流的教育家和动画家把现有的 TED 演讲打包成课堂素材——还能在网上和教室外体验。

他们计划打造一批生动有趣、能增长见识的课程，每节课都控制在 10 分钟以内。令他们欣慰的是，这个 TED-Ed 团队收到了成千上万份推荐信。2012 年 3 月，他们开始在 YouTube 上发布一系列精心制作的课程。

但到了 2012 年 4 月底，他们便不得不考虑如何处理这些日益增加的课程。在这个互动的时代，仅仅靠量的积累是远远不够的。“只观看视频和教学是不一样的。”斯莫利说道。这个略显稚气的年轻人喜欢穿 T 恤、领尖带扣的花格子衬衫和牛仔裤，看上去像个温文尔雅的老师或者研究生。“我们必须跨出这一步。我们想让人们获得更高级的逻辑思维能力。”[39] 为了使学习达到更高的层次，他们创设了一个使学生和老师能个性化订制内容的框架。

2012 年 4 月 25 日，TED-Ed 网站正式上线。轻轻点击“翻转该课”（Flip This Lesson）的按钮，教育者（其实任何人都可以，未必是老师）能把任何一个 TED-Ed 视频变成他个人的教学课。一旦视频被“翻转”了，老师们就能加入自己的“快速测验”（quick quiz）环节，由多项选择题构成，以及“思考”环节，由简答题构成，还有“深入探究”环节，提供紧扣主题的深层次学习资料。这些新课有特殊的 URL 地址，很容易被分享到社交网站上。创建视频的教育者们能方便地评估该课的效果，追踪看过该视频的学生，掌握他们回答问题的对错情况，了解简答题的答题质量以及学生是否接触了“深入探究”的材料。按照斯莫利的话来说，这使“每位 TED-Ed 网站的访客都成了一位潜在的学生和潜在的老师”。

在刚上线后的几个月内，这个网站发布了 5 000 多个“翻转”视频。一个由科学老师亚伦·瑞迪（Aaron Reedy）制作的有关生物性别决定的视频风靡一时。在该课程发布数天后，亚伦在推特上写道：“我当了 7 年老师，向上千名学生解释过性别决定机制。而在 TED-Ed 网站上才 3 天，我就教了 13 000 名学生！”这条推特消息是在 2012 年 4 月底写的。而到了当年 12 月，他的视频已经在 Youtube 上被 870 123 人浏览过。正如斯莫利所说：“借鉴并运用规模经济理论，你将感到异常兴奋。”

虽然这些教育前沿的例子非常新鲜且令人激动，但事实上它们蕴含的思想在平板电脑、Youtube 甚至网络出现之前就已经在流传。早在 1984 年，心理学家本杰明·布鲁姆报告了一些令人震惊的研究成果：参加老师一对一辅导的学生比坐在传统教室里的学生成绩好 98%。[40] 这让布鲁姆提出了他著名的“2 西格玛问题”（2 Sigma Problem）：如果没有“绝大多数社会难以大规模承受的”同伴辅导，我们如何想方设法获得相同的结果呢？如果布鲁姆还活着，他一定会为朔肯、斯莫利等人研发的畅销、低成本、高互动性技术而震惊。或许他不得不把“问题”二字改为“方案”。

所有的旅程都有结束的一天，我想我们此次的旅行就在这里告一段落了。感谢你和我一起走过这段旅程。尽管我们征服了这座山峰，然而还有那么多的高山峻岭等待着我们去征服。许多关于人类智力的谜团还有待破解。个人智力理论还需要进一步充实和检验，我期待着今后有更多的探讨、辩论和合作。最后，我希望自己成功地让你感受到：人类的整体景观比从任何单一的角度看都更加美不胜收、振奋人心和充满希望。

梦想终会成真

“您好！我来找校长。”我对秘书说。她用好奇的目光打量着我，我想她应该是在盘算我是不是这所中学的学生。“我去叫她。”她一边示意我坐下，一边疑惑地说道。我感觉自己又回到了 13 岁。

坐下来之后，我试着在脑海里回忆校长的模样。我唯一还依稀记得的就是多年前那个特别的日子，她把我叫到一边问我为什么会在特教班。就这样，她突然“闯”入了我的生活，让我的人生从此发生了改变。当我为写这本书搜集资料时，我决定找到她，感谢她给我勇气，让我相信自己。

我联系了高中时期那位好心让我旁听她上课的资优班老师，我们一起缩小了寻找的范围。尝试着联系了几个负责人之后，我终于找到了她！我几乎刚发完邮件她就回复了我，她仍然记得我。她告诉我她现在在一所当地中学当校长，非常欢迎我去，所以我来了。我就要见到我的天使了！

“斯科特？”我的思绪被拉回现实。我抬起头，立刻认出了她。你无法忘记触及你生命的人，不管他们陪你走过的时间是多么的短暂。刹那间，所有的记忆和情绪潮水般涌向心头，那时的自卑、对自己的怀疑和焦虑，还有之后的自信和决心。感谢这个可亲可爱的人，是她在所有人都无暇顾及我、在我怀疑自己在这个世界上的位置时，看到了我内心的闪光点。

我从座位上跳起来，紧紧地拥抱她。她邀请学校的心理专家过来介绍我们认识。我想我比心理专家年纪更大。这个世界真是太疯狂了！今天的我置身“体系”之上。终于，我再也不用参加任何智商测验和标准化成就测验，也不用参加其他只会阻碍我实现梦想的无关测验了。

我和学校的心理专家握了握手，然后一起向特教班走去，不过我这一次的身份不是学生。我迫不及待地想要告诉孩子们这个世界真正的运转方式，告诉他们要做自己生活的代言人，告诉他们无论他人抱有怎样的怀疑都要相信自己。不是每一个人都像我一样幸运，会有一位老师把他们叫到一边跟他们说这些，但是我们可以激励每一个人做自己命运的主人。

在走向特教班的路上我似乎看到了曙光。我看到只要我们给孩子机会并认真对待他们的梦想，那么没有什么是不可能的。

因为你永远都不会想到，梦想终会成真。

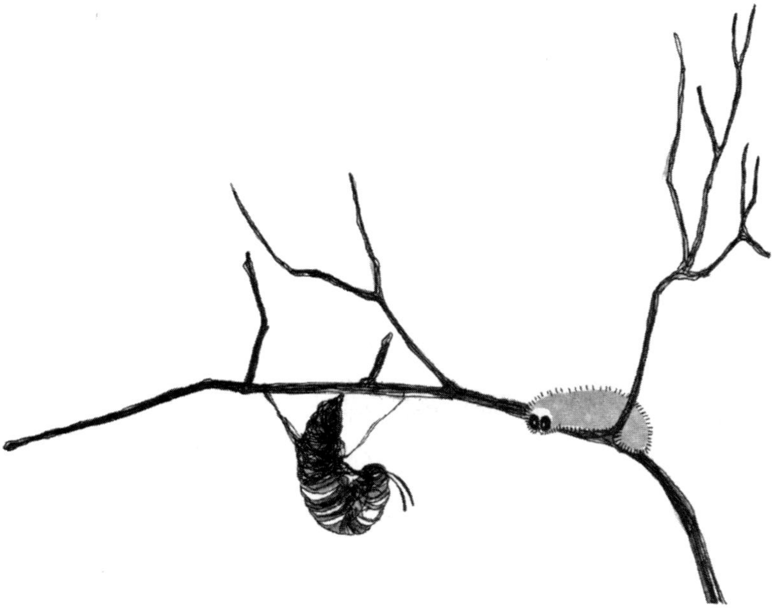

Ungifted

Intelligence Redefined

致谢

我想对多年来在我探寻人类智力真相的旅途中给予我支持的许多人表达最深的感激。你会在阅读本书时遇到他们当中的很多人，但是我觉得应该在此专门“请出”一些来向他们表示感谢。

非常感谢我的经纪人贾尔斯·安德森（Giles Anderson)，感谢他对本书理念的信任，在他的帮助下，本书才得以面世。感谢本书的编辑凯莱赫（T. J. Kelleher)，感谢编辑助理蒂塞·塔卡希（Tisse Takagi)，感谢本书的生产编辑梅洛迪·内格罗（Melody Negron）和文字编辑温迪·纳尔逊（Wendy Nelson)，感谢他们的认真和耐心。我也很感激本书堪称完美的插画家乔治·杜特斯普洛斯（George Doutsiopoulos)，非常钦佩他高超的艺术技能和无比的耐心！

我还要感谢以下高中时期给予我信任的老师，他们是 Joyce Acton、Paul Spencer Adkins、Mary Brown、Tom Elliot、Regina Gordon、Debra Hobbs、Joyce Jeuell 和 Mr.O。我也十分感谢大学时期的导师安妮·费伊、赫伯特·西蒙和兰迪·波许（Randy Pausch)。感谢费伊认真地对待我的梦想并且帮助我实现，感谢西蒙教会我如何严肃地对待科学，感谢兰迪·波许让我明白对生活不能一直太较真。我也很感激尼古拉斯·麦金托什、杰里米·格雷、杰尔姆·辛格和罗伯特·斯滕伯格，感谢他们在研究生院期间的指导与合作。

感谢多年来的众多合作者，我很荣幸与他们共事并从他们身上学到了很多。他们是 Balazs Aczel、Joshua Aronson、Melanie Beaussart、Ronald Beghetto、Sheila Bennett、Jamie Brown、Sarah Burgess、Elise Christopher、Colin DeYoung、Kendall Eskine、Gregory J.Feist、Marie Forgeard、Liane Gabora、Justin Garcia、Glenn Geher、Luis Jimenez、Alan S.Kaufman（我精神上的兄弟）、Deidre Kolarick、Aaron Kozbelt、Kevin McGrew、Geoffrey Miller、David Moore、Kate Plaisted、Jonathan A. Plucker、Jean Pretz、John Protzko、Matthew R. Reynolds 和 Krishna Savani。

感谢《今日心理学》（*Psychology Today*）友好的同事们，包括 Hara Estroff Marano、Kaja Perina、Matthew Hutson、Lybi Ma、Carlin Flora、Jay Dixit、Andi Bartz 和 Jane Nussbaum，感谢他们对我的博客“美丽心灵”（Beautiful Minds，现转至《科学美国人心智》，*Scientific American Mind*）的支持，这个平台给了我宝贵机会让我得以测试书中写到的很多想法。事实上，我为《今日心理学》《科学美国人》《哈佛商业评论》《赫芬顿邮报》和《创造力邮报》（*The Creativity Post*）所写博文的部分内容被我收入了本书。特别感谢赫特森（Hutson）起初邀请我写博客，感谢马拉诺（Marano）对本书的大力支持，也感谢她委托我写作《大器晚成者的自白》（*Confessions of a Late Bloomer*）这一文章。读者可能会发现第 8 章开篇讲到的小插曲就是这篇文章修改版的开头。还需要说明一下，第 13 章中关于新的学习途径的部分内容发表于由“青蛙设计”（frog）和 TED 联合出版的《设计思维杂志》（*Design Mind Magazine*）之“激进式开放”（Radical Openness）特辑。我非常感谢我的编辑里纳·让娜（Reena Jana）对这些内容的编辑，我很钦佩她高超的编辑技能，感谢她对该部分内容做出的有价值的补充。

我要感谢以下同事拨冗阅读本书的部分草稿并提出了宝贵的建议：Daniel Bor、Christopher Chabris、Jason R. Cooperrider、Colin DeYoung、K. Anders Ericsson、David Henry Feldman、Dawn Flanagan、Jack Fletcher、Margaret Gayle、Rachael Grazioplene、Mary Helen Immordino-Yang、Wendy Johnson、

Rogier Kievit、David Lohman、Nicholas. J. Mackintosh, Kevin McGrew, Rebecca McMillan、Nancy L. Segal、Dean Keith Simonton、Jonathan Smallwood 和 Darold Treffert。在这些名字中我必须特意提一下丽贝卡·麦克米伦，是她在我最初开始写作本书时给予了我超出她职责范围的慷慨支持、指导和付出。她不仅见证了我经历的许多沮丧和绝望时刻，也极力帮助我迈过了这些坎儿。我还必须感谢塔玛拉·戴(Tamara Day)对每章小插曲的修改，让这些小插曲更加生动地再现了当时的情景。当然，我会对本书存在的任何不足负责。

我必须对多年来支持我的其他朋友和同事表达感谢，如此我的致谢才算完整。他们包括（当然不局限于）Diederik Aerts 和利奥·阿波斯特尔跨学科研究中心（Center Leo Apostel for Interdisciplinary Studies，我曾在那里做博士后）的其他同事，如 Amy Alkon、Catharine Alvarez、Alice Andrews、Piers Anthony、Kanya Balakrishna ;“未来项目”团队的其他成员，如 John Bargh、Deborah Bial，以及波赛基金会团队的其他成员，如 Paul Bloom、Marc Brackett、Louisa Egan Brad、Becky Burch、Lynn Butler、Susan Cain、Shelley Carson、Mark Changizi、Saalim Chowdhury、Marvin Chun、Barry Cohen（我的牙医）、Barry Cohen（心理学家）、Jordan M. Cohen、Kathy Colwell、Matt Conant、Andrew Conway、Erin Coulter、Alia Joy Crum、Orin Davis、Jennifer DiMase、Carol Dweck、Brian Earp、Mo ElSherif、Seymour Epstein、Jane Erickson、Barbara Esham、Alvaro Fernandez、Kurt Fischer、Milena Z. Fisher、Diana Fleischman、Eugene Ford、Howard Gardner、Syreeta Gates、Sandeep Gautam、Mark Gerban、Kristin Gilmore、Adam E. Green、Sarah Green ;《哈佛商业评论》团队的其他成员，如 Jennifer Odessa Grimes、Corin Barsily Goodwin ;“资优家庭学校教育论坛”（Gifted Homeschoolers Forum）的其他员工们，如 Abby Gross、Heidi Grant Halvorson、Maria Konnikova Hamilton、Joy Hanson、Nicole Hendrix、Erin Joy Henry、Whitney Hess、Adam Horowitz、Sallome Hralima、Laura Jonkman、Melanie Kahl、Daniel Kahneman、Michael Kane、Yoona Kang、

Nadeen L. Kaufman、Barbara Kerr、Justin Khoo、John Kounios、Kristof Kovacs、Andrea Kuszewski、Markus Labude、Matt Lanken、Valerie Kaefer LeCureux、Marina Livis、Bret Logan、Max Lugavere、Andrew Mangino、Gary Marcus、Art Markman、Dan McIntosh、Sam McNerney、Rose Swan Meacham、Martha J. Morelock、Paul O'Keefe、Lauretta Olivi、John-Michael Parker, Annie Murphy Paul、Esther Perry、Steven Pfeiffer、Patricia Phillips、Zorana Ivcevic Pringle、Kristen Pring-Mill、Sasha Raskin、Arthur Reber、Ruth Richards、Cat Rogerson、Blanche Rubin、Gabrielle Santa-Donato、Lori Schomp、Rebecca Searles;《赫芬顿邮报》团队的其他成员，如 Emma Seppala、Timbo Shriver、Steve Silberman、Jason Silva、Paul Silvia、Allan Snyder、Lynne Soraya、Lori Stone、Ian Temple、Nienke Venderbosch、Jill Vialet、Jonathan Wai、Joshua Waitzkin、Pascal Wallisch、Jim Westgate、Michael Anthony Woodley、Darya Zabelina、Bora Zivkovic，以及《科学美国人》团队的其他成员。

我还想感谢我在宾夕法尼亚州阿德莫尔市的 Milkboy 咖啡厅认识的新朋友（特别是 Daniel Keller 和 Hugh Morretta），感谢他们一如既往的鼓励，感谢他们用足量的咖啡为我带来急需的多巴胺。

近几年我也十分荣幸能与《花盼》（*Hope for the Flowers*）一书的作者翠娜·鲍路斯（Trina Paulus）建立友谊。《花盼》这本书给予孩童时的我莫大的鼓舞。我很感激鲍路斯一路上对我的支持，也谢谢她如此慷慨地准许我在这一部分的结尾引用《花盼》原书的一幅插图。

还要特别感谢我的两位挚友埃利奥特·保罗（Elliot Samuel Paul）和本·恩文（Ben Irvine），感谢他们给予我的友谊和支持，与他们进行的交谈给了我很多启发。他们善于哲思而又悲天悯人的心灵极大地丰富了我的生活。

最后，我必须要感谢我的家人对我所有“不靠谱”追求的支持。我永远不会忘记我外公指尖划过大提琴所流露出的丝丝温暖和他的严苛练习计划，也不会忘记我外婆不管千难万阻永远笃定坚韧的毅力和决心。我最想感谢的人是我的父母芭芭拉（Barbara）和迈克尔（Michael），没有他们在我人生每一阶段的鼓励、爱和指导，这本书永远不过是天方夜谭而已。

Ungifted

Intelligence Redefined

译者后记

我们生活在标签的世界里——“资质平平”、“后进生”、“笨蛋”、“智障”……不知有多少人一生被“天赋不足”这样的标签禁锢了，未曾发现自己闪光的一面。本书的作者斯科特·考夫曼从小也被贴上了“学习障碍”的标签，尽管有诸多不堪的惨痛过往，所幸的是他成功逆袭，不但挣脱了“天赋不足”的魔咒，而且还成为了耶鲁大学博士、纽约大学心理学教授以及知名认知心理学家。

这是一本极其个人化的书。作者用每一章开头的小故事带领我们重走他走过的路，见证他内心的挣扎、执着的探寻、自我发现和突破时的喜悦，以及客观冷静的反思。这又是一本十分客观、专业的心理学著作。考夫曼旁征博引，梳理了几乎所有关于智力和智商测验的研究成果，指出人们对传统智力测量的解读受到了误导。他整合了进化心理学、发展心理学、积极心理学以及遗传学和神经科学等学科的重要理论及最新研究成果，挑战了人们传统的认知和观念，探讨了影响一个人获得成功的种种因素，包括激情、心理定向、自我调节、专长、刻意练习、一般智力因素、才能和创造力等。最后作者揭示了一个关于智力的更具开放性和个体性的定义，认为智力是在追寻个人目标过程中，“投入”和“能力”的动态互动，从而指出人人都可以成就伟大。

虽说本书具有很强的专业性，但是作者行文生动，例证丰富，除了适合心理学、教育学专业人士阅读外，也适合家长、教育工作者以及所有对心理学尤其“智力”感兴趣的广大读者阅读。此外，中国的教育界目前比较倾向于用标准化的考试结果作为对学习者的主要评判标准，考夫曼的智力研究成果对此或许有一定的启发意义。

能够与本书结缘实属偶然。若不是一位好友发来译者招募链接，就不会有数月翻译本书痛并快乐着的充实经历。译事不易，译书更难，译专业书籍更甚。虽然此前做过数年幼儿教育专业的口笔译工作，对于教育学和心理学也算有一些粗浅的认识，然而在翻译本书的过程中，依然感觉自己专业知识的积累捉襟见肘。于是我查阅了大量论文、专业教材和相关文献，甚至尝试通过领英（LinkedIn）与作者本人取得联系，通过电子邮件讨教翻译中遇到的一些问题。

在本书的翻译过程中，我得到了很多人的帮助。感谢苏州大学英语口笔译专业的毕业生陈林、曹淼、杨伟媛、陈露、杜航、张哲、刘梦迪、孙忠安和翟廷拨冗翻译本书的部分章节。感谢本书作者考夫曼博士在百忙之中抽出时间通过邮件解答我的疑问。我还要特别感谢我的爱人、苏州工业园区服务外包职业学院的老师林文韵，感谢她在本书翻译过程中做出的巨大努力。没有她的付出和支持，不可能完成本书的翻译工作。希望本书能让各位读者获得一些启发。

囿于时间和水平，本书的翻译还有很多谬误之处，恳请各位专家和读者朋友不吝批评指正。不胜感激！

杨田田
2016 年 10 月
于苏州大学文正学院翠微湖畔

未来，属于终身学习者

我这辈子遇到的聪明人（来自各行各业的聪明人）没有不每天阅读的——没有，一个都没有。巴菲特读书之多，我读书之多，可能会让你感到吃惊。孩子们都笑话我。他们觉得我是一本长了两条腿的书。

———查理·芒格

互联网改变了信息连接的方式；指数型技术在迅速颠覆着现有的商业世界；人工智能已经开始抢占人类的工作岗位……

未来，到底需要什么样的人才？

改变命运唯一的策略是你要变成终身学习者。未来世界将不再需要单一的技能型人才，而是需要具备完善的知识结构、极强逻辑思考力和高感知力的复合型人才。优秀的人往往通过阅读建立足够强大的抽象思维能力，获得异于众人的思考和整合能力。未来，将属于终身学习者！而阅读必定和终身学习形影不离。

很多人读书，追求的是干货，寻求的是立刻行之有效的解决方案。其实这是一种留在舒适区的阅读方法。在这个充满不确定性的年代，答案不会简单地出现在书里，因为生活根本就没有标准确切的答案，你也不能期望过去的经验能解决未来的问题。

而真正的阅读，应该在书中与智者同行思考，借他们的视角看到世界的多元性，提出比答案更重要的好问题，在不确定的时代中领先起跑。

湛庐阅读 App：与最聪明的人共同进化

有人常常把成本支出的焦点放在书价上，把读完一本书当作阅读的终结。其实不然。

时间是读者付出的最大阅读成本

怎么读是读者面临的最大阅读障碍

“读书破万卷”不仅仅在“万”，更重要的是在“破”！

现在，我们构建了全新的“湛庐阅读”App。它将成为你“破万卷”的新居所。在这里：

- 不用考虑读什么，你可以便捷找到纸书、电子书、有声书和各种声音产品；
- 你可以学会怎么读，你将发现集泛读、通读、精读于一体的阅读解决方案；
- 你会与作者、译者、专家、推荐人和阅读教练相遇，他们是优质思想的发源地；
- 你会与优秀的读者和终身学习者为伍，他们对阅读和学习有着持久的热情和源源不绝的内驱力。

下载湛庐阅读 App，

坚持亲自阅读，

有声书、电子书、阅读服务，

一站获得。

本书阅读资料包

给你便捷、高效、全面的阅读体验

本书参考资料

湛庐独家策划

- 参考文献
  为了环保、节约纸张，部分图书的参考文献以电子版方式提供
- 主题书单
  编辑精心推荐的延伸阅读书单，助你开启主题式阅读
- 图片资料
  提供部分图片的高清彩色原版大图，方便保存和分享

相关阅读服务

终身学习者必备

- 电子书
  便捷、高效，方便检索，易于携带，随时更新
- 有声书
  保护视力，随时随地，有温度、有情感地听本书
- 精读班
  2~4周，最懂这本书的人带你读完、读懂、读透这本好书
- 课　程
  课程权威专家给你开书单，带你快速浏览一个领域的知识概貌
- 讲　书
  30分钟，大咖给你讲本书，让你挑书不费劲

湛庐编辑为你独家呈现
助你更好获得书里和书外的思想和智慧，请扫码查收！

（阅读资料包的内容因书而异，最终以湛庐阅读App页面为准）

湛庐文化获奖书目

《爱哭鬼小隼》
国家图书馆"第九届文津奖"十本获奖图书之一
《新京报》2013年度童书
《中国教育报》2013年度教师推荐的10大童书
新阅读研究所"2013年度最佳童书"

《群体性孤独》
国家图书馆"第十届文津奖"十本获奖图书之一
2014"腾讯网•啖书局"TMT十大最佳图书

《用心教养》
国家新闻出版广电总局2014年度"大众喜爱的50种图书"生活与科普类TOP6

《正能量》
《新智囊》2012年经管类十大图书，京东2012好书榜年度新书

《正义之心》
《第一财经周刊》2014年度商业图书TOP10

《神话的力量》
《心理月刊》2011年度最佳图书奖

《当音乐停止之后》
《中欧商业评论》2014年度经管好书榜•经济金融类

《富足》
《哈佛商业评论》2015年最值得读的八本好书
2014"腾讯网•啖书局"TMT十大最佳图书

《稀缺》
《第一财经周刊》2014年度商业图书TOP10
《中欧商业评论》2014年度经管好书榜•企业管理类

《大爆炸式创新》
《中欧商业评论》2014年度经管好书榜•企业管理类

《技术的本质》
2014"腾讯网•啖书局"TMT十大最佳图书

《社交网络改变世界》
新华网、中国出版传媒2013年度中国影响力图书

《孵化Twitter》
2013年11月亚马逊(美国)月度最佳图书
《第一财经周刊》2014年度商业图书TOP10

《谁是谷歌想要的人才？》
《出版商务周报》2013年度风云图书•励志类上榜书籍

《卡普新生儿安抚法》《最快乐的宝宝1•0~1岁》
2013新浪"养育有道"年度论坛养育类图书推荐奖

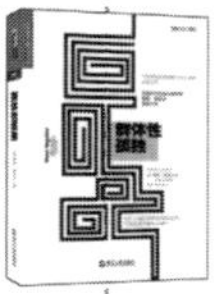

图书在版编目（CIP）数据

绝非天赋：智商、刻意练习与创造力的真相 /（美）考夫曼著；林文韵，杨田田译．—杭州：浙江人民出版社，2017.3（2023.8重印）

ISBN 978-7-213-07860-6

Ⅰ．①绝…　Ⅱ．①考…　②林…　③杨…　Ⅲ．①智力–研究

Ⅳ．① B848.5

中国版本图书馆 CIP 数据核字（2016）第 325306 号

浙江省版权局
著作权合同登记章
图字：11-2015-281 号

上架指导：心理学 / 教养

绝非天赋：智商、刻意练习与创造力的真相

［美］斯科特·考夫曼　著

林文韵　杨田田　译

出版发行：浙江人民出版社（杭州体育场路 347 号　邮编　310006）
　　　　　市场部电话：（0571）85061682　85176516
集团网址：浙江出版联合集团　http://www.zjcb.com
责任编辑：蔡玲平
责任校对：朱　妍
印　　刷：唐山富达印务有限公司
开　　本：720 毫米 ×965 毫米 1/16　　印　　张：24.5
字　　数：371 千字　　插　　页：4
版　　次：2017 年 3 月第 1 版　　印　　次：2023 年 8 月第 7 次印刷
书　　号：ISBN 978-7-213-07860-6
定　　价：79.90 元

CHC智力模型2.2版-Ⅰ

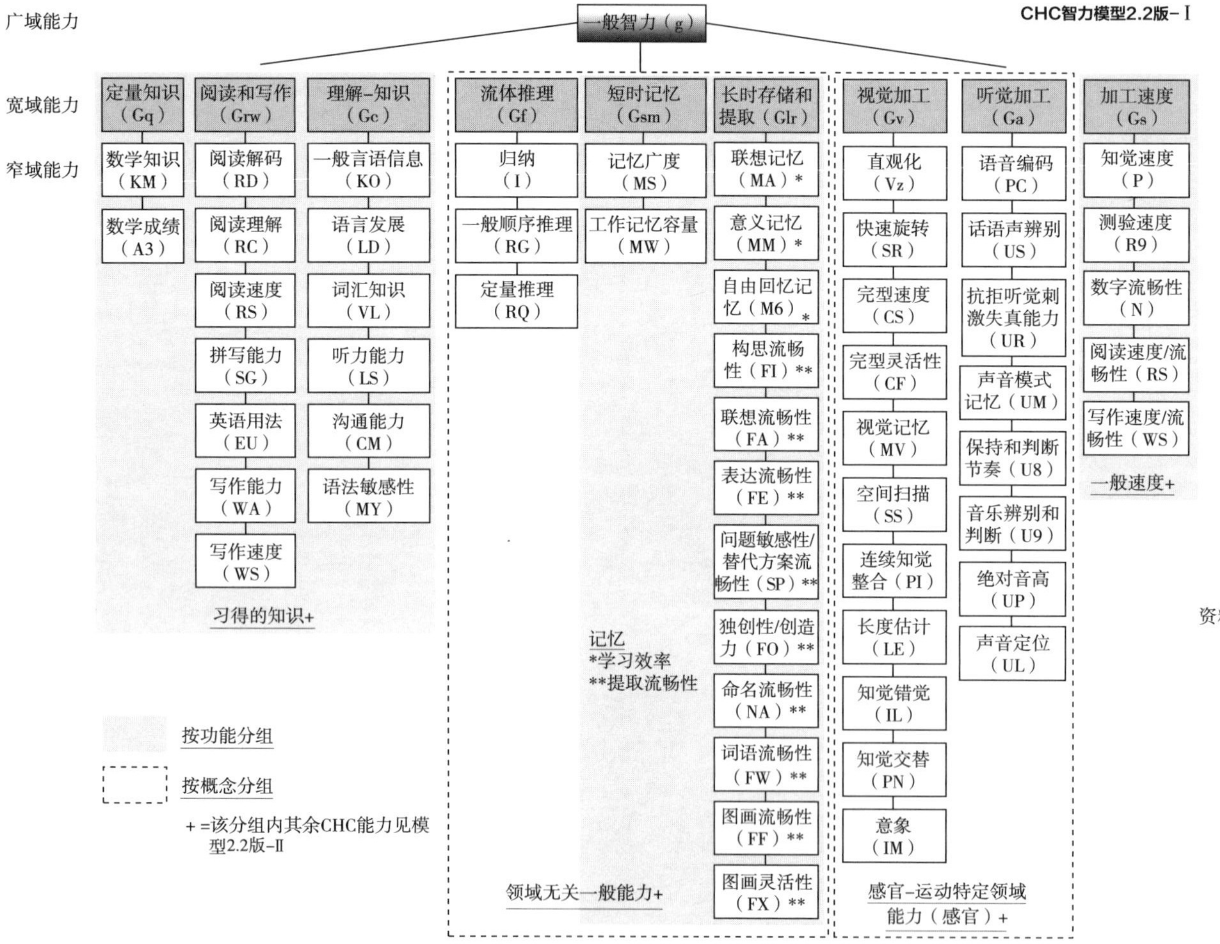

卡特尔-霍恩-卡罗尔（CHC）智力模型2.2版：

直观图示

乔尔·施奈德博士
凯文·麦格鲁博士

资料来源：©Institute for Applied Psychometrics (IAP) 01-03-13

CHC智力模型2.2版-Ⅱ

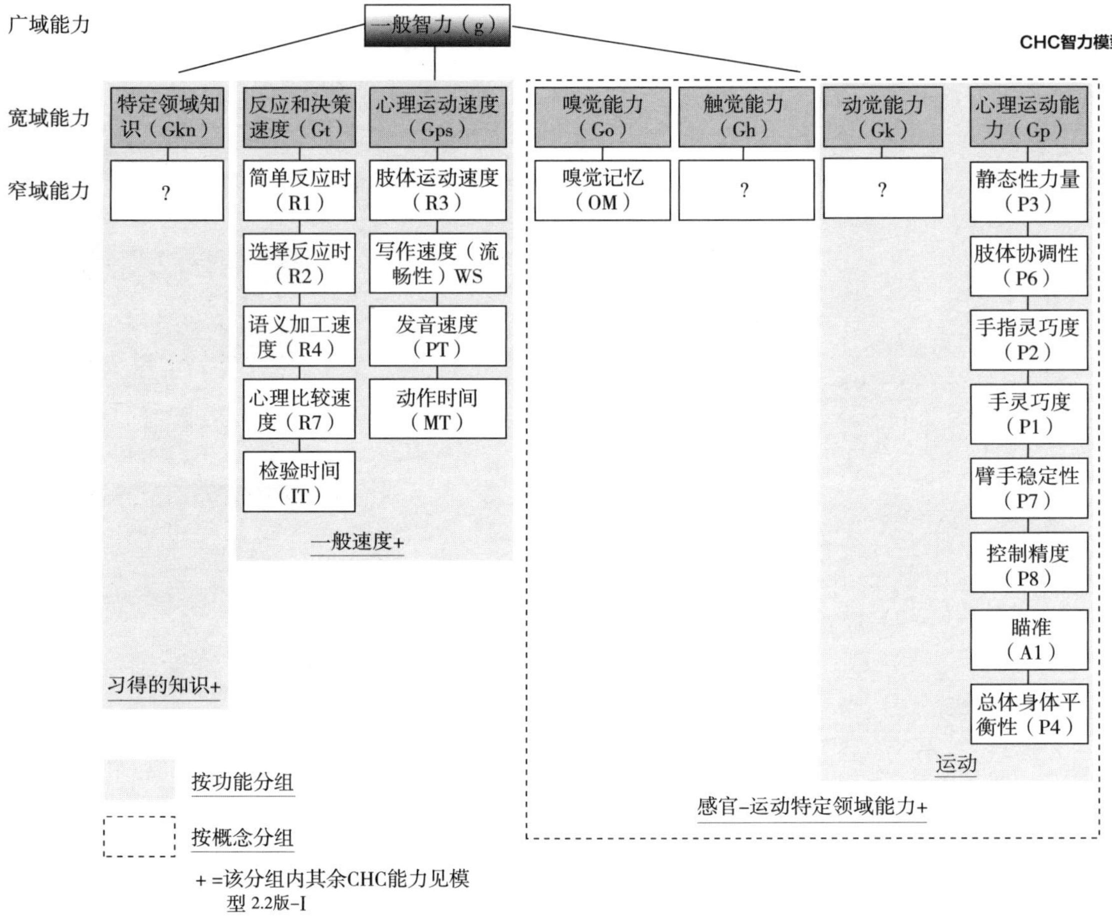